高等院校教学用书

中文版 AutoCAD 2008
机 械 绘 图

（含上机指导）

主　编　杨月英　张　琳
副主编　张效伟　莫正波　於　辉
参　编　马晓丽　刘　平　藤绍光　王山宝

机 械 工 业 出 版 社

本书介绍了 AutoCAD 2008 中文版机械绘图的基本内容，主要包括：基本操作、绘图环境设置、常用的绘图命令和编辑命令的使用、文字注写、尺寸标注、图形输出及三维实体造型等。书中特别强调了机械图（平面图形、三视图、剖视图、零件图、装配图和三维图）的绘图步骤和技巧，并且每章都配有与教学内容相结合的上机指导和操作练习，能够使读者迅速领会机械图的绘制方法。

本书可作为普通高等学校及职业技术学校工科各专业计算机绘图的教材，也可作为计算机培训教材，还可作为各类相关技术人员和自学者的学习和参考用书。

图书在版编目（CIP）数据

中文版 AutoCAD 2008 机械绘图：含上机指导/杨月英，张琳主编.
—北京：机械工业出版社，2008. 2（2024. 1 重印）
ISBN 978-7-111-23410-4

Ⅰ. 中… Ⅱ. ①杨…②张… Ⅲ. 机械制图：计算机制图—应用软件，AutoCAD 2008 Ⅳ. TH126

中国版本图书馆 CIP 数据核字（2008）第 016951 号

机械工业出版社（北京市百万庄大街 22 号 邮政编码 100037）
策划编辑：王海峰 责任编辑：薛 礼 版式设计：霍永明
封面设计：鞠 杨 责任印制：郜 敏
中煤（北京）印务有限公司印刷
2024 年 1 月第 1 版 · 第 15 次印刷
184mm×260mm · 13.75 印张 · 335 千字
标准书号：ISBN 978-7-111-23410-4
定价：39.00 元

电话服务
客服电话：010-88361066
010-88379833
010-68326294

网络服务
机 工 官 网：www.cmpbook.com
机 工 官 博：weibo.com/cmp1952
金 书 网：www.golden-book.com
机工教育服务网：www.cmpedu.com

前　　言

AutoCAD 2008 是由美国 Auto Desk 公司推出的最新版本的计算机辅助设计与绘图软件，它功能强大，命令简捷，操作方便，适用面广，因此，在世界上得到了广泛的应用，是每个从事建筑、机械、电子、土木、航天、石油化工等相关行业的工程技术人员必须掌握的基本功。

本书主要包括：AutoCAD 2008 的基本操作、绘图环境的设置、常用的绘图命令和编辑命令的使用、文字注写、尺寸标注、图形输出及三维实体造型等内容。

本书在介绍 AutoCAD 基本概念和基本操作的同时，特别强调了操作能力的训练，每章节后面都配有与教学内容相结合的上机指导及操作练习。练习图由平面图形、三视图、剖视图、零件图到装配图、三维图。由易到难，循序渐进，可以帮助读者快速掌握 AutoCAD 2008 绘图的知识，领悟到图形绘制的特点及应用技巧。

本书可作为本科院校及职业技术院校工科各专业计算机绘图的教材，也可作为计算机培训教材，还可作为各类相关技术人员和自学者的学习和参考用书。

本书由青岛理工大学杨月英、张琳主编，青岛理工大学张效伟、莫正波、於辉任副主编，参加本书编写的还有马晓丽、刘平、藤绍光、王山宝。

本书在编写过程中，吸纳了许多同仁的宝贵意见和建议，在此表示衷心的感谢。

书中如有不妥之处，恳请读者不吝指教。

编　者

目　　录

第1章　AutoCAD 2008 基础知识

［教学目标］

通过对本章的学习，读者应理解中文版 AutoCAD 2008 的基本功能与新增功能，熟悉软件的界面组成部分和组成部分的功能，以及对图形文件进行管理的基本方法。

［教学重点与难点］

- AutoCAD 的基本功能
- 中文版 AutoCAD 2008 的新增功能
- 中文版 AutoCAD 2008 的启动
- 中文版 AutoCAD 2008 的工作界面
- 图形文件管理

AutoCAD 是 AutoDesk 公司开发的计算机辅助设计软件，它在二维绘图编辑、文件管理和三维处理等方面具有强大的功能，可以帮助工程设计人员进行精确的设计工作，目前，AutoCAD 在建筑、机械、电子、土木和医学等很多领域，都有着非常广泛的应用。

1.1　中文版 AutoCAD 2008 的增强和新增功能

AutoCAD 自 2004 年起每年的三月份都会发布新版本，2006 年 AutoCAD 就开始了 2008 的测试活动。与以前版本相比，中文版 AutoCAD 2008 在性能和功能两方面都有较大的增强和改善，增强了绘图和编辑命令以及尺寸标注功能；改善了多重引线标注和图形集管理器；增加了图形注释性功能。其新增功能简介如下。

1. 管理工作空间

新的工作空间提供了用户使用得最多的二维草图和注解工具直达访问方式。它包括菜单、工具栏和工具选项板组以及面板。二维草图和注解工作空间以 CUI 文件方式提供，以便用户容易地将其整合到自己的自定义界面中。除了新的二维草图和注解工作空间外，三维建模工作空间也作了一些增强。原有传统的 AutoCAD 经典工作空间仍然保留。

2. 使用面板

在 AutoCAD2007 中引入的面板，在本版本中有新的增强。它包含了 9 个新的控制台，更易于访问图层、注解比例、文字、标注、多种箭头、表格、二维导航、对象属性以及块属性等多种控制。

AutoCAD 2008 除了加入了面板控制台外，对于现有的控制台也作了改进，用户可使用自定义用户界面（CUI）工具来自定义面板控制台。用户界面还有更加自动化的一项，就是当用户从面板中选定一个工具时，如果该选定的面板控制台与一个工具选项板组相对应，则工具选项板将自动显示该组。例如，如果用户在面板上调整一可视样式属性，此时，样式选项板组将自动显示。

3. 使用选项板

在 AutoCAD 2008 版本中，用户可基于现有的几何图形容易地创建新的工具选项板工具，即使要加入工具的工具选项板当前不处于活动状态也没有问题。当用户从图形中拖动对象到非活动的工具选项板时，AutoCAD 会自动激活它，使用户可将对象放入到相应的位置。

用户可自定义工具选项板关联于工具的图标，它通过在工具上右键单击出现菜单中选择新的“指定图像”菜单项来完成。如果用户以后不想再使用选定的图像作为该工具的图标，可通过右键菜单项来移除它，移除后，将恢复原来默认的图像。

当用户修改工具选项板上的工具位置，它们的顺序将保持到工具目录中（除非目录文件为只读）和配置文件中，这样，用户不需要人工修改工具就可以和别人共享你的工具选项板。新的 TPNAVICATE 命令可以通过命令行来设置工具选项板或工具选项板组。

4. 使用注释性

通常用于注释图形的对象有一个特性称为注释性。在模型空间与图样空间加入文字说明、批注等时，最困扰人们的问题就是比例的问题，使用注释性，用户可以自动完成缩放注释的过程，从而使注释能够以正确的大小在图纸上打印或显示。不过这些问题在先前的版本中，精明的用户都已经有各自一套的解决方法，因此，这个自动调整批注比例的功能，对于大部分的用户而言，似乎有点锦上添花的感觉。

同时，AutoCAD 2008 又定义了一个新名词：可批注的性质。凡具备有这些可批注的对象，就可以完成自动调整的功能。而这些可批注的对象包含有：多行文字、表格、标注、剖面线、公差、多重引线、引线、图块、属性等，说穿了就是文字、尺寸标注、图块、属性这四大类。

必须先行设定这些对象是否具备有可批注的性质以及比例、高度等，这些比例与视端口配置、模型视图等一起储存在模型空间，当用户插入或加入这些批注对象时，系统就会依据当初的设定值，自动地在窗口中调整比例。

5. 增强标注与引线功能

尺寸标注一向都是绘图人员的主要需求，有很多标注功能在先前的许多版本中，或多或少都有一些修正，然而在 AutoCAD 2008 中却大张旗鼓地将尺寸标注列为主要新增功能，倒是比较少见的。

在 AutoCAD 2008 版本中新增的主要功能有：公差对齐、间距标注、角度标注以及半径标注的延伸弧线，主要的重点是公差对齐中，上下正负公差的符号与数值可以对齐；间距标注是一种较实用的新增标注命令，可以轻松地调整尺寸线之间的距离或使尺寸线对齐；角度标注时，可以控制正在进行标注的文字位置，如果使用者自行在角度外侧指定文字的位置，系统就会为角度数值建立延伸的标注弧线；至于半径标注则可以指定具有延伸弧线的半径、直径和延伸线转折的位置。

6. 增强的文本和表格功能

增强的多行文字在位编辑器可指明所需栏的数量，用户不仅可以在栏之间自由地输入新文本，而且每个文本栏和纸张边缘之间的空间设置也是可以指定的。所有这些变量都可在对话框中进行调整，或使用新的多行文本在位编辑器进行交互式调整。

经过改进的表格允许用户将 AutoCAD 和 Excel 列表信息整合到一个 AutoCAD 表格中。此表可以进行动态链接，这样在更新数据时，AutoCAD 和 Excel 就会自动显示通知。然后，用户可以选中这些通知，对任何原文档中的信息及时更新。

7. 使用块

鼠标移动到动态块的夹点上时，与之关联的参数作为工具提示显示出来。

可通过鼠标右键菜单的重新定义项来快速更新块定义，使之与工具选项板中选定的块匹配。

8. 修复图形文件

新命令 RECOVERALL：选定坏的 DWG 文件，自动针对该文件和其相关的外部参照文件运行修复过程。

9. 管理图层

图层对话框：新增“设置”按钮来显示图层设置对话框，这样的控制更为方便。

图层各列属性可以打开和关闭，也可重新拖动左右位置。

增加了新建图层的按钮。

图层在不同布局视口中可以使用不同的颜色、线型、线宽、打印样式等。

1.2 AutoCAD 2008 的安装和启动

1.2.1 AutoCAD 2008 的安装

AutoCAD 2008 是 AutoCAD 系列软件的最新版本，为了发挥其强大的功能，同样也需要计算机软件的支持。

1. 软件环境

1）AutoCAD 2008 使用的操作系统可以是 Windows2000/XP/2003/NT4.0。建议在与 AutoCAD 语言版本相同的操作系统上安装和运行 AutoCAD。

2）Web 浏览器 MicrosoftIntemetExplorer6.0、NetscapeNavigator4.5 或更新版本，Internet Explorer6.0 与 AutoCAD 一同安装。

2. 硬件环境

1）处理器：Pentium III 或更高等价处理器。

2）内存 256MB（至少），512MB（建议）。

3）彩色显示器：具有 64K 颜色的 1024X768SVGA（最低要求）。

4）硬盘：典型安装需要 750MB；

5）定点设备：鼠标（Mouse）是必需的输入设备，轨迹球或其他设备。

6）光盘驱动器 CD-ROM：任何速度（仅用于安装）。

7）绘图机（Plotter）是最主要的输出设备，其工作幅号有：A0、A1、A3 等，结构形式有滚筒式、平板式、静电式与喷墨式等。

3. 安装步骤

1）放入光盘，双击 

图标，电脑运行初始化设置，自动打开安装向导，如图 1-1

所示，单击“安装产品”，按照提示步骤，并输入序列号即可完成安装。

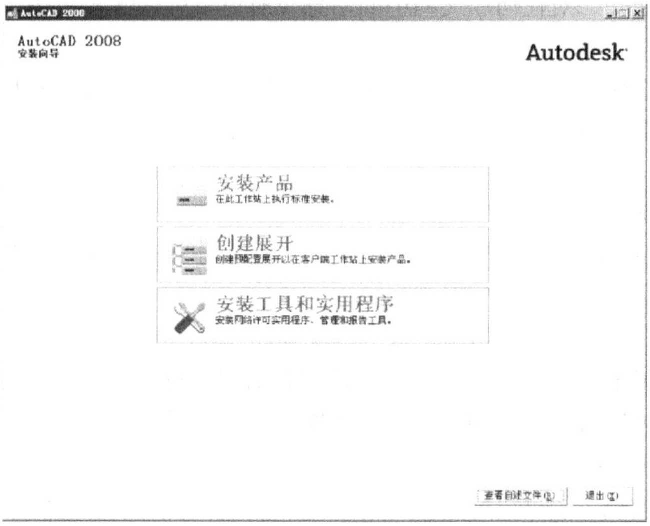

图 1-1　CAD 2008 安装向导

2）安装成功后运行 2008。双击桌面 

图标，运行 CAD2008 并填写一些信息，在“AutoCAD 2008 产品激活”向导中，选择“激活产品”，然后单击“下一步”，将启动“现在注册”过程，如图 1-2 所示。

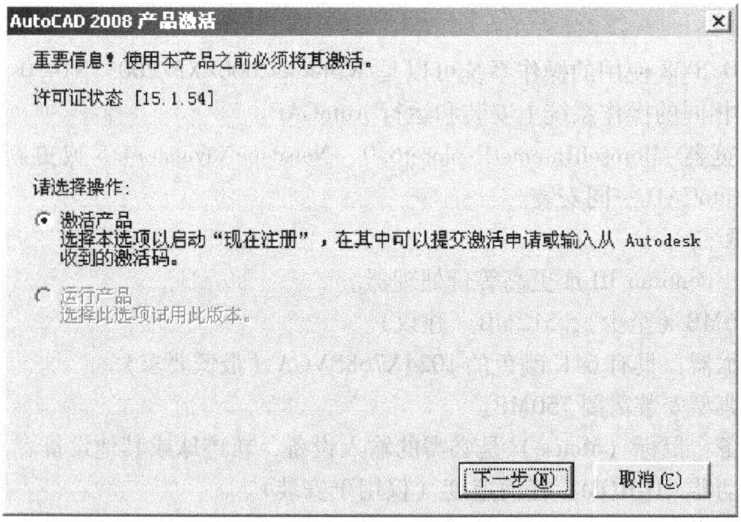

图 1-2　CAD 2008 产品激活

3）在要求注册的那一页，选择“输入激活码”选项。

4）AutoCAD 2008 注册成功，单击“完成”按钮，关闭对话框，如图 1-3 所示。

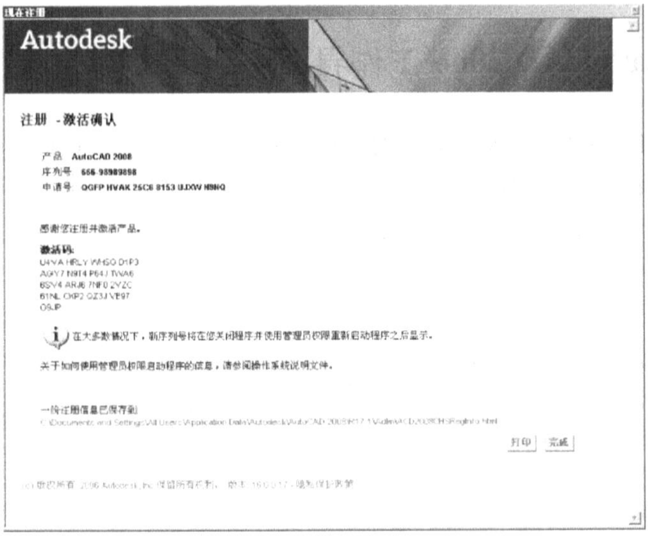

图 1-3　CAD 2008 激活确认

1.2.2　AutoCAD 2008 的启动

在安装了 AutoCAD 2008 之后，单击“开始”按钮，在弹出的开始菜单中选择“AutoCAD 2008”程序，如图 1-4 所示；或单击桌面上的快捷图标，如图 1-5 所示，均可启动 AutoCAD 2008。

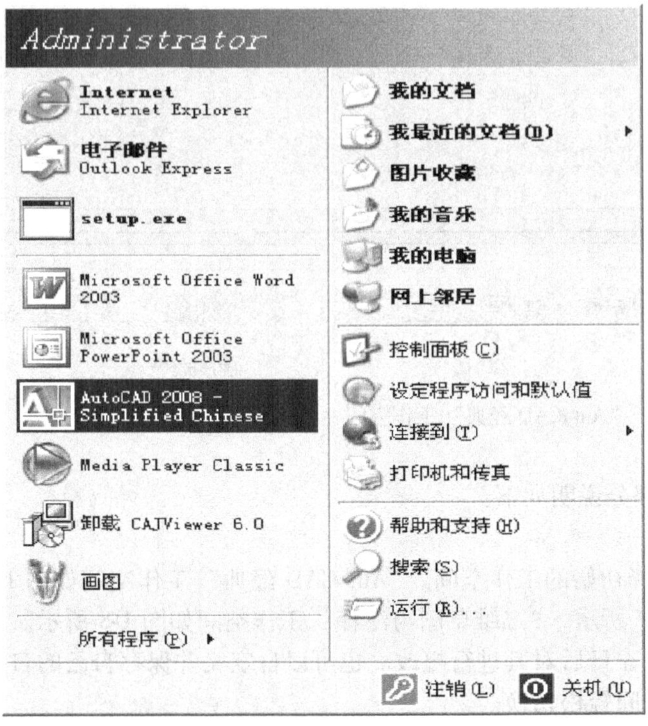

图 1-4　通过“开始”菜单启动 AutoCAD 2008

图 1-5　AutoCAD 2008 快捷方式图标

1.3 中文版 AutoCAD 2008 工作界面

中文版 AutoCAD 2008 的工作界面主要由标题栏、菜单栏、工具栏、绘图区、文本窗口与命令行、状态栏和工具选项板窗口等部分组成。启动中文版 AutoCAD 2008 后，自动打开“AutoCAD 经典”工作空间，如图 1-6 所示。

9

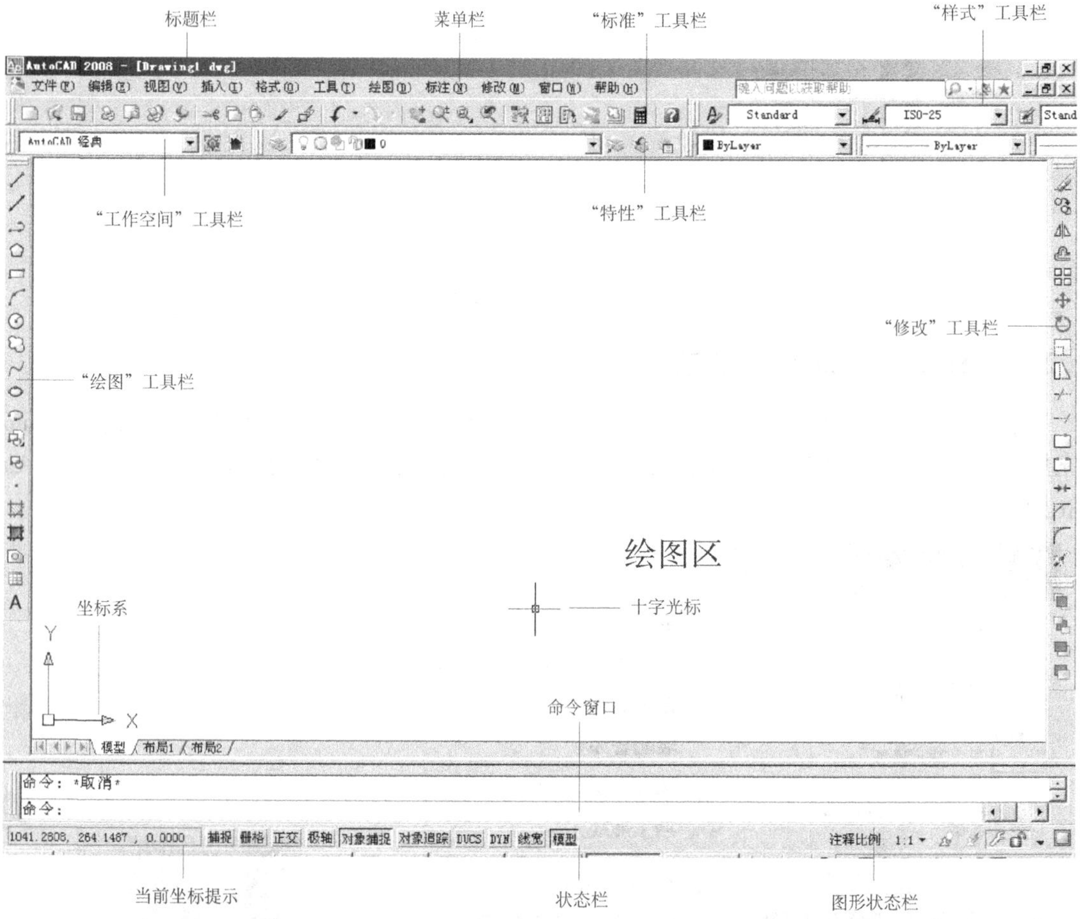

图 1-6 “AutoCAD 经典”工作空间

AutoCAD 2008 的窗口界面各个部分说明如下：

1. 工作空间

启动 AutoCAD 2008 后，可以选择初始的工作空间。“AutoCAD 经典”工作空间如图 1-6 所示，“三维建模”工作空间如图 1-7 所示，“二维草图与注释”工作空间如图 1-8 所示。

无论选择何种工作空间，都可以在日后对其进行更改。也可以自定义并保存自己的自定义工作空间。可以在三种工作空间之间轻松切换。

每一种工作空间的面板仅包含与当前工作状态相关的工具栏、菜单和选项板，隐藏不需要的界面项，从而最大化屏幕空间以便于工作。

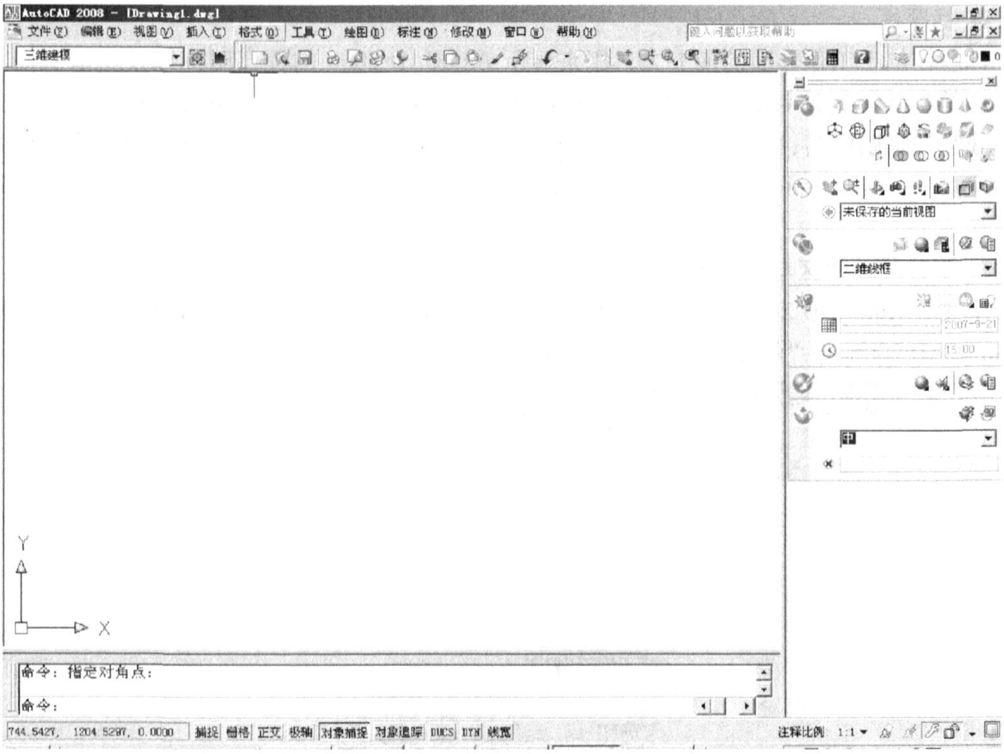

图 1-7 “三维建模”工作空间

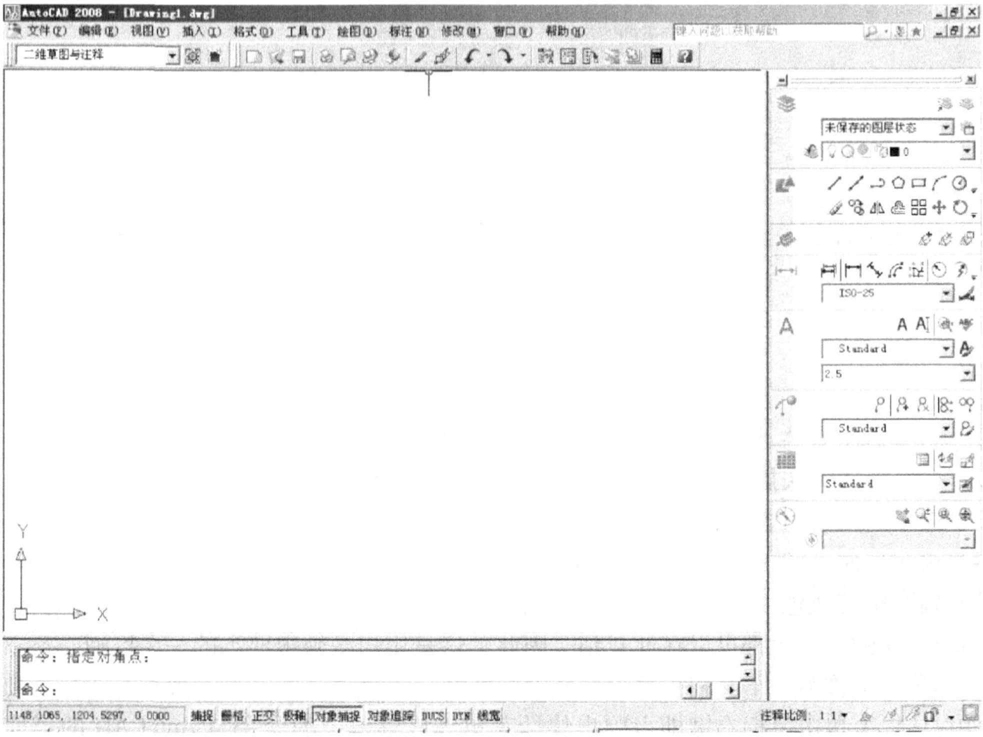

图 1-8 “二维草图与注释”工作空间

2. 标题栏

标题栏位于工作界面的最上方，用来显示 AutoCAD 2008 的程序图标以及当前所操作图形文件的名字，此名字将随着用户所选用的图形文件不同而不同。如果新开一个图形文件名，或是一张旧图名，那么中括号内就会显示该图形文件名称。单击位于标题栏右侧的各个按钮，可分别实现 AutoCAD 2008 窗口的最小化、还原（或最大化）以及关闭 AutoCAD 2008 等操作。

3. 下拉菜单栏区与快捷菜单

中文版 AutoCAD 2008 的菜单栏由“文件”、“编辑”、“视图”等菜单组成。图 1-9 所示为 AutoCAD 2008 的“绘图”菜单。在使用菜单命令时应注意以下几方面：

图 1-9　AutoCAD2008 的“绘图”菜单

1）命令后跟有“▶”符号，表示该命令下还有子命令。

2）命令后跟有快捷键，表示按下快捷键即可执行该命令。

3）命令后跟有组合键，表示直接按组合键即可执行菜单命令。

4）命令后跟有“…”符号，表示选择该命令可打开一个对话框。

5）命令呈现灰色，表示该命令在当前状态下不可使用。

AutoCAD 的命令大都可以在此找到。因此，这是用户必须很熟悉的一个区域。

快捷菜单又称为上下文相关菜单。在绘图区域、工具栏、状态栏、模型与布局选项卡以及一些对话框上单击鼠标右键即可弹出快捷菜单。该菜单中的命令与 AutoCAD 的当前状态相关。使用它们可以在不必启动菜单栏的情况下快速、高效地完成某些操作。

4. 常用的工具栏

工具栏是应用程序调用命令的另一种方式，它包含许多由图标表示的命令按钮。在AutoCAD中，系统共提供了37个已命名的工具栏。默认情况下，“标准”、“属性”、“绘图”和“修改”等工具栏处于打开状态，如图1-10a和图1-10b所示分别为“绘图”和“修改”工具栏。

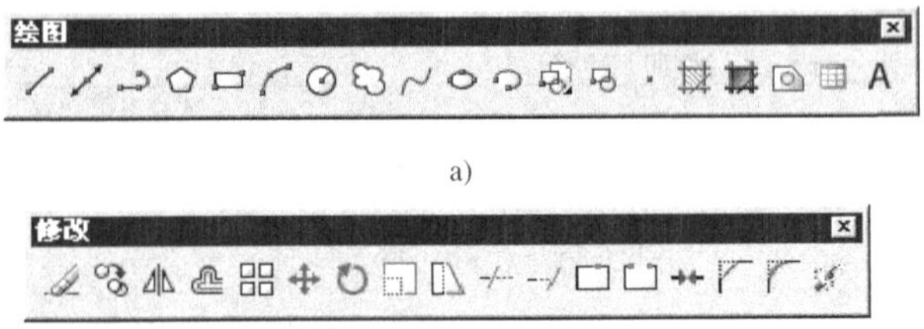

a)

b)

图1-10　常用工具栏

a）“绘图”工具栏　b）“修改”工具栏

1）在AutoCAD 2008窗口中，工具栏可以浮动方式放置，用户可以在窗口中任意拖动工具栏，将其放置在任意位置。也可以固定方式放置，用鼠标单击有下角的“小锁”按钮，此时工具栏在窗口中位置不能拖动。

2）如果要显示当前隐藏的工具栏，可在任意工具栏上单击鼠标右键，此时将弹出一个快捷菜单，如图1-11所示，选择对应命令即可显示对应的工具栏，可以将它直放或横放。

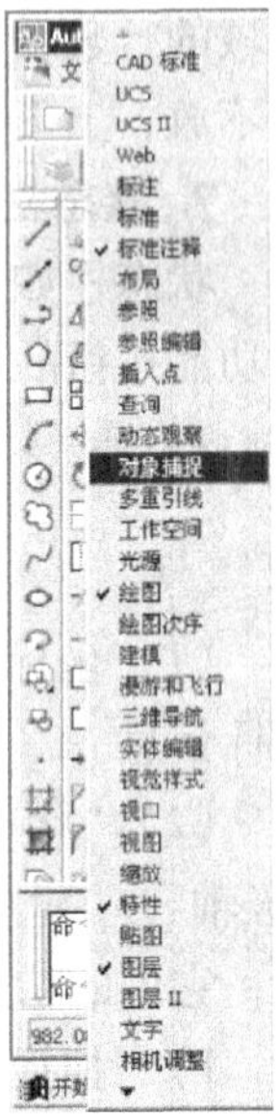

图1-11

5. 绘图区

绘图区是用户绘图的工作区域，所有的绘图结果都反映在这个区域中。用户可以根据需要关闭其周围和里面的各个工具栏，以增大绘图空间。

在绘图区中除了显示当前的绘图结果外，还显示了当前使用的坐标系类型以及坐标原点，X、Y、Z轴的方向等。默认情况下，坐标系为世界坐标系（WCS）。

6. 命令行

命令行位于绘图区的底部，用于接受用户输入的命令，并显示AutoCAD提示信息。在AutoCAD 2008中，“命令行”窗口可以拖放为浮动窗口，如图1-12所示。

与以前版本所不同的是，处于浮动状态的“命令行”随用户拖放位置的不同，其标题显示的方向也不同，如图1-12示为“命令行”靠近绘图窗口左边时的显示情况。如果用户将“命令行”拖放到绘图窗口的右边，这时“命令行”的标题栏将位于右边，如图1-13所示。

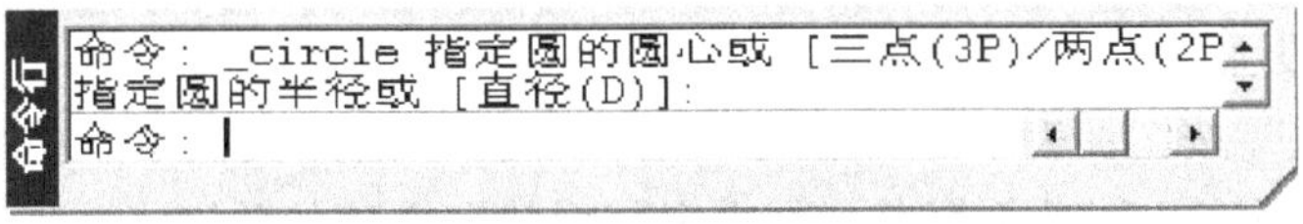

图1-12　单独的“命令行”

当“命令行”处于浮动状态时，在其标题栏上单击鼠标右键，从弹出的快捷菜单中选择“透明”命令，打开“透明”对话框，如图1-14所示。

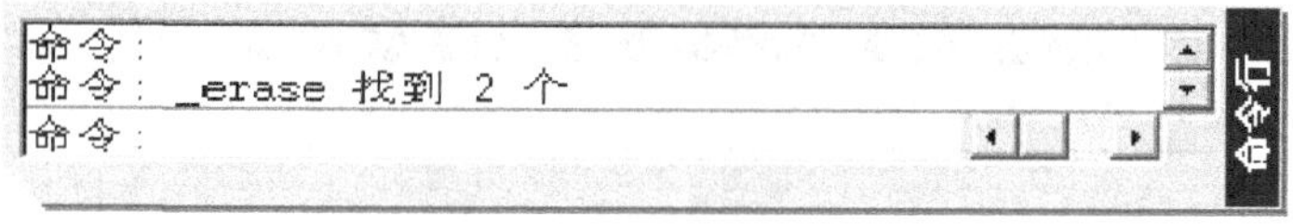

图 1-13 “命令行”位于绘图窗口右边时的状态

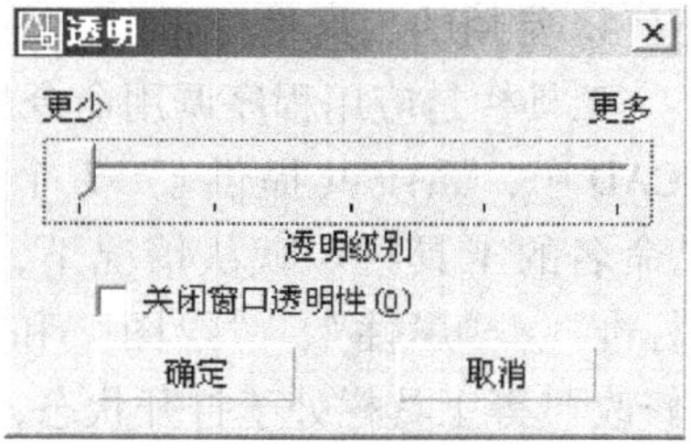

图 1-14 “透明”对话框

在“透明”对话框中，用户可以拖动“透明级别”滑块来设置“命令行”的透明度。当“透明级别”设置为最大值时，用户就可以清楚地观察到位于命令行下面的图形，这样，就不必再将“命令行”拖放到其他位置来观察位于它下面的图形了。

命令行默认的是三行，以便让用户看到与操作有关的信息的流动情况。如果想要改变此区域的行数，需将光标移至最高行的上边，此时光标将变成上下箭头的样子，再按下鼠标左键不放，上下拖拉，待拖拉至适当位置后，就可以更改此区所显示的行数了。

7. 状态栏

状态栏如图 1-15 所示，用来显示 AutoCAD 当前的状态，如当前十字光标的坐标、命令和功能按钮的说明等。

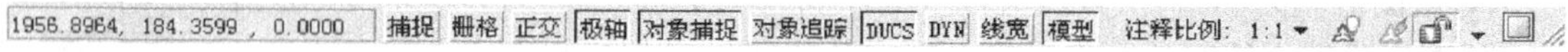

图 1-15 “状态栏”工具栏

（1）坐标 用户在绘图区中移动十字光标时，状态栏上将动态地显示当前十字光标的坐标信息。

（2）“状态操作”按钮 状态栏中包括 10 个功能按钮，如“捕捉”、“栅格”、“正交”、“极轴”、“对象捕捉”、“对象追踪”、“DUCS”、“DYN”“线宽”、“模型”或“布局”按钮，它们的功能如下：

1）“捕捉”按钮：表示是否进行“栅格捕捉”的开关显示。单击该按钮，打开栅格捕捉。

2）“栅格”按钮：表示是否进行显示栅格的开关显示。单击该按钮，打开栅格显示，此时屏幕上将布满小点。

3）“正交”按钮：表示是否进行“正交模式”的开关显示。单击该按钮，打开正交模式，此时用户只能绘制垂直直线或水平直线。

4）“极轴”按钮：表示是否进行“极轴追踪模式”的开关显示。单击该按钮，打开极轴追踪模式。在绘制图形时，系统将根据设置显示一条追踪线，用户可在该追踪线上根据提示精确移动光标，从而进行精确绘图。

5）“对象捕捉”按钮：表示是否进行“对象捕捉”的开关显示。单击该按钮，打开对象捕捉模式。因为所有几何对象都有一些决定其形状和方位的关键点，所以，在绘图时用户可以利用对象捕捉功能，自动捕捉这些关键点。

6）“对象追踪”按钮：表示是否进行“对象追踪”的开关显示。单击该按钮，打开对象追踪模式，用户可以通过捕捉对象上的关键点，并沿正交方向或极轴方向拖动光标，此时可以显示光标当前位置与捕捉点之间的相对关系。若找到符合要求的点，直接单击即可。

7）“DYN”动态输入按钮：表示是否使用动态输入功能的开关显示。单击该按钮，打开动态输入模式，在绘图时可以及时地显示出有关的绘图信息，例如点的坐标、直线的长度、直线的角度等内容。

8）“DUCS”按钮：表示是否开启或关闭动态 UCS 的模式。激活动态 UCS 后，可以在三维实体的平整面上创建对象，而无需手动更改 UCS 方向，使用户更方便地绘制三维图形。

9）“线宽”按钮：表示是否显示线条宽度的开关显示。单击该按钮，打开线宽显示。在绘图时如果为图层和所绘图形设置了不同的线宽，打开该开关，可以在屏幕上显示线宽，以标识各种具有不同线宽的对象。

10）“模型”或“布局”按钮：表示当前的空间是模型空间还是图纸空间。如果此格显示的是“布局”，那就表示当前在图纸空间中。单击它们，可以在模型空间和图纸空间之间切换。

这些开关都是以直接单击这些功能按钮后，“状态操作”按钮图标出现“浮”、“陷”来表示开启或关闭的。“陷”表示开启，“浮”则代表关闭。

8. 坐标提示区

十字光标当前位置坐标的显示是在 AutoCAD 界面最底行的左边（见图 1-6），可单击功能键 F6 来切换是否显示坐标。

1.4 AutoCAD 2008 基本操作

1.4.1 命令的输入与终止

在 AutoCAD 中，最基本的操作是命令的输入与终止。

1. 输入设备

AutoCAD 中输入命令的设备有键盘、鼠标及数字化仪等，通常是键盘和鼠标。鼠标用于控制 AutoCAD 的光标和屏幕指针。当鼠标处于绘图窗口内时，AutoCAD 的光标为十字线形式；当光标移至菜单选项、工具栏或对话框内时，它会变成一个箭头。

通常使用鼠标左键单击菜单项、工具栏按钮或屏幕单来执行命令。

2. 输入命令

AutoCAD 输入命令的途径有四种：

1）命令行输入：所谓命令行输入，即由键盘输入 AutoCAD 命令，而且键盘是输入文本对象、数值参数（包括坐标）或进行参数选择的唯一方法。

在大多数情况下，直接键入命令会打开相应的对话框。如果不想使用对话框，可以在命令前加上“—”，如“—LAYER”，此时不打开“图层特性管理器”对话框，而是显示等价的命令行提示信息，同样可以对图层特性进行设定。

2）下拉菜单输入：通过选中下拉菜单选项，输入 AutoCAD 命令，此时命令行显示的命令与从键盘输入的命令一样，但其前面有下划线。

3）工具栏输入：通过单击工具栏按钮输入 AutoCAD 命令，此时命令行显示该命令，但命令前有下划线。

4）鼠标右键输入：在不同的区域单击右键，会弹出相应的菜单，从菜单中选择执行命令。

3. 结束命令

AutoCAD 2008 的大多数命令，操作时可以连续使用，按键盘“Enter”键结束该命令。例如直线命令，确定直线的起点后，在“下一点”的提示下，可连续使用，要结束该命令时按键盘“Enter”键。“Enter”键同时也表示确认的含义。

4. 终止命令

在命令执行过程中，用户可以随时按键盘“Esc”键终止执行任何命令，因为“Esc”键是 Windows 程序用于取消操作的标准键。在早期的 AutoCAD 版本中，可以使用“Ctrl + C”组合键来取消命令。如果要在 AutoCAD 2008 中也能够使用该组合键取消命令，可选择“工具”/“选项”命令，打开“选项”对话框，在“用户系统配置”选项卡的“Windows 标准”选项区域中取消选择“Windows 标准加速键”复选框即可。

1.4.2 命令的复制、撤消与重做

在 AutoCAD 中，用户可以方便地重复执行同一条命令，或撤消前面执行的一条或多条命令。此外，撤消前面执行的命令后，还可通过重做来恢复前面执行的命令。

1. 重复命令

在 AutoCAD 2008 中，用户可以使用多种方法来重复执行 AutoCAD 命令。例如，要重复执行上一个命令，可以按“Enter”或空格键，或在绘图区域中单击鼠标右键，从弹出的快捷菜单中选择“重复”命令；要重复执行最近使用的 6 个命令中的某一个命令，可以在命令窗口或文本窗口中单击右键，从弹出的快捷菜单中选择“近期使用的命令”命令下最近使用过的 6 个命令之一即可；要多次重复执行同一个命令，可以在命令行提示下输入 MULTIPLE 命令，然后在“输入要重复的命令名:”提示下输入需要重复执行的命令，这样，AutoCAD 将重复执行该命令，直到用户按 Esc 键为止。

2. 撤消前面所进行的命令

有多种方法可以放弃最近一个或多个操作，最简单的就是使用 UNDO 命令来放弃单个操作。用户也可以一次撤消前面进行的多步操作。这时可在命令提示下输入 UNDO 命令，然后在命令行中输入要放弃的操作数目。

3. 重做

如果要重做使用 UNDO 命令放弃的最后一个操作，可以使用 REDO 命令或重新选择“编辑”/“重画”命令。

在 AutoCAD 的命令行中，用户可以通过输入命令来执行相应的菜单命令，此时，输入的命令字母可以是大写、小写或同时使用大小写。本书为了统一，字母全部使用大写。

1.4.3 常用透明命令

所谓透明命令，是指在其他命令执行时可以输入的命令。透明命令一般用于环境的设置或辅助绘图。常用透明命令包括“实时缩放”、“实时平移”、“窗口缩放”、“缩放上一个”等。透明命令执行完后，继续执行原命令。

1.“实时缩放”

执行该命令后，屏幕上的光标呈一放大镜的标记。按住鼠标左键向上移动则将图形放大，向下移动则将图形缩小。按“Esc”键或“Enter”键退出。

2. “实时平移”

执行该命令后，屏幕上的光标呈一小手的标记。按住鼠标左键向上下左右移动则图形将跟着上下左右移动。按“Esc”键或“Enter”键退出。

3. “窗口缩放”

执行该命令后，由两角点定义的“窗口”内的图形将尽可能大地显示到屏幕上。

4. “缩放上一个”

执行该命令后，屏幕返回到上一个位置。

1.4.4 图形的选取模式

当执行编辑命令后，命令行提示：“选择对象”。此时，十字光标将变成一个拾取框，移动拾取框来选择一个或多个对象。AutoCAD 提供多种选择方式。

1. 单击方式

这是一种默认方式。当光标变为拾取框后，用鼠标移动拾取框，使其覆盖在被选对象上，然后单击鼠标，对象变为虚线，表示已被选中。这种方式适合选择少量或分散对象。

2. 窗口方式

该方式是通过对角线的两个端点来定义一个矩形窗口，凡完全落在该矩形窗口内的图形对象均被选中，但指定两端点的顺序必须自左向右指定，如图 1-16 所示。

3. 窗交方式

该方式也是通过对角线的两个端点来定义一个矩形窗口，凡完全落在该矩形窗口内及与窗口相交的图形对象均被选中，但指定两端点的顺序必须自右向左指定，如图 1-17 所示。

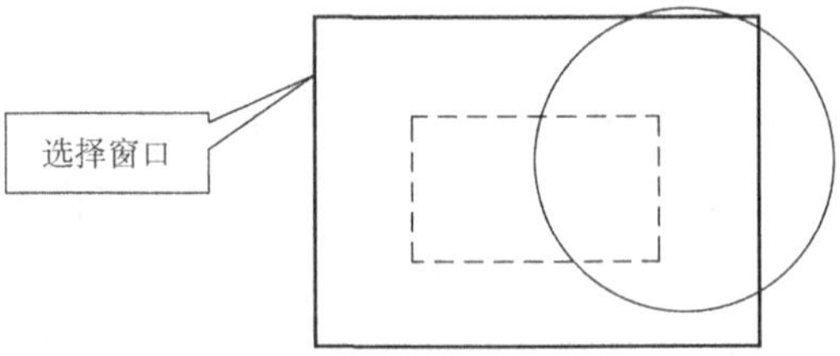

图 1-16　窗口方式

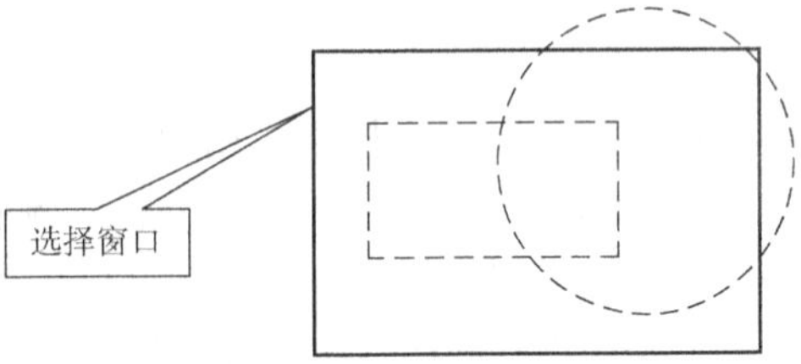

图 1-17　窗交方式

4. 全部方式

当命令行提示选择对象时，键盘输入 ALL，则会选中除冻结层以外的所有图形对象。

1.5 AutoCAD 2008 图形文件管理

在 AutoCAD 中，图形文件管理操作命令包括新建和打开图形文件及保存图形文件。

1.5.1 新建图形文件

执行此命令可以新建一张图形文件，设置新的绘图环境。

1. 执行途径

1）工具栏：“标准”/按钮

2）下拉菜单：“文件”／“新建”

3）命令：NEW

2. 操作说明

在“标准”工具栏中单击“新建”按钮，将打开“选择样板”对话框，如图 1-18 所示。

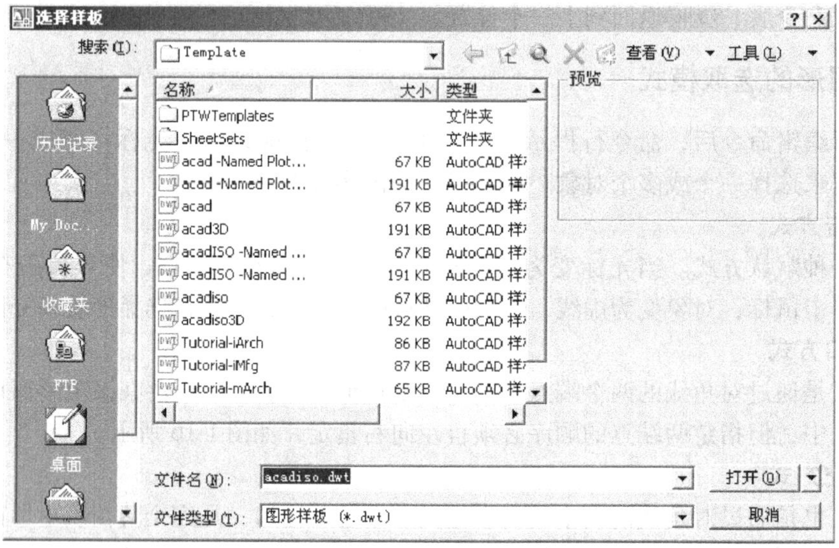

图 1-18　“选择样板”对话框

在“选择样板”对话框中，用户可以在样板列表框中选中某一个样板文件，这时对话框在右侧的“预览”框中将显示该样板的预览图像，单击“打开”按钮，可以将选中的样板文件作为样板来创建新图形。样板文件中通常包含与绘图相关的一些通用设置，如图层、线型、文字样式等。利用样板创建新图形不仅提高了绘图的效率，而且还保证了图形的一致性。但这些样板文件通常不符合我国的制图标准，建议用户不要使用，用户可使用位于上面的四个空白文件。

1.5.2　打开图形文件

新建一张已存在的图形文件

1. 执行途径

1）工具栏“标准”／按钮

2）下拉菜单：“文件”／“打开”

3）命令：OPEN

2. 操作说明

单击在“标准”工具栏中“打开”按钮，此时将打开“选择文件”对话框，如图 1-19 所示。

1）在“选择文件”对话框的文件列表框中，选择需要打开的图形文件，在右侧的“预

览”框中将显示该图形的预览图像。在默认的情况下，打开的图形文件的格式都为 . dwt 格式。

2）用户可以以“打开”、“以只读方式打开”、“局部打开”、“以只读方式局部打开”4 种方式打开图形文件，每种方式都对图形文件进行了不同的限制。如果以“打开”和“局部打开”方式打开图形时，可以对图形文件进行编辑，如果以“以只读方式打开”和“以只读方式局部打开”方式打开图形时，则无法对图形文件进行编辑。

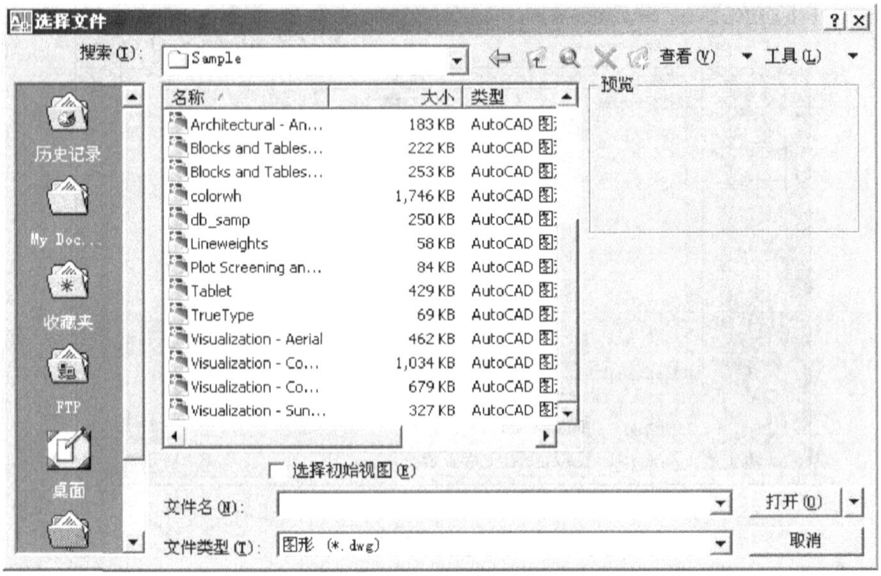

图 1-19　“选择文件”对话框

1.5.3　保存图形文件

在 AutoCAD 2008 中，可以使用多种方式将绘制好的图形以文件形式进行保存。

第一种方式：保存文件

1. 执行途径

1）工具栏：“标准”/按钮

2）下拉菜单：“文件”/“保存”

3）命令：QSAVE

2. 操作说明

执行该命令后，对当前已命名的图形文件直接存盘保存；如该文件尚未命名，则屏幕上弹出“图形另存为”对话框，如图 1-20 所示，可从中选择路径并输入文件名，确认后进行保存。

第二种方式：另存文件

1. 执行途径

1）下拉菜单：“文件”/“另存为”

2）命令：SAVEAS

2. 操作说明

执行该命令后，屏幕上会弹出如图 1-20 所示的对话框。若当前图形文件尚未命名，这时应命名并确认后保存；若当前图形文件已命名，也可将其重新命名另存储在另一个图形文件中，并把新的绘图文件作为当前图形文件。

若输入的文件名在磁盘中已有同名图形文件，则出现如图 1-21 所示的对话框。

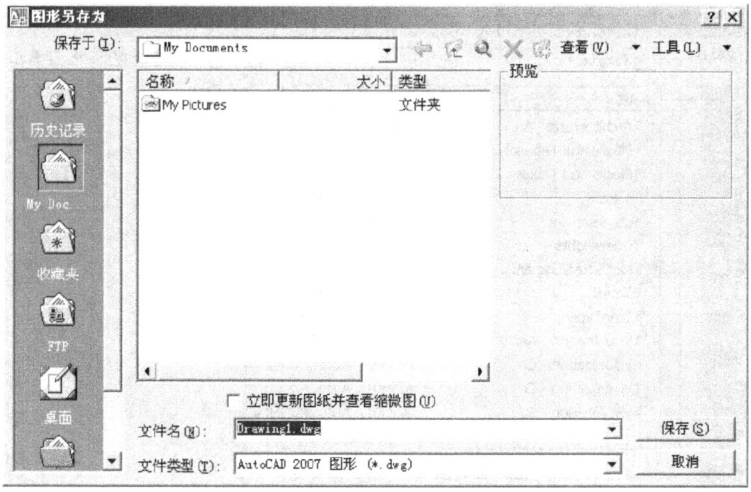

图 1-20 “图形另存为”对话框

图 1-21 保存提示对话框

对话框中提示说明该文件名已经存在，问要替换它吗？单击“是（Y）”，系统会把当前图形存入该文件名下，并替换原图形文件；单击“否（N）”，则返回如图 1-20 所示的对话框，可重新输入文件名。

AutoCAD 还提供了一个 SAVE 命令，其功能与 SAVEAS 相似，但只能在命令行中调用。

第三种方式：自动保存文件

AutoCAD 可以定时保存文件，具体时间可在 1min 到 2h 之间任意设置。可通过下拉菜单中的“工具”／“选项”，打开“选项”对话框，在“打开和保存”选项卡中设置自动保存时间。

1.5.4 退出命令

存储或放弃已作的文件改动，并退出 AutoCAD 系统。

1. 执行途径

1）标题栏：按钮

2）下拉菜单："文件"/"退出"

3）命令：QUIT

2. 操作说明

执行该命令后，若当前图形未改动，则立即退出 AutoCAD 系统；若图形有改动，则屏幕上出现如图 1-22 所示的对话框。

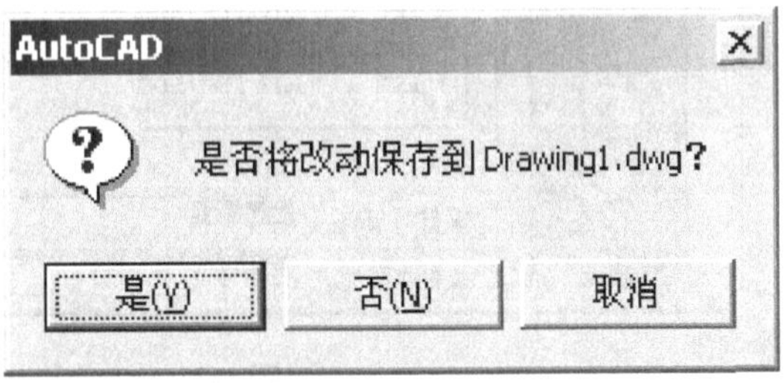

图 1-22　AutoCAD"退出"提示对话框

1）单击"是（Y）"按钮：将对已命名的文件存盘并退出 AutoCAD 系统；对未命名的文件则屏幕上出现如图 1-21 所示的对话框，命名后存盘并退出 AutoCAD 系统。

2）单击"否（N）"按钮：将放弃对图形所作的修改并退出 AutoCAD 系统。

3）单击"取消"按钮：将取消退出命令并返回到原绘图、编辑状态

1.6 上机指导与操作练习（图形管理）

例题：创建一个 AutoCAD 文件，使用"直线"命令绘制如图 1-23 所示的三角形，将其保存在 C 盘的"AutoCAD 2008"文件夹中，文件名为"练习 1"。文件夹中再保存一个备份，文件名为"练习 1 备份"，保存完成后，退出 AutoCAD 系统。

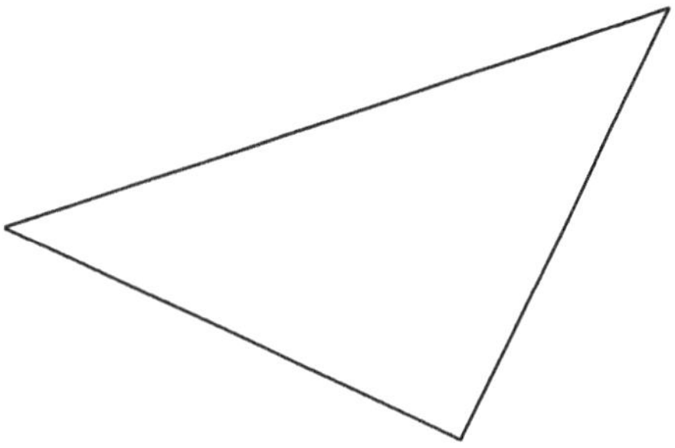

图 1-23　使用"直线"命令绘制三角形

操作步骤：

1）双击桌面 AutoCAD 2008 图标 

，启动 AutoCAD 2008 中文版。

2）选择工具栏"标准"/"新建"按钮，弹出"选择样板"对话框，在名称列表中选择"acad"样板，如图 1-24 所示，创建一个 AutoCAD 新文件。

3）在"绘图"工具栏中单击"直线"按钮，发出"LINE"命令。

4）在"指定第一点："提示下，鼠标在绘图区域任意位置单击左健，确定三角形第一点。

5）依次在"指定下一点或［放弃出 U］："提示下，鼠标在绘图区域另一位置单击左健，确定三角形第二点。

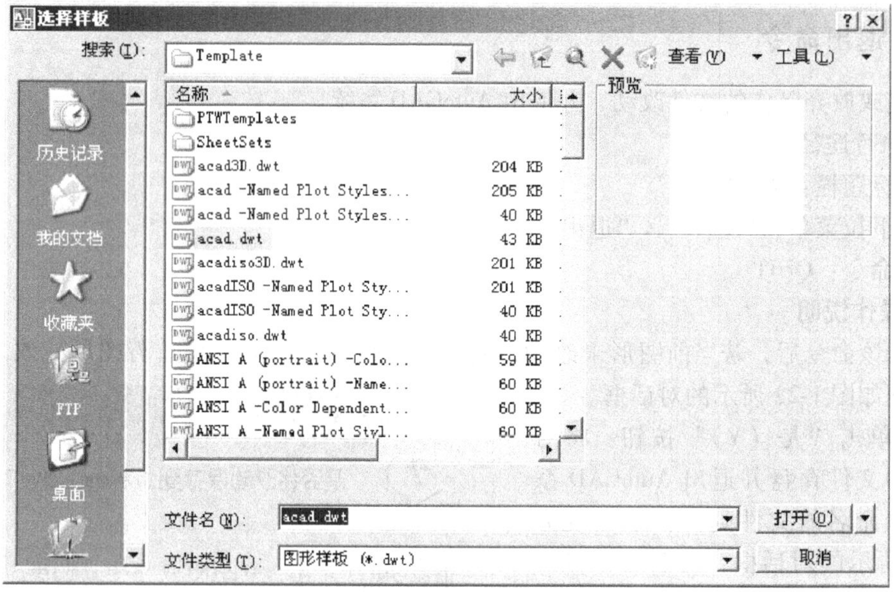

图 1-24 “选择样板”对话框

6）在“指定下一点或［闭合（C）/放弃（U）］:”提示下，鼠标在绘图区域另一位置单击左健，确定三角形第三点。

7）在“指定下一点或［闭合（C）/放弃（U）］:”提示下，命令行输入字母 C，然后按“Enter”键，即可得到封闭的三角形，如图 1-25 所示。

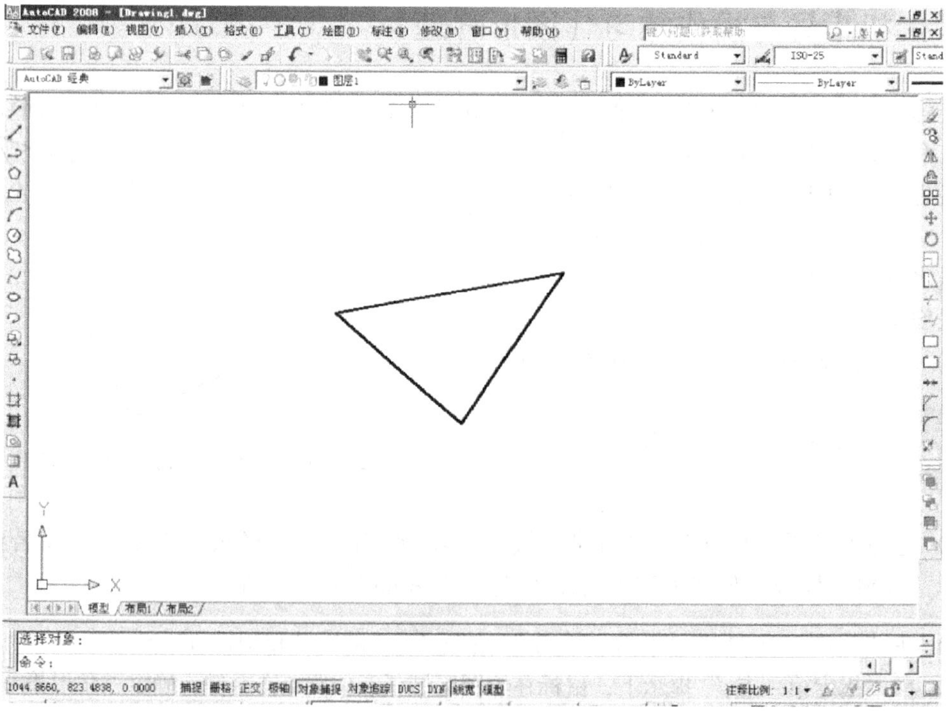

图 1-25 完成绘制三角形

8）绘制完毕后，选择标准工具栏“标准”／“保存”按钮，弹出“图形另存为”对话框。在“保存于”下拉列表框中选择路径“C：/program files/AutoCAD 2008 文件”，在“文件名”文字框中输入“练习 1”，如图 1-26 所示，单击“保存”按钮，保存图形文件。

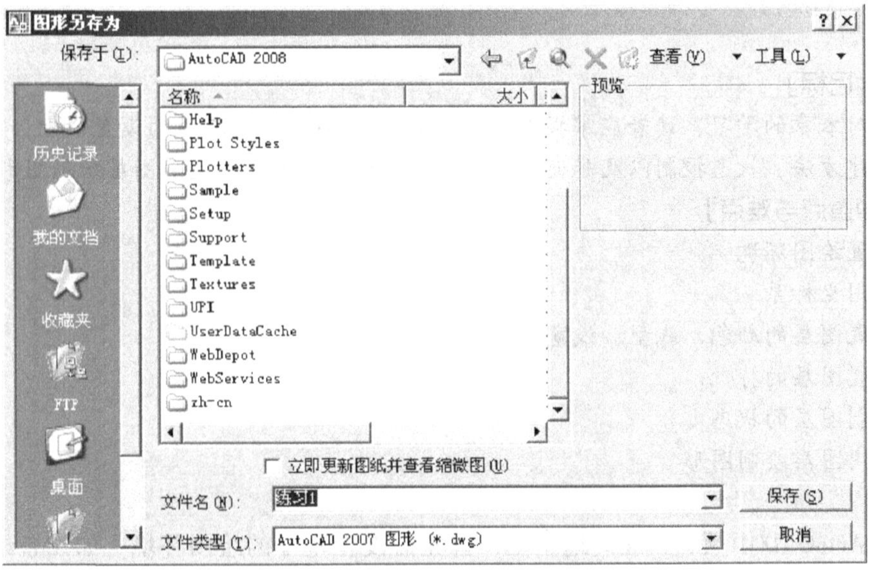

图 1-26　“图形另存为”对话框

9）单击下拉菜单“文件”／“另存为”命令，弹出“图形另存为”对话框。在“保存于”下拉列表框中选择路径“C：/program files/AutoCAD 2008 文件”，在“文件名”文字框中输入“练习 1 备份”，如图 1-27 所示，单击“保存”按钮，保存图形文件。

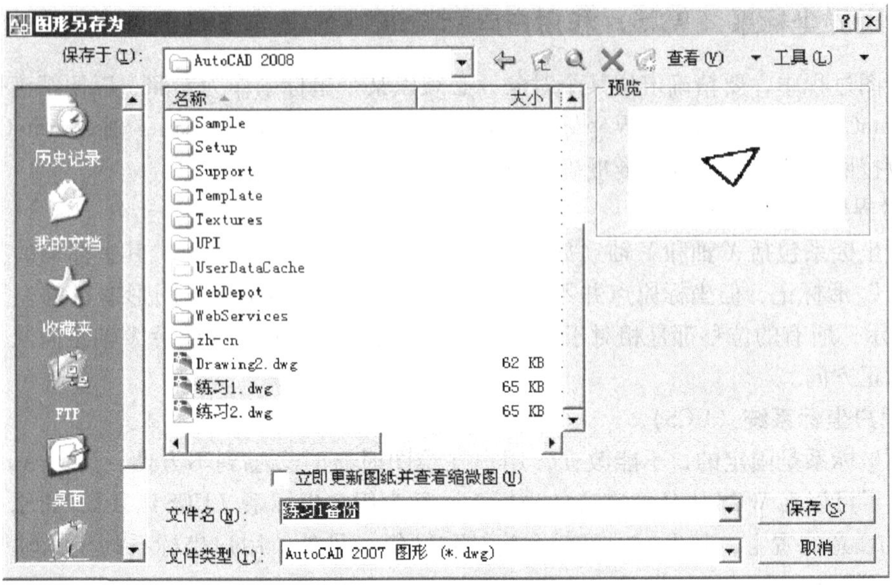

图 1-27　“图形另存为”对话框

10）单击图 1-6 中标题栏右侧按钮，或选择下拉菜单“文件”／“退出”，退出 CAD 系统。

第 2 章　AutoCAD 2008 绘图环境设置

［教学目标］

通过对本章的学习，读者应掌握中文版 AutoCAD 2008 绘图环境的设置、坐标系的使用、图层的创建方法、状态控制以及非连续线型比例的设置，并能够使用图层绘制图形。

［教学重点与难点］

- 设置绘图环境
- 使用坐标系
- 设置图层的颜色、线型、线宽
- 设置图层的特性
- 控制图层的状态
- 使用图层绘制图形

要在 AutoCAD 中顺利、准确地绘图，首先需设置基本的绘图环境，如设置绘图范围、绘图单位、图层、线型、线宽等。

2.1　AutoCAD 2008 的坐标系

2.1.1　世界坐标系（WCS）和用户坐标系（UCS）

在绘图过程中，要精确定位某个对象，必须以某个坐标系作为参照，以便精确拾取点的位置。AutoCAD 坐标系包括世界坐标系（WCS）和用户坐标系（UCS），通过 AutoCAD 的坐标系可以按照非常高的精度标准准确地设计并绘制图形。

1. 世界坐标系（WCS）

世界坐标系包括 *X* 轴和 *Y* 轴（如果在 3D 空间工作，还有 *Z* 轴），其坐标轴的交汇处显示一“口”形标记，但坐标原点并不在坐标轴的交汇点，而是位于图形窗口的左下角，如图 2-1 所示，所有的位移都是相对于坐标原点进行计算的，并且规定沿 *X* 轴正向及 *Y* 轴正向的方向为正方向。

2. 用户坐标系统（UCS）

世界坐标系是固定的，不能改变，用户在绘图时有时会感到不方便，为此 AutoCAD 为用户提供了可以在 WCS 中任意定义的坐标系，称为用户坐标系（UCS）。UCS 的原点可以在 WCS 内的任意位置上，其坐标轴可任意旋转和倾斜。另外，用户坐标系的坐标轴交汇处没有“口”形标记。

要设置用户坐标系，可以选择“工具”菜单中的“命名 UCS”和“新建 UCS”命令或其中的子命令，或者在命令行输入 UCS 命令，例如：选择“工具”/“新建 UCS”/“原点”命令，并在图 2-2 中单击中心点 *O*，这时世界坐标系就变为用户坐标系，*O* 点也就成了新坐标系的原点，如图 2-2 所示。

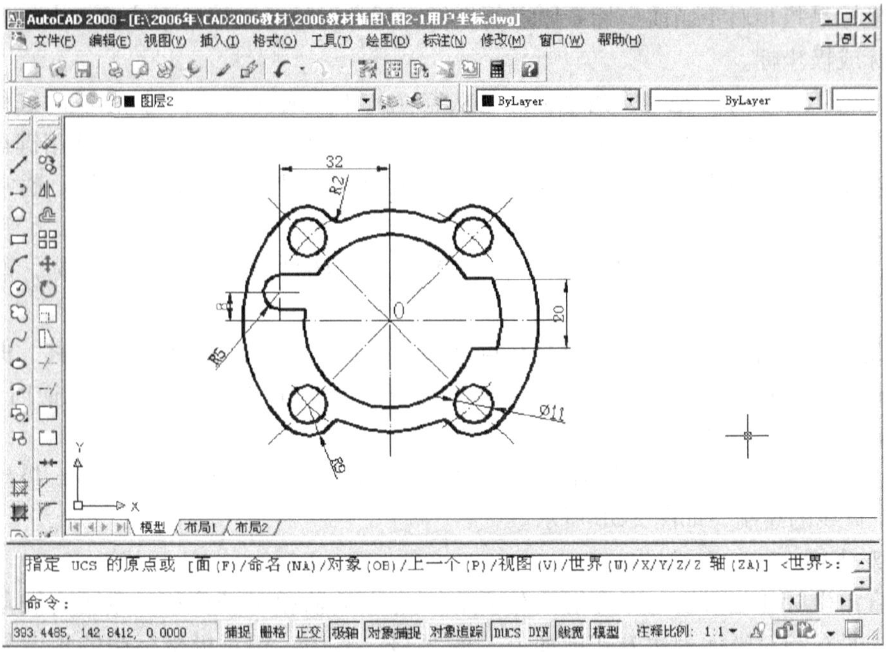

图 2-1　世界坐标系（WCS）

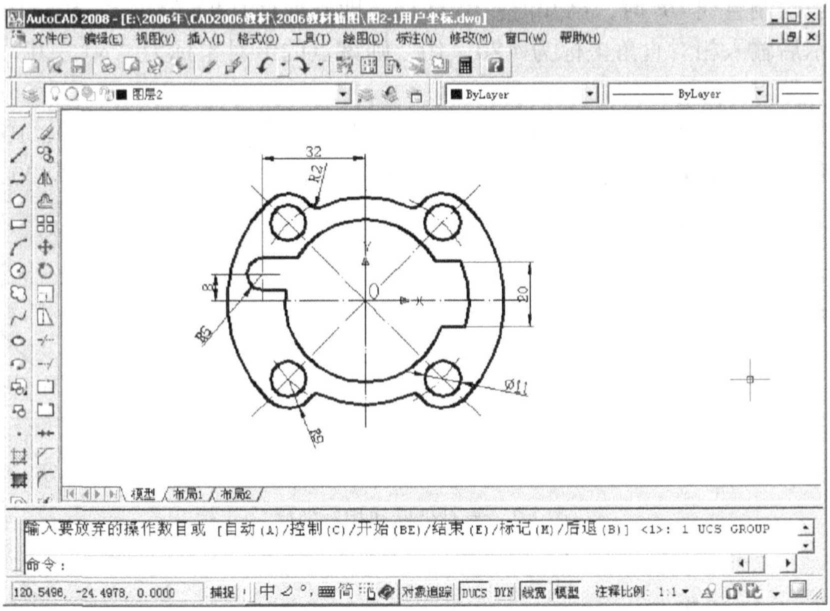

图 2-2　用户坐标系（UCS）

2.1.2　点坐标的表示方法及其输入

在中文版 AutoCAD 2008 中，表示点坐标的方法有绝对直角坐标、绝对极坐标、相对直角坐标和相对极坐标 4 种。

1. 绝对坐标

绝对坐标是指相对于当前坐标系原点的坐标，用户以绝对坐标的形式输入点时，可以采用直角坐标或极坐标。

（1）绝对直角坐标　绝对直角坐标，是从点（0，0）或（0，0，0）出发的位移，表示点的 *X*、*Y*、*Z* 坐标值，*X* 坐标值向右为正增加，*Y* 坐标值向上为正增加。当使用键盘键入点的 *X*，*Y* 坐标时，其之间用逗号“，”隔开，不能加括号，坐标值可以为负值。通常是用鼠标来响应点的坐标输入。

例如：当绘制直线 *AB* 时，只需输入 *A*（10，20）坐标和 *B*（30，20）坐标，即可完成 *AB* 直线的绘制，如图 2-3a 所示。

（2）绝对极坐标　绝对极坐标也是从点（0，0）或（0，0，0）出发的位移，但它给定的是距离和角度，其中，距离和角度用“ < ”分开，且规定“角度”方向以逆时针为正，即 *X* 轴正向为 0°，*Y* 轴正向为 90°。

例如：当绘制直线 *OC* 时，只需输入 *O*（0，0）坐标即原点和 *C*（30 < 45）极坐标，即可完成 *OC* 直线的绘制，如图 2-3b 所示。

2. 相对坐标

相对直角坐标和相对极坐标是指相对于某一点的 *X* 轴和 *Y* 轴位移，或距离和角度，它的表示方法是在绝对坐标表达方式前加上“@”号，其中，相对极坐标中的角度是新点和上一点连线与 *X* 轴的夹角。

例如：当绘制直线 *DE* 时，已知前一个 *D* 点（即基准点）的坐标为“10，10”，如果在输入点的提示后输入相对直角坐标为@20，10，则该点的绝对坐标为“30，20”，如图 2-3c 所示。

例如：当绘制直线 *FG* 时，已知前一个 F 点（即基准点）的坐标为“10，10”，如果在输入点的提示后输入相对极坐标为@20 < 45，则新点与前一点的连线距离为 20，连线与 *X* 轴正向夹角为 45°，如图 2-3d 所示。

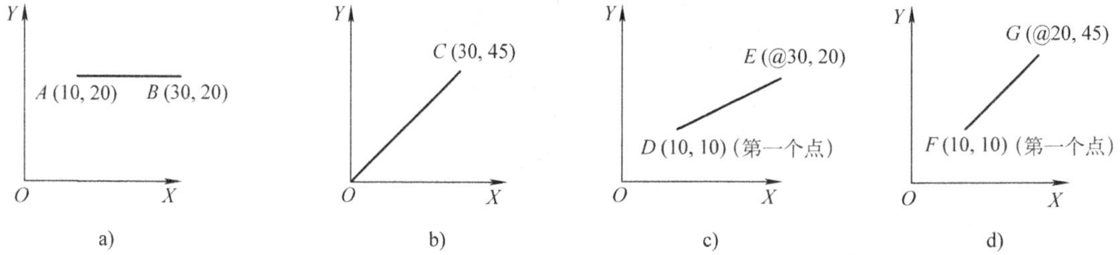

图 2-3　绝对坐标和相对坐标

a）绝对直角坐标　b）绝对极坐标　c）相对直角坐标　d）相对极坐标

2.1.3　控制坐标的显示

在绘图窗口中移动光标的十字指针时，状态栏上将动态显示当前指针的坐标。在中文版 AutoCAD 2008 中，坐标显示取决于所选择的模式和程序中运行的命令，共有以下三种显示方式：

（1）关　显示上一个拾取点的绝对坐标，此时，指针坐标不能动态更新，只有在拾取一个新点时，显示才会更新，但是，从键盘输入一个新点坐标时，不会改变该显示方式，如

图 2-4 a 所示。

（2）绝对　显示光标的绝对坐标，该值是动态更新的，默认情况下，该显示方式是打开的，如图 2-4b 所示。

（3）相对　显示一个相对极坐标。当选择该方式时，如果当前处在拾取点状态，系统将显示光标所在位置相对于上一个点的距离和角度，如图 2-4c 所示。当离开拾取点状态时，系统将恢复到“绝对”模式。

在实际绘图过程中，用户可以根据需要，随时按下“F6”、“Ctrl” + “D”键或单击状态栏的坐标显示区域，在这三种方式间切换。

a)　　b)　　c)

图 2-4　坐标的 3 种显示方式

a）关　b）绝对坐标　c）相对极坐标

当选择“关”模式时，坐标显示呈现灰色，表示坐标显示是关闭的，但是上一个取点的坐标仍然是可读的。在一个空的命令提示符或一个不接收距离及角度输入提示符下，用户只能在“关”模式和“绝对”模式之间选择；在一个接收距离及角度输入的提示符下，用户可以在所有模式间循环切换。

2.2　绘图环境基本设置

在用户使用 AutoCAD 绘图之前，首先要对绘图单位以及绘图区域进行设置，以便能够确定绘制的图样与实际尺寸的关系，便于用户绘图。

2.2.1　设置绘图界限

一般来说，如果用户不作任何设置，AutoCAD 系统对作图范围没有限制，可以将绘图区看作是一幅无穷大的图纸，但所绘图形的大小是有限的，因此为了更好地绘图，需要设定作图的有效区域。在中文版 AutoCAD 2008 中，使用“LIMITS”命令可以在模型空间中设置一个想象的矩形绘图区域，也称为图限，它确定的区域是可见栅格指示的区域（见图 2-5），也是选择“视图”/“缩放”/“全部”命令时，决定显示多大图形的一个参数。

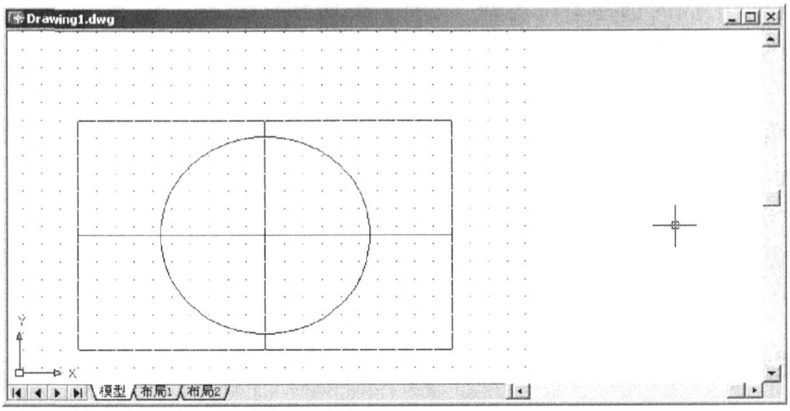

图 2-5　使用可见栅格指示的图限

设置绘图界限的步骤如下：

1）选择“格式”/“图形界限”命令，或在命令行中输入 LIMITS，命令行提示如下：

指定左下角点或[开(ON)/关(OFF)] <0.0000, 0.0000 >：(回车)

指定右上角点 <420.0000, 297.0000 >：

2）在执行“LIMYYS”命令的过程中，将出现 4 个选项，分别为“开”、“关”、“指定左下角点”和“指定右上角点”。

①“开”选项：表示打开绘图界限检查。如果所绘图形超出了图限，则系统不绘制出此图形并给出提示信息，从而保证了绘图的正确性。

②“关”选项：表示关闭绘图界限检查。

③“指定左下角点”选项：表示设置绘图界限左下角坐标。

④“指定右上角点”选项：表示设置绘图界限右上角坐标。

3）输入 Z（即 ZOOM 命令），回车。

4）输入 A，回车，以便将所设图形界限全部显示在屏幕上。

2.2.2 设置绘图单位和精度

在 AutoCAD 中，用户可以采用 1∶1 的比例因子绘图，因此，所有的直线、圆和其他对象都可以以真实大小来绘制。用户可以使用各种标准单位进行绘图，对于中国用户来讲，通常使用毫米、厘米、米和千米等作为单位，毫米是最常用的一种绘图单位。不管采用何种单位，在绘图时只能以图形单位计算绘图尺寸，在需要打印出图时，再将图形按图纸大小进行缩放。

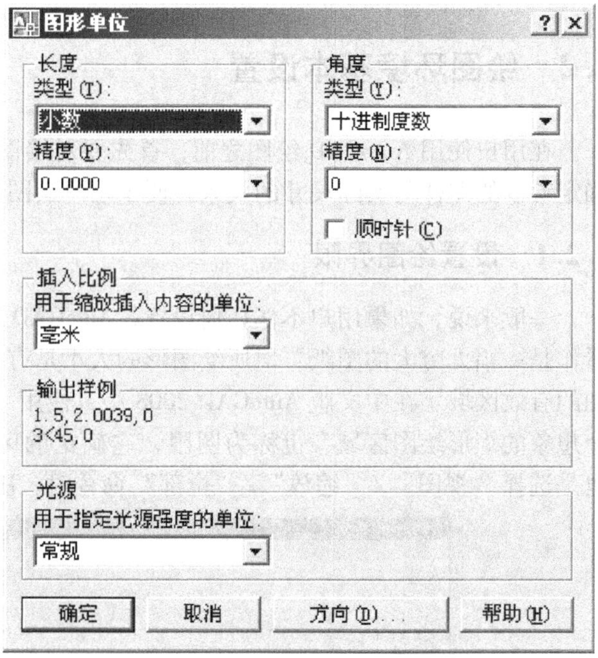

图 2-6 “图形单位”对话框

设置绘图单位和精度的步骤如下：

1）执行“格式”/“单位…”命令，弹出一个“图形单位”对话框，如图 2-6 所示。

2）在“长度”区内选择单位类型和精度，工程绘图中一般使用“小数”和“0.0”。

3）在“角度”区内选择角度类型和精度，工程绘图中一般使用“十进制小数”和“0”。

4）在“设计中心块的图形单位”列表框中选择图形单位，默认为“毫米”。

5）单击“确定”按钮。

2.2.3 设置参数选项

选择“工具”/“选项”命令，或执行“OPTIONS”命令，可打开“选项”对话框，在该对话框中包含“文件”、“显示”、“打开和保存”、“打印和发布”、“系统”、“用户系统设置”、“草图”、“三维建模”、“选择集”和“配置”10 个选项卡，如图 2-7 所示。

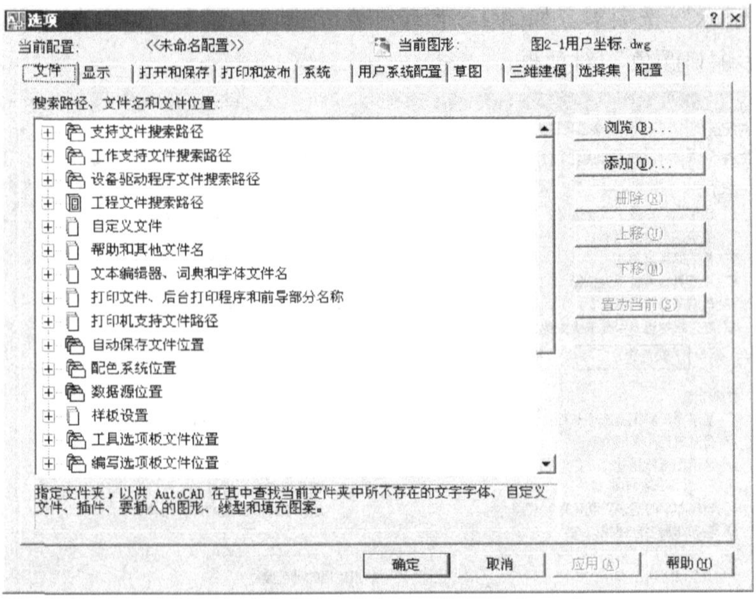

图 2-7 “选项”对话框

1. 各选项卡含义

(1)“文件”选项卡 用于确定 AutoCAD 搜索支持文件、驱动程序文件、菜单文件和其他文件时的路径以及用户定义的一些设置。

(2)“显示”选项卡 用于设置窗口元素、布局元素、显示精度、显示性能、十字光标大小和参照编辑的褪色度等显示属性。

(3)“打开和保存”选项卡 用于设置是否自动保存文件，以及自动保存文件时的时间间隔、是否维护日志和是否按需加载外部参照文件等。

(4)“打印和发布”选项卡 用于设置 AutoCAD 的输出设备。默认情况下，输出设备为 Windows 打印机，但在很多情况下，为了输出较大幅面的图形，用户也可能需要使用专门的绘图仪。

(5)“系统”选项卡 用于设置当前三维图形的显示特性，设置定点设备、是否显示 OLE 特性对话框、是否显示所有警告信息、是否检查网络连接、是否显示启动对话框、是否允许长符号名等。

(6)“用户系统配置”选项卡 用于设置是否使用快捷菜单和对象的排序方式。

(7)“草图”选项卡 用于设置自动捕捉、自动追踪、自动捕捉标记框颜色和大小、靶框大小。

(8)“三维建模”选项卡 用于设置三维十字光标，三维对象显示等。

(9)“选择集”选项卡 选择集模式、拾取框大小以及夹点大小等。

(10)“配置”选项卡 用于实现新建系统配置文件、重命名系统配置文件以及删除系统配置文件等操作。

2. 应用示例

例如：设置绘图窗口的背景颜色为白色（默认情况下，绘图窗口的背景颜色为黑色）。

操作步骤如下：

1）选择“工具”/“选项”命令，打开“选项”对话框。

2）选择“显示”选项卡，如图2-8所示，在“窗口元素”选项区域中单击“颜色”按钮，打开“图形窗口颜色”对话框。

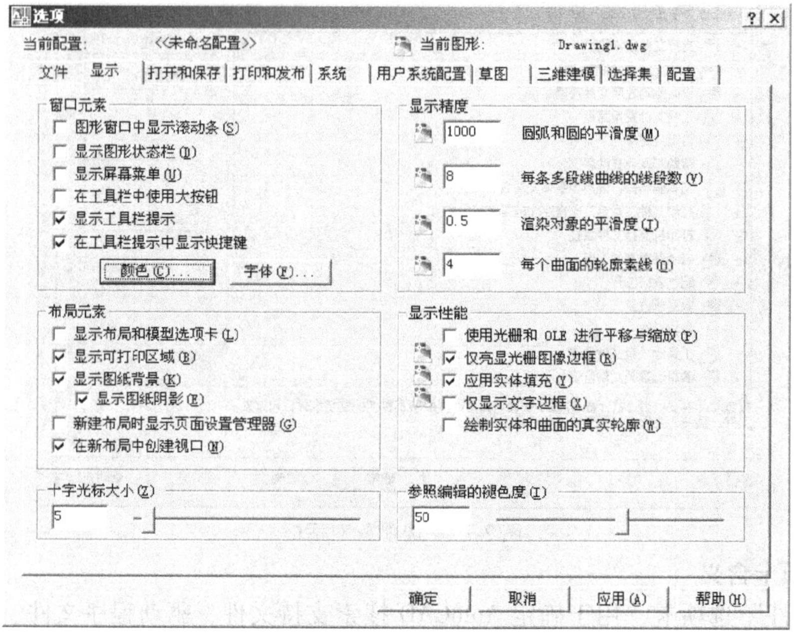

图2-8　“显示”选项卡

3）在“背景”窗口（即第一个窗口）中选择“二维模型空间”选项。

4）在“界面元素”窗口（即第二个窗口）中选择“统一背景”选项。

5）在“颜色”窗口（即第三个窗口）中选择“白色”选项，这时二维模型空间背景颜色将设置为白色，如图2-9所示，单击“应用并关闭”按钮完成设置。

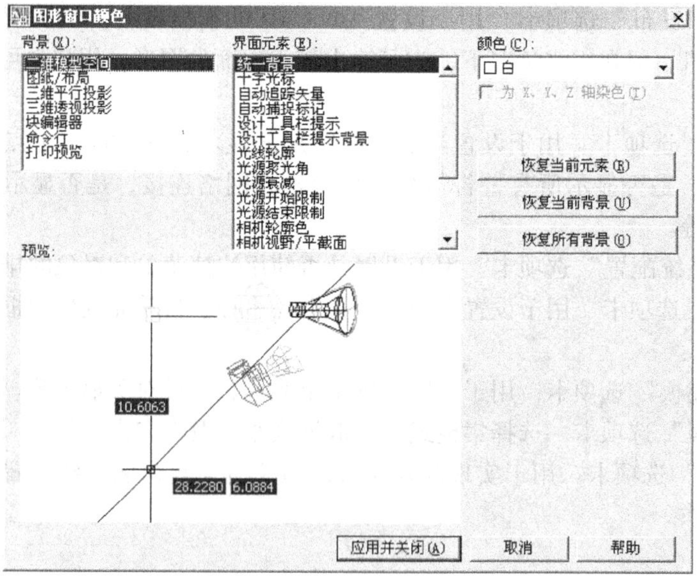

图2-9　将模型空间背景颜色设置为白色

2.3 图层的创建与设置

图层相当于多层“透明纸”重叠而成，先在上面绘制图形，然后将纸一层层重叠起来，构成最终的图形。在 AutoCAD 中，图层的功能和用途要比“透明纸”强大得多，用户可以根据需要创建很多图层，然后将相关的图形对象放在同一层上，以此来管理图形对象。

AutoCAD 中的各图层具有相同的坐标系、绘图界限和显示时的缩放倍数，用户可以对位于不同图层上的对象同时进行编辑操作。每个图层都有一定的属性和状态，包括：图层名、开关状态、冻结状态、锁定状态、颜色、线型、线宽、打印样式和是否打印等。

2.3.1 图层的创建

1. 执行途径

1）工具栏：“图层”/ 按钮，如图 2-10 所示

2）下拉菜单：“格式”/“图层”

3）命令：LAYER

2. 操作说明

有关图层的命令如图 2-10 所示，选择“图层”命令，会弹出“图层特性管理器”对话框，如图 2-11 所示，用户可以在此对话框中进行图层的创建、基本操作和管理。

图 2-10 “图层”工具栏

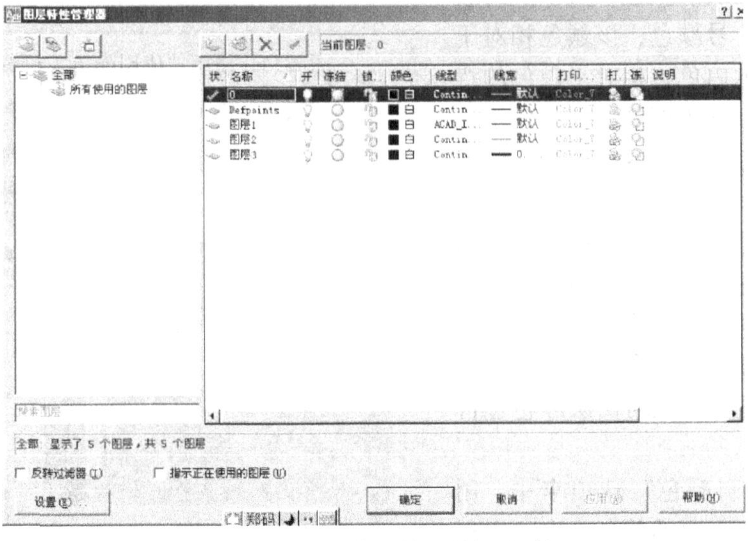

图 2-11 “图层特性管理器”对话框

2.3.2 图层基本操作

在“图层特性管理器”对话框中，用户可以通过对话框上的一系列按钮对图层进行基

本操作。

（1）新建图层　单击按钮，列表中将显示新创建的图层。第一次新建，列表中将显示名为“图层 1”的图层，随层名称依次为“图层 2”、“图层 3”……。该名称处于选中状态，用户可以直接输入一个新图层名。对于已经创建的图层，如果需要修改图层的名称，用鼠标单击该图层的名称，使图层名处于可编辑状态，直接输入新的名称即可。

（2）删除图层　单击按钮，可以删除用户选定的图层，但 0 图层不能删除。

（3）置为当前　单击按钮，将选定图层设置为当前图层，用户创建的对象将被放置到当前层中。

2.3.3　图层管理

在“图层特性管理器”对话框中的“图层”列表框中，用户可以对图层的特性和状态进行管理，特性管理包括名称、颜色、线型、线宽、打印样式、打印与否和说明等。

1. 颜色设置

每个图层都具有一定的颜色，所谓图层的颜色，是指该图层上面的实体颜色。

1）在建立图层的时候，图层的颜色承接上一个图层的颜色，对于 0 图层系统默认的是 7 号颜色，该颜色相对于黑色的背景显示白色，相对于白色的背景显示黑色（仅该色例外，其他色不论背景为何种颜色，颜色不变）。

2）在绘图过程中，需要对各个层的对象进行区分，改变该层的颜色，默认状态下该层的所有对象的颜色将随之改变。单击“颜色”列表下的颜色特性图标，弹出如图 2-12 所示的“选择颜色”对话框，用户可以对图层颜色进行设置。

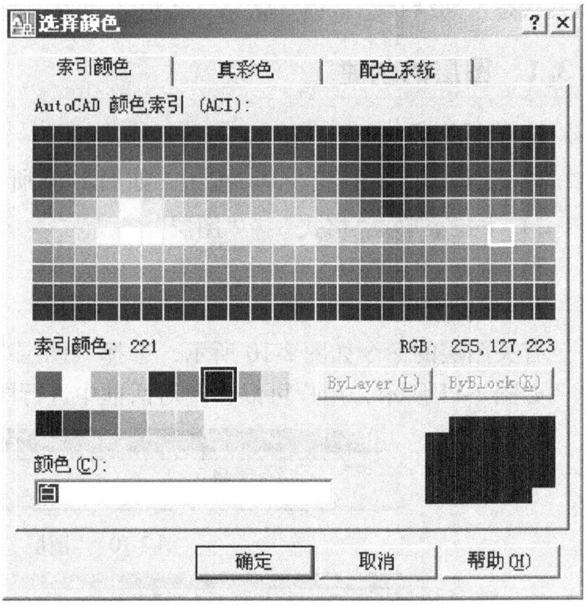

图 2-12　使用“索引颜色”设置颜色

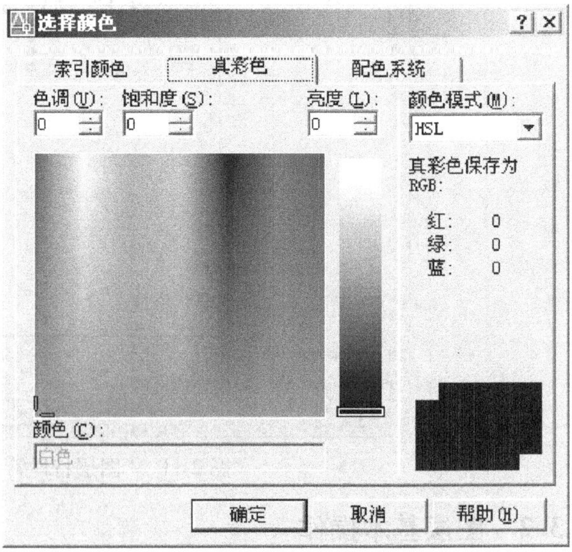

图 2-13　使用“真彩色”设置颜色

3）在“索引颜色”选项卡中，用户可以直接单击需要的颜色，也可以在“颜色”文本框中输入颜色号；在“真彩色”选项卡中，用户可以选择“RGB”和“HSL”两种模式选择颜色，如图 2-13 所示。在“配色系统”选项卡中，用户可以从系统提供的颜色表中选择一个标准表，然后从色带滑块中选择所需要的颜色。

2. 线型设置

图层的线型是指在图层中绘图时所用的线型，每一层都应有一个相应线型。不同的图层可以设置为不同的线型，也可以设置为相同的线型。

（1）加载线型　AutoCAD 提供了标准的线型库，该库文件为 ACADISO. LIN，可以从中选择线型，也可以定义自己专用的线型。

在 AutoCAD 中，系统默认的线型是 Continuous 线宽也采用默认值 0 单位，该线型是连续的。在绘图过程中，如果用户希望绘制点画线、虚线等其他种类的线，就需要设置图层的线型和线宽。

1）单击“线型”列表下的线型特性图标 Continuous，弹出如图 2-14 所示的“选择线型”对话框，默认状态下，“选择线型”对话框中只有 Continuous 一种线型。

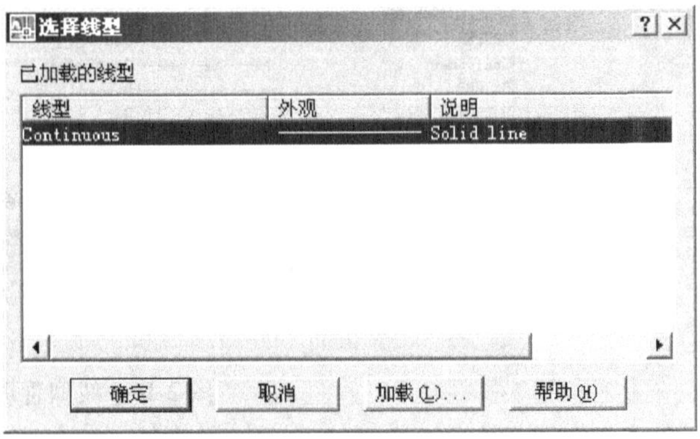

图 2-14　“选择线型”对话框

2）单击“加载”按钮，弹出如图 2-15 所示的“加载或重载线型”对话框，用户可以在“可用线型”列表框中选择所需要的线型。

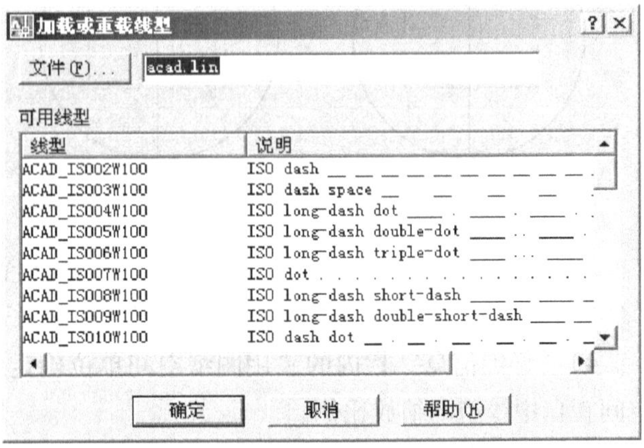

图 2-15　“加载或重载线型”对话框

3）单击“确定”按钮返回“选择线型”对话框，选定刚刚加载的线型，单击“确定”加载过程完成。

（2）调整线型比例　在 AutoCAD 定义的各种线型中，除了 Continuous 线型外，每种线型都是由线段、空格、点或文本所构成的序列。用户设置的绘图界限与默认的绘图界限差别较大时，在屏幕上显示或绘图仪输出的线型会不符合工程制图的要求，此时需要调整线型比例。

调整线型比例的命令是“LTSCALE”，它是全局缩放比例，也可以从对话框中调整线型比例。

在图 2-16“线型管理器”的“详细信息”栏内有两个调整线型比例的编辑框：“全局缩放比例”和“当前对象缩放比例”。

1）“全局缩放比例”将调整已有对象和将要绘制对象的线型比例。

2）“当前对象缩放比例”调整将要绘制对象的线型比例。

这两个值可以相同，也可以不同，线型比例值越大，线型中的要素也越大。图 2-17a、b、c 显示出线型比例分别为 1. 5、1、0. 5 的结果。

3）“详细信息”栏中有一个“ISO 笔宽”列表框，它只对 ISO 线型有效。

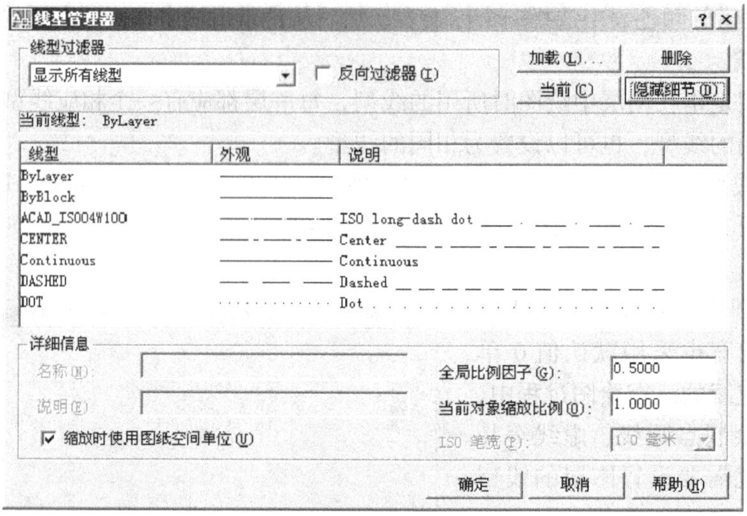

图 2-16　线型管理器

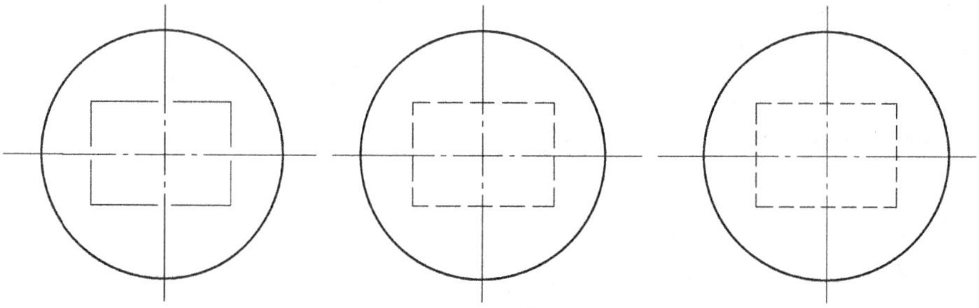

a)　　b)　　c)

图 2-17　线型比例的作用

a）比例为 1.5　b）比例为 1　c）比例为 0.5

4）“详细信息”栏内的“用图纸空间单位确定缩放比例”复选框，用于调整不同图纸空间视口中线型的缩放比例。

3. 线宽设置

使用线宽特性可以创建粗细（即宽度）不一的线，分别用于不同的地方，这样就可以图形化地表示对象和信息。

单击“线宽”列表下的线宽特性图标，弹出如图 2-18 所示的“线宽”对话框，在“线宽”列表框中选择需要的线宽，单击“确定”按钮，完成设置线宽操作。

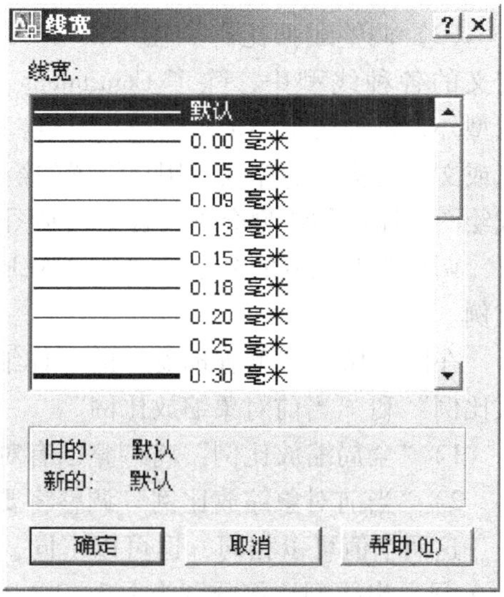

图 2-18　“线宽”对话框

4. 转换图层

工程图中有不同的线型，画图时要把所需的图层置于当前层，方能画出所需的线型。然而，频繁地转换图层会影响绘图的效率，不方便画图，因此画图时，建议用户先使用一种最常用的图层，然后用“特性修改”命令或“夹持点”功能转换图层，用这两种方法进行操作有所不同。

（1）用“特性修改”命令

1）分别将不同的图层置于当前层，并且各画出一条直线。

2）单击“标准”工具栏/“特性修改”按钮。

3）单击所需图层的线型。

4）单击要修改的线型。

5）可连续单击要修改的线型。

6）回车，结束命令。

（2）用“夹持点”功能

1）不执行任何命令的情况下，鼠标直接单击要修改的线型。

2）可连续单击要修改的线型。

3）然后单击图层下拉列表框。

4）选择所需图层且置于当前层。

5）按“Esc”健，结束命令。

5. 打印设置

图层打印样式是从 AutoCAD 2000 版本以后才引入的一个特性。AutoCAD 2008 可以控制某个图层中的图形输出时的外观，一般情况下，不对“打印样式”进行修改。

图层的可打印性是指某图层上的图形对象是否需要打印输出，系统默认是可以打印的。在“打印”列表下，打印特性图标有可打印和不可打印两种状态。当为时，该层图形可打印；当为时，该层图形不可打印，通过单击鼠标可进行切换。

2.3.4 控制图层状态

控制图层包括控制图层开关、图层冻结和图层锁定。

1）在“开”列表下，图标表示图层处于打开状态，图标表示图层处于关闭状态。冻结图层可以加快 ZOOM、PAN 和其他一些操作的运行速度，增强对象选择的性能并减少复杂图形的重生成时间。当图层被冻结以后，该图层上的图形将不能显示在屏幕上，不能被编辑，不能被打印输出。

2）在“冻结”列表下，图标表示图层处于解冻状态，图标表示图层处于冻结状态。锁定图层后，选定图层上的对象将不能被修改。

3）在“锁定”列表下，图标表示图层处于解锁状态，图标表示图层处于锁定状态。

4）当选定的图层处于打开状态时，单击图标，图标变为，图层处于关闭状态，再单击一次，图标变回，图层处于打开状态。冻结/解冻、解锁/锁定的控制与图层打开和关闭控制类似，不再赘述。

2.3.5 创建图层的步骤

1）下拉菜单：“格式”/“图层”命令，出现图层对话框。

2）单击“新建”按钮，给所创建图层起名。

3）单击“颜色”图标■，弹出“选择颜色”对话框，给所创建图层确定颜色。

4）单击“线型”图标“Continuous”，弹出“选择线型”对话框，单击“加载”，弹出“加载或重载线型”对话框，选择所需要的线型。

5）单击“线宽”图标“—— 默认”，弹出“线型”对话框，选择所需线型的宽度。

6）单击“确定”。

2.4 上机指导（线型练习）

例题：在 AutoCAD 2008 中新建一个图形文件，创建 4 种图层，分别是粗实线层、点画线层、细实线层、虚线层。使用“直线”命令绘制如图 2-19 所示的 4 种线型，并练习图层之间的转换。

操作步骤：

1）打开 AutoCAD 2008 程序，选择工具栏中“标准”/“新建”按钮，新建一个空白图形文件。

2）单击工具栏中“特性”/“图层”按钮，打开“图层管理器”对话框。

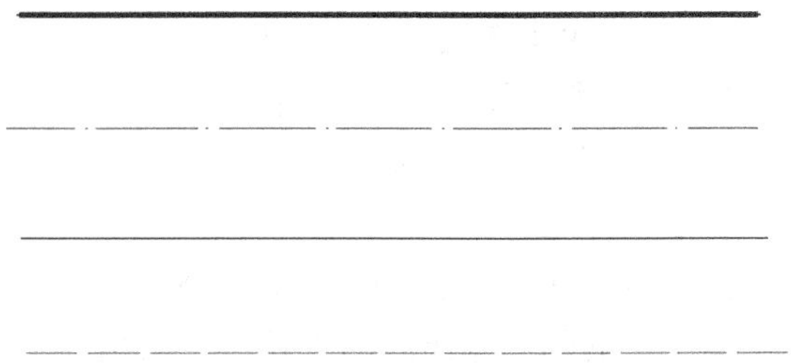

图 2-19 使用“直线”命令绘制四种线型

3）单击“新建”按钮，依次起名粗实线层、点画线层、细实现层、虚线层。

4）单击颜色图标■，在“选择颜色”对话框中，依次为粗实线层、点画线层、细实现层、虚线层选择不同的颜色。如图 2-12 索引颜色号依次是 7、1、5、6。

5）单击线型图标“Continuous”，弹出“选择线型”对话框，单击“加载”，弹出“加载或重载线型”对话框，选择所需要的线型，虚线“ACAD IS002W100”、点画线“ACADIS004W100”。

6）单击线宽图标“—— 默认”，弹出“线型”对话框，选择所需线型的宽度，粗线 0.3，细线 0.13。

7）单击图层工具栏的下拉列表

，选择粗实线层为当前层。

8）单击“绘图”工具栏按钮，画出四条直线。

9）鼠标选中第二条直线，再单击图层工具栏的下拉列表：

，选择点画线层为当前层，按“Esc”健。

10）鼠标选中第三条直线，再单击图层工具栏的下拉列表：

，选择细实线层为当前层，按“Esc”健。

11）鼠标选中第四条直线，再单击图层工具栏的下拉列表：

，选择虚线层为当前层，按“Esc”健。

12）图层设置如图 2-20 所示。

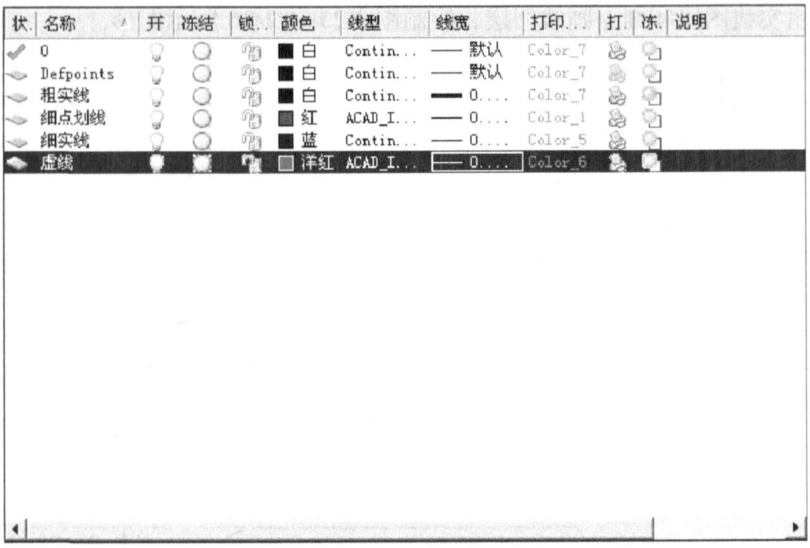

图 2-20　图层设置

2.5　操作练习

1. 利用点的绝对坐标和相对坐标绘制图 2-21 和图 2-22 所示图形。

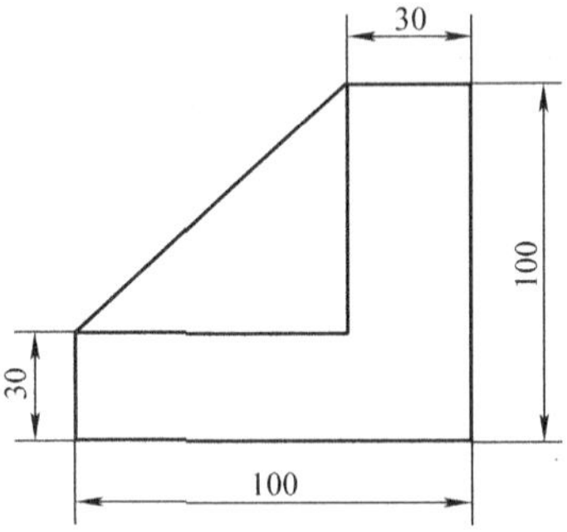

图 2-21　图形 1

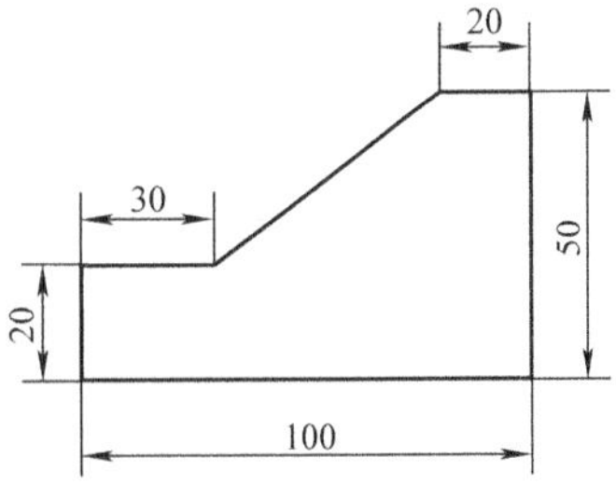

图 2-22　图形 1

2. 利用“直线”和“圆”的命令绘制图 2-23 和图 2-24 所示图形。

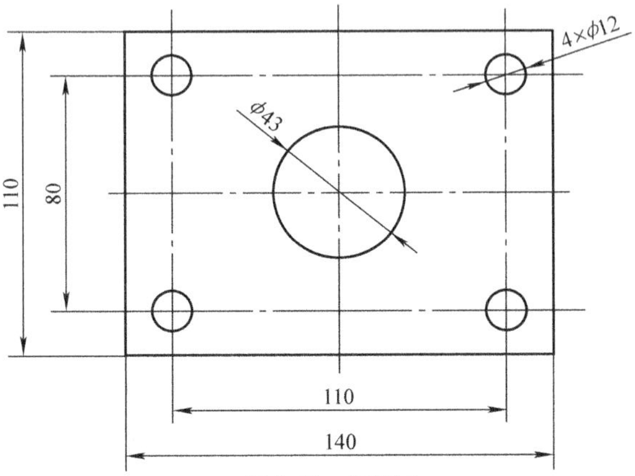

图 2-23　图形 1

3. 设置粗实线图层和细点画线图层，绘制图 2-25 和 2-26 所示图形。

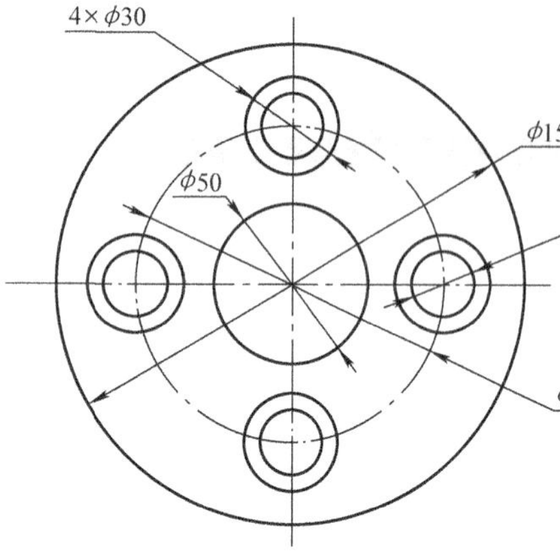

图 2-24　图形 2

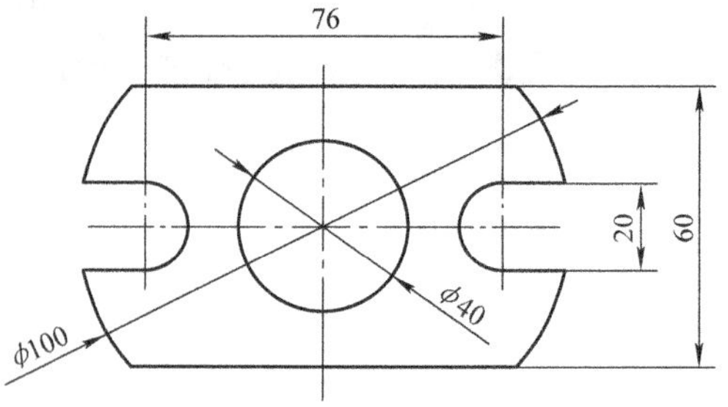

图 2-25　图形 1

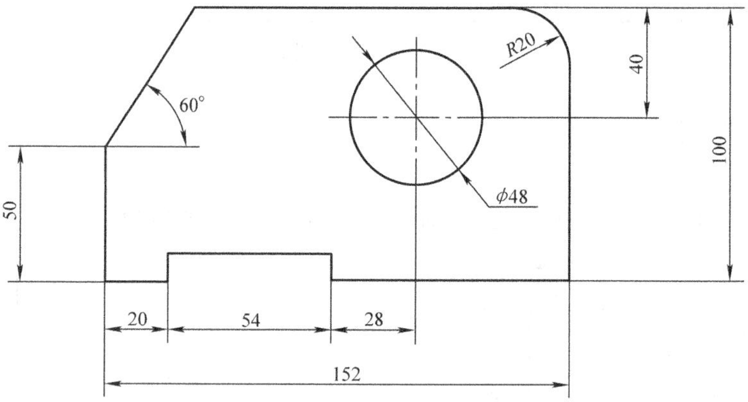

图 2-26　图形 2

第3章　精确的绘图命令

［教学目标］

通过对本章的学习，读者应掌握使用对象捕捉与对象追踪法绘制图形的方法，并能够利用对象捕捉与对象追踪等功能精确地绘制图形；掌握缩放、平移视图的方法，鸟瞰视图来观察图形，在绘图过程中利用各种辅助绘图工具灵活绘图。

［教学重点与难点］

● 使用捕捉、栅格和正交
● 使用对象捕捉
● 使用自动追踪
● 设置状态栏辅助功能
● 缩放与平移视图
● 使用鸟瞰视图

在AutoCAD中绘制图形时，尽管用户可以通过移动光标指定点的位置，但该方法很难精确指定点的某一位置，因此，要精确定位点，还可以使用系统提供的栅格、捕捉和正交功能来完成。

在绘图中，使用栅格和捕捉功能有助于创建和对齐图形中的对象，并且可以通过设置捕捉和栅格的间距，使其更能满足当前绘图工作的需要。

3.1 “草图设置”对话框

“草图设置”对话框内有四个标签，它们分别是“捕捉和栅格”、“极轴追踪”、“对象捕捉”和“动态输入”。运行“草图设置”对话框的方式有两种：

1）执行“工具”/“草图设置”命令，弹出一个“草图设置”对话框，如图3-1所示。

2）状态栏提供了辅助绘图按钮包括捕捉、栅格、正交、极轴、对象捕捉、对象追踪、线宽和模型等，将光标移动到相应按钮上，右击鼠标，在弹出的快捷菜单中选择“设置”命令，弹出“草图设置”对话框。

3.2 栅格和捕捉

栅格是按照设置的间距显示在图形区域中的点，它能提供直观的距离和位置的参照，类似于坐标纸中方格的作用，栅格只在图形界限以内显示。捕捉是将光标控制在栅格上移动。

3.2.1 设置栅格

1. 打开/关闭栅格

打开/关闭栅格显示的方式有以下四种：

1）在“草图设置”对话框的“捕捉和栅格”标签内选择“启用栅格”选项，如图 3-2 所示。

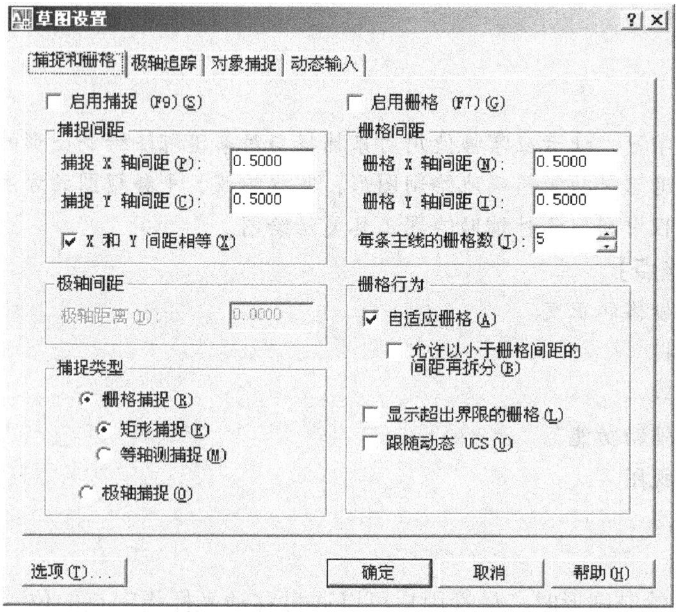

图 3-1 “草图设置”对话框

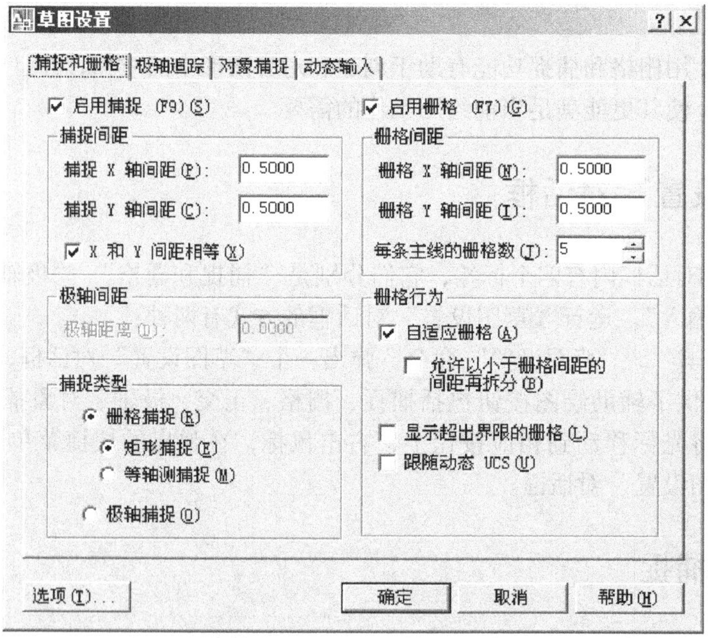

图 3-2 启用捕捉和栅格

2）单击状态栏上的“栅格”按钮栅格。

3）按“F7”键

4）输入命令“GRID”。

2. 设置栅格间距

在“捕捉和栅格”标签内，用户可以设置 *X*、*Y* 轴的栅格间距。栅格间距默认值为 10。

3. 捕捉类型

在“捕捉和栅格”标签内，“捕捉类型”栏用于设置捕捉类型和模式。捕捉类型包括“栅格捕捉”和“极轴捕捉”，其中，栅格捕捉包括“矩形捕捉”和“等轴测捕捉”。当选择极轴捕捉时，通常只设置栅格及极轴的距离。

3.2.2 设置捕捉

捕捉使光标只能停留在图形中指定的点上，这样就可以很方便地将图形放置在特殊点上，便于以后的编辑工作。一般来说，栅格与捕捉的间距和角度都设置为相同的数值，打开捕捉功能后，光标只能在图形中的栅格点上跳跃式移动。

1. 打开/关闭捕捉

打开/关闭捕捉有以下四种方式：

1）在“草图设置”对话框的“捕捉和栅格”标签内选择“启用捕捉”选项。

2）单击状态行上的“捕捉”按钮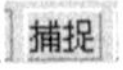

。

3）按 F9 键。

4）输入命令：SNAP。

2. 设置捕捉间距

在“捕捉和栅格”标签内，用户可以设置 *X*、*Y* 轴的捕捉间距。捕捉间距默认值为 10，当其设置为 0 时，捕捉间距设置无效。

捕捉间距与栅格间距是性质不同的两个概念，二者的值可以相同，也可以不同；可以同时打开，也可以不同时打开。如果捕捉间距设置为 5，而栅格间距设置为 10，则光标移动两步，才能从栅格中的一个点移到下一个点。

3. 启动极轴捕捉

使用“极轴捕捉”，光标将按指定的极轴距离增量进行移动。例如，如果指定 4 个单位的长度，光标将自指定的第一点捕捉 0、4、8、12、16 长度，等等。必须在“极轴追踪”和“捕捉”模式（设置为“极轴捕捉”）同时打开的情况下，才能将点输入限制为极轴距离。

3.3 正交模式

打开正交功能后，系统提供了类似丁字尺的绘图辅助工具“正交”，光标只能在水平方向和垂直方向上移动。打开或关闭正交的方式有下列两种：

1）单击状态栏中的“正交”按钮

。

2）按“F8”键打开或关闭正交。

3.4 对象捕捉

在使用 AutoCAD 绘图的过程中，经常要指定一些点，而这些点是已有对象上的点，例如，端点、圆心、两个对象的交点等，这时，如果只是凭用户的观察来拾取它们，无论怎样细心，都不可能非常准确地找到这些点。为此，AutoCAD 提供了对象捕捉功能，即对象捕捉，它可以帮助用户迅速、准确地捕捉到某些特殊点，从而能够精确地绘制图形。

3.4.1 设置对象捕捉参数

选择“工具”/“选项”命令，打开“选项”对话框，在“草图”选项卡中的“自动捕捉设置”选项区域，可以设置自动捕捉方式，如图 3-3 所示。

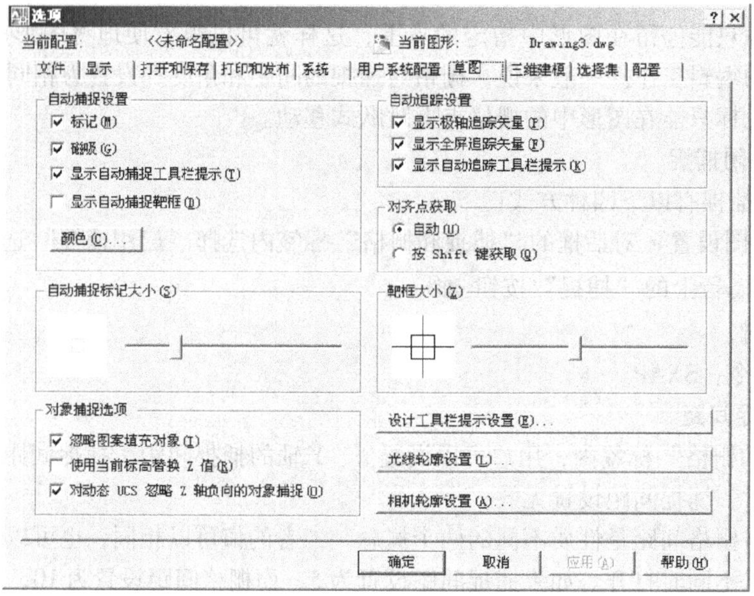

图 3-3 设置自动捕捉功能

“自动捕捉设置”选项区域中的主要选项功能如下：

1）“标记（M）”复选框：用于设置在自动捕捉到特征点时，是否显示特征标记框。

2）“磁吸（G）”复选框：用于设置在自动捕捉到特征点时，是否像磁铁一样将光标吸到特征点上。

3）“显示自动捕捉工具栏提示（T）”复选框：用于设置在自动捕捉到特征点时，是否显示“对象捕捉”工具栏上相应按钮的提示文字。

4）“显示自动捕捉靶框（D）”复选框：用于设置是否捕捉靶框。该框是一个比捕捉标记大 2 倍的矩形框。

5）“颜色（C）…”下拉列表框：用来设置自动捕捉标记的颜色。

此外，在“自动捕捉标记大小（S）”选项区域中，拖动滑块可以设置自动捕捉标记的尺寸大小。

3.4.2 执行对象捕捉

执行对象捕捉有两种方式，一是利用“草图设置”对话框设置隐含对象捕捉；二是利用“对象捕捉”工具栏、“标准”工具栏内的对象捕捉按钮或“对象捕捉”快捷菜单，执行单点优先方式的对象捕捉。

1. 设置隐含的对象捕捉

执行“工具”/“草图设置”命令，弹出一个“草图设置”对话框，选择“对象捕捉”标签，如图3-4所示，利用标签，可以设置隐含的对象捕捉。在对话框中选择一个或多个捕捉模式，单击“确定”按钮，即可执行相应的对象捕捉，这种捕捉方式即为隐含的对象捕捉方式。

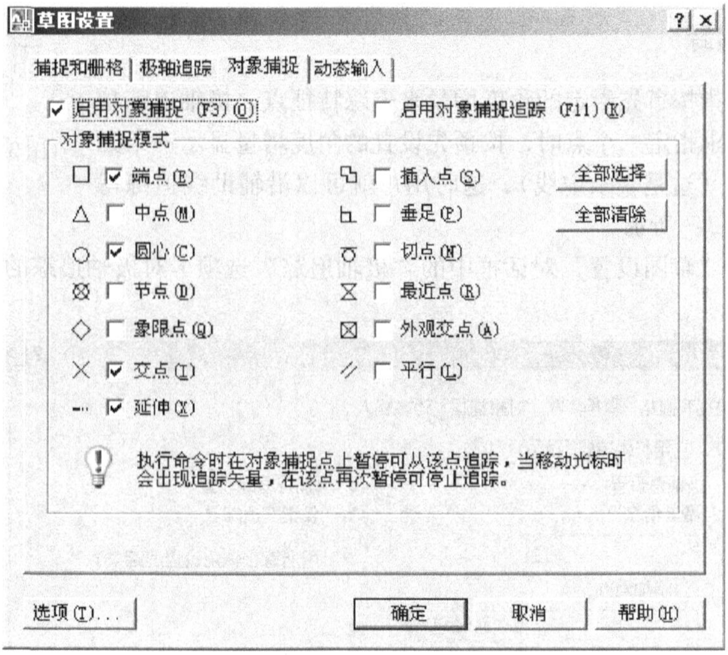

图3-4 “草图设置”对话框

2. 单点优先方式

在绘图界面的“绘图”、“修改”或“标准”工具栏上单击鼠标右键，弹出如图3-5所示的快捷菜单，从快捷菜单选择“对象捕捉”，即可显示出“对象捕捉”工具栏，如图3-6所示。

在绘图和编辑过程中，系统提示输入一个点时，用户可直接单击“对象捕捉”工具栏（见图3-6）内的捕捉模式，再移动鼠标捕捉目标。这种执行对象捕捉的方式称为单点优先方式，它只影响当前要捕捉的点，操作一次后自动退出对象捕捉状态。

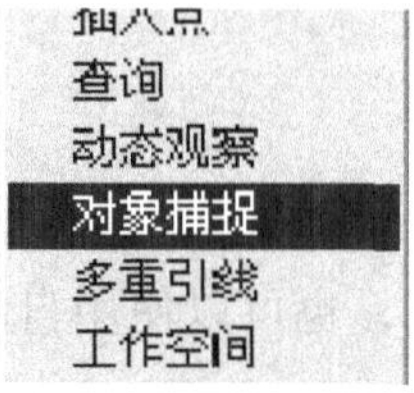

图3-5 快捷菜单

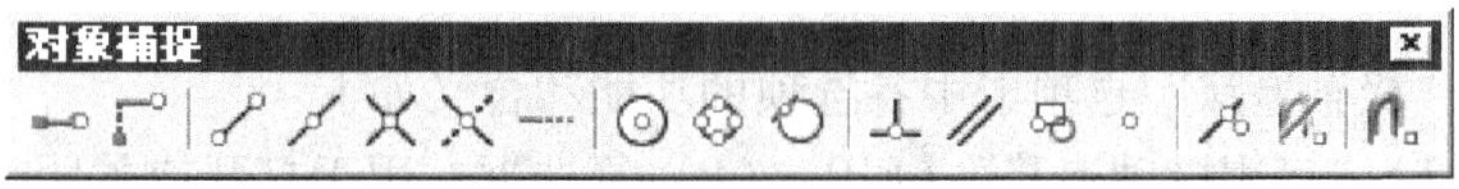

图3-6 “对象捕捉”工具栏

3.5 自动追踪

自动追踪是光标跟随参照线确定点位置的方法，它有两种工作方式：极轴追踪和对象捕捉追踪。将自动和对象捕捉功能结合起来应用将会使图形的绘制更加方便。极轴追踪是光标沿设定的角度增量显示参照线，在参照线上确定所需的点。利用对象捕捉追踪可获得对象上关键的点位，这些点即为追踪点，它们是参照线的出发点。

3.5.1 极轴追踪

极轴追踪是指按事先给定的角度增量来追踪特征点。极轴追踪功能可以在系统要求指定一个点时，按预先设置的角度增量显示一条无限延伸的辅助线（这是一条虚线），这时用户就可以沿辅助线追踪得到光标点，如图 3-7 所示。

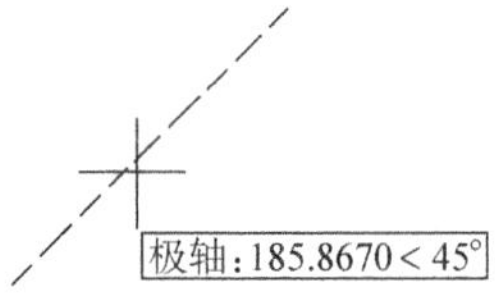

图 3-7 极轴追踪示意图

用户可利用“草图设置”对话框中的“极轴追踪”选项卡对极轴追踪的参数进行设置，如图 3-8 所示。

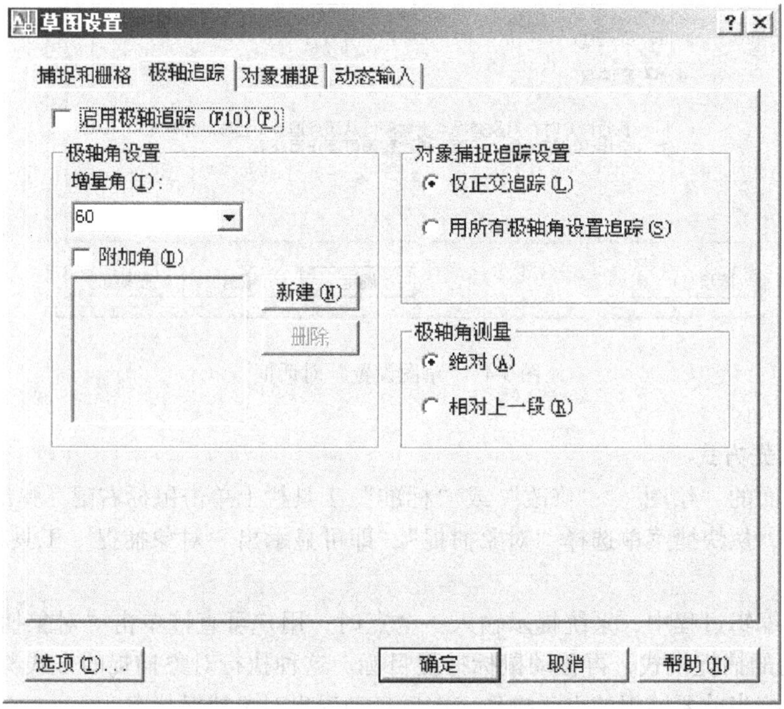

图 3-8 设置极轴追踪

“极轴追踪”选项卡中各选项的功能和含义如下：

1）“启用极轴追踪”（F10）（P）复选框：用于打开或关闭极轴追踪，也可以使用自动捕捉系统变量或按“F10”键来打开或关闭极轴追踪。

2）“极轴角设置”选项区域：用于设置极轴角度。在“增量角”下拉列表框中可以选择系统预设的角度，如果该下拉列表框中的角度不能满足需要，可选择“附加角”复选框，然后单击“新建”按钮，在“附加角”列表中增加新角度。

3.5.2 对象捕捉追踪

对象捕捉追踪是指按与对象的某种特定关系来追踪，这种特定关系确定了一个事先并不知道的角度，也就是说，如果事先不知道具体的追踪方向（角度），但知道与其他对象的某种关系（如相交），则用对象捕捉追踪。如果事先知道要追踪的方向（角度），则使用极轴追踪，在 AutoCAD 2008 中，对象捕捉追踪和极轴追踪可以同时使用。

用户可利用“草图设置”对话框的“极轴追踪”选项卡中的“对象捕捉追踪设置”选项区域来设置对象捕捉追踪（见图 3-8）。

3.6 图形显示控制

在使用 AutoCAD 绘图时，经常需要对当前图形进行缩放、移动、刷新、再生，有时还可能需要同时打开多个窗口，然后通过各个窗口观察图形的不同部分。但是，显示控制命令只能改变图形在屏幕上的视觉效果，而不能改变图形实际尺寸的大小，AutoCAD 提供了上述功能。

3.6.1 缩放

在图形窗口内缩放图形，以改变其视觉大小。

1. 执行途径

1）工具栏：“标准”／“实时缩放”／“缩放上一个”／“窗口缩放”按钮（“窗口缩放”工具栏中包含 8 种缩放按钮，如图 3-9 和图 3-10 所示。）

2）下拉菜单：“视图”／“缩放”

3）命令：ZOOM

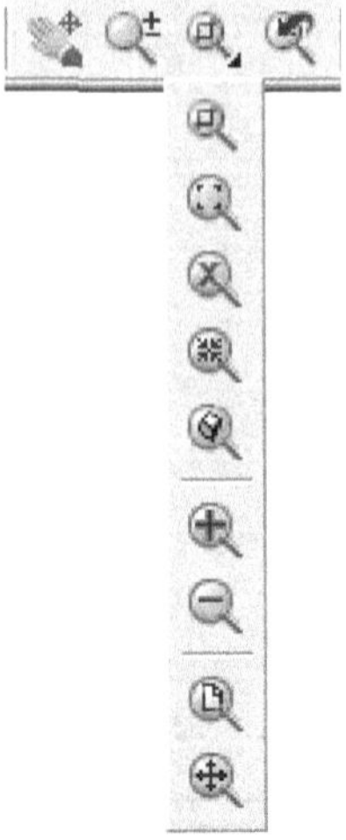

图 3-9 “标准”工具栏中“窗口缩放”子工具栏

图 3-10 “窗口缩放”子工具栏

2. 操作说明

（1）使用键盘　输入命令后，命令行窗口内出现了下述的提示：

［全部(A)/中心(C)/动态(D)/范围(E)/上一个/(P)/比例(S)/窗口(W)/对象(O)］<实时>：

下面对各选项进行说明：

1）全部（A）：在当前视口中显示整个图形，其范围取决于图形所占范围和绘图界限中较大的一个。

2）中心（C）：重新设置图形的显示中心和缩放系数。

3）动态（D）：即动态缩放图形。选取该选项后，屏幕上将显示如图 3-12 所示的屏幕形式。其中，蓝点线框表示图形界限或图形实际占据的区域；绿点线框表示当前显示的图形，即上一次在屏幕上显示的图形区域相对于整个绘图区域的位置；其中有一个带有“×”的矩形框为选取窗口，它是可以改变其大小及位置的。动态缩放前画面如图 3-11 所示。

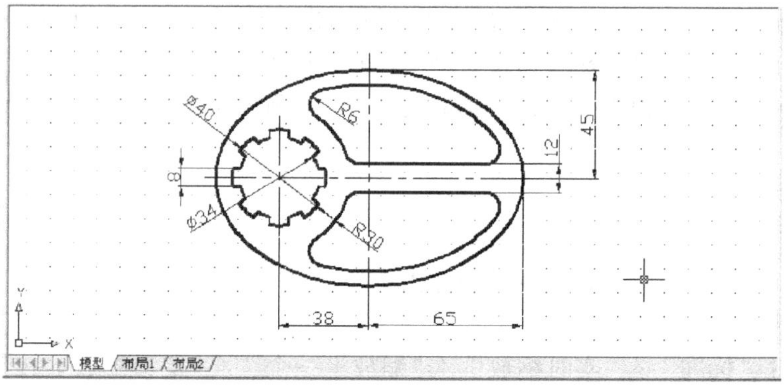

图 3-11　动态缩放前画面

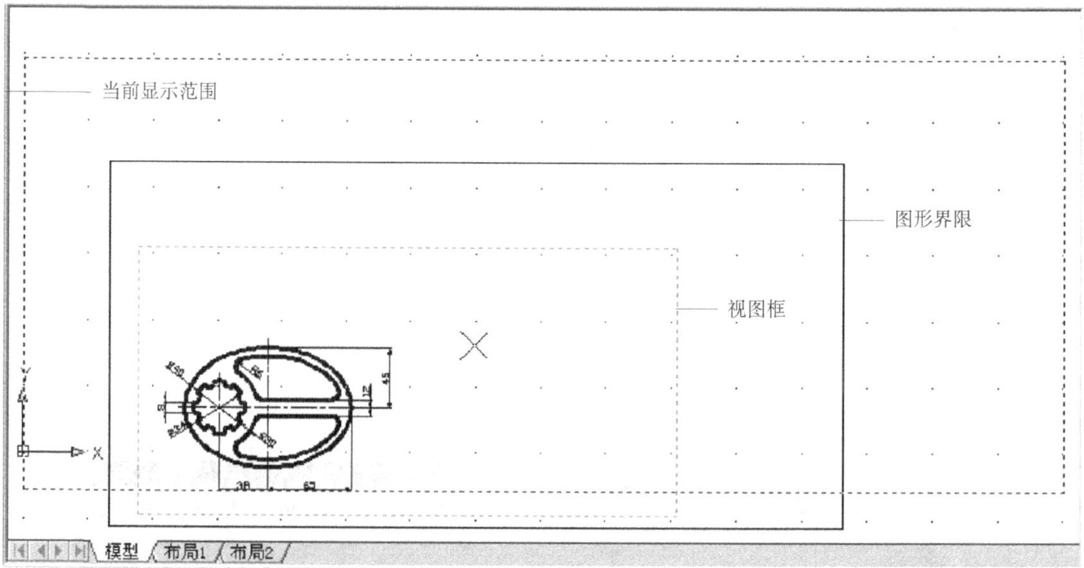

图 3-12　动态缩放时屏幕形式

在操作时，“×”与“→”是通过单击鼠标左键来相互转变的。

“×”在视图框中心时，移动鼠标器可以改变窗口的位置。

“→”在窗口的右边线上时，移动鼠标器可以改变窗口的大小。

最后，用“×”定出图形显示中心，按下回车键或空格键将框内的图形显示到整个屏幕上，框的尺寸越小，放大倍数则越大。图 3-11 和图 3-12 分别是“动态缩放”前和“动态缩放”时屏幕显示形式。

4）范围（E）：在当前绘图区域内尽可能大地显示所有图形。

5）上一个（P）：恢复图形窗口的前一幅图形，可连续使用，最多可以恢复到前 10 幅显示图形。

6）比例（S）：该选项将当前视口中心作为中心点，并依据输入的相关参数值进行缩放。有三种输入方式：

①n 方式：相对于图形界限。若要相对图形界限按比例缩放图形，可以直接输入一个不带任何后缀的正值，例如输入 1，将在绘图窗口中以前一个图形的中心为中心，显示尽可能大的图形界限。若要放大或缩小，只需输入一个不等于 1 的值。例如输入 2，则所有对象相对整个图形界限放大两倍显示；输入 0. 5，则将所有对象相对整个图形界限缩小一半显示。

②nX 方式：相对于当前图形。若要相对当前图形按比例缩放图形，只需要在输入的比例值后面加上“X”。例如，输入 2X，则以两倍的尺寸显示当前图形；若输入 0. 5X，则以一半的尺寸显示当前图形；而输入 1X，则没有变化。

③nXP 方式：相对于图纸空间单位。当工作在布局中时，若要相对图纸空间单位按比例缩放图形，只需要在输入的比例值后面加上“XP”即可。

7）窗口（W）：将由两角点定义的“窗口”内的图形尽可能大的显示到屏幕上。

8）实时：在提示后直接回车，进入实时缩放状态，此时屏幕上出现一个类似放大镜的小标记，按住鼠标左键向上移动则将图形放大，向下移动则将图形缩小，这时命令行提示为：

按“Esc”键或“Enter”键退出，或单击右键显示快捷菜单。

在该提示下若按下“Esc”键或回车键，系统将结束 ZOOM 命令；如果单击鼠标右键，在屏幕上会弹出快捷菜单，如图 3-13 所示，可以选择各项操作。

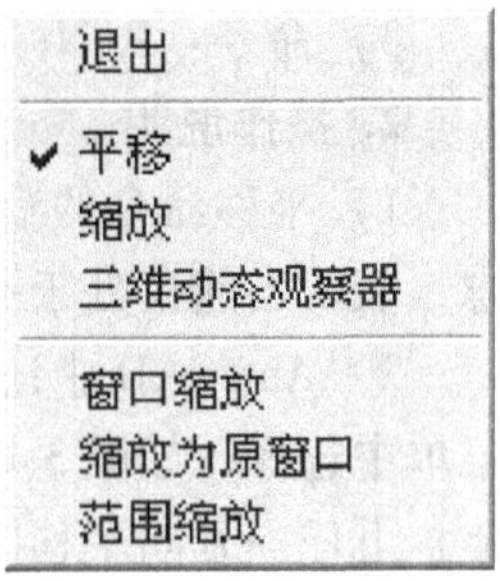

图 3-13　快捷菜单

（2）使用下拉菜单　在“视图”/“缩放”相应的菜单项中，通过调用下拉菜单可以完成缩放命令的各种操作，如图 3-14 所示。除“放大”和“缩小”之外，其余各项功能与命令行格式的操作功能完全相同。

这里的“放大”是将当前图形“放大”一倍；“缩小”是将当前图形“缩小”一半。

（3）使用工具栏　在“标准”工具栏中，拾取“窗口缩放”按钮，屏幕显示缩放工具栏，如图 3-14 所示。也可直接使用“缩放”工具栏。另外在“标准”工具栏中，还有“实时缩放”和“缩放上一个”图标按钮。

“缩放”工具栏中，各选项的功能及操作与在命令行键入 ZOOM 命令和使用下拉菜单相同。

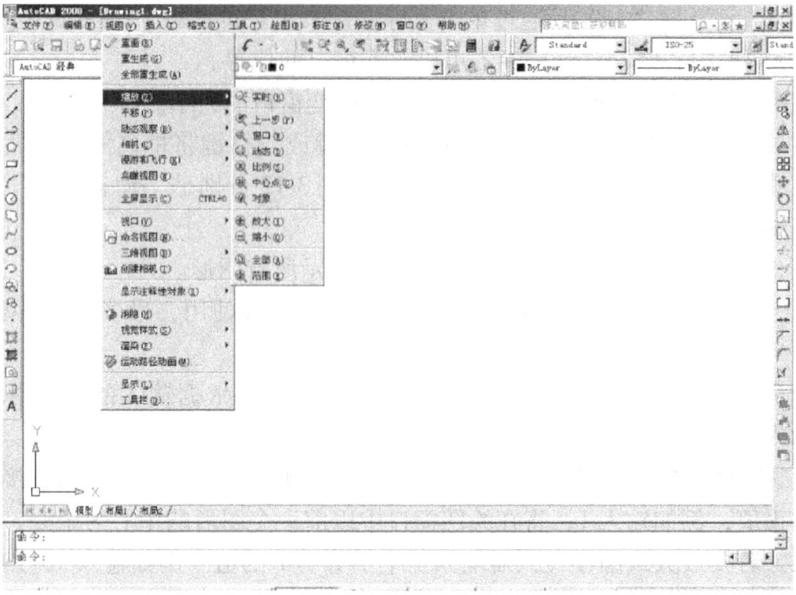

图 3-14　缩放下拉菜单

3.6.2　平移

在不改变缩放系数的情况下，观察当前窗口中图形的不同部位，它相当于移动图纸。

1. 执行途径

1）工具栏：“标准”/按钮 

2）下拉菜单：“视图”/“平移”

3）命令：PAN

2. 操作说明

1）平移命令的默认选项为实时平移模式，执行该命令后屏幕上的光标呈一个手形标志，表明当前正处于平移模式，若按住鼠标左键进行拖动，那么图形也随之平行移动。

2）AutoCAD 中还提供了平移命令的其他选项，这些选项可从“视图”/“平移”的子菜单中选择，如图 3-15 所示，提供了可沿指定的左、右、上、下任一方向平移图形。

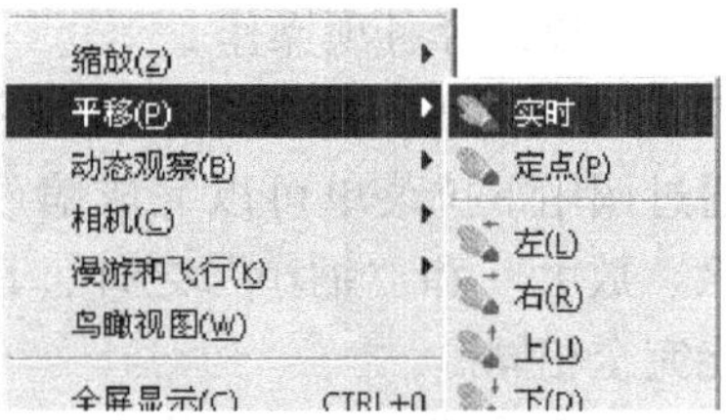

图 3-15　快捷菜单

3）在图 3-15 所示“平移”的子菜单中，“定点”选项是平移图形的另一种方法。定点即指定放置平移图形的位置，可使用单点式或指定两点式来指定放置点。

4）单点方式就是指定一个放置点，这时 AutoCAD 把点的坐标作为屏幕图形的相对平移量，实际上是相对于坐标原点来计算平移量。

5）两点方式就是通过指定两个点放置的位置，按两点间距离为平移量沿基点到第二点的方向平移图形。

6）菜单中的“左”、“右”、“上”、“下”，分别表示实现图形的向左、向右、向上和向下移动。

3.6.3 鸟瞰视图

使用该命令可以方便快捷地缩放或平移图形。

1. 执行途径

1）下拉菜单："视图"／"鸟瞰视图"

2）命令：DSVEWER

2. 操作说明

执行该命令后，在屏幕上弹出如图 3-16 所示的"鸟瞰视图"对话框。

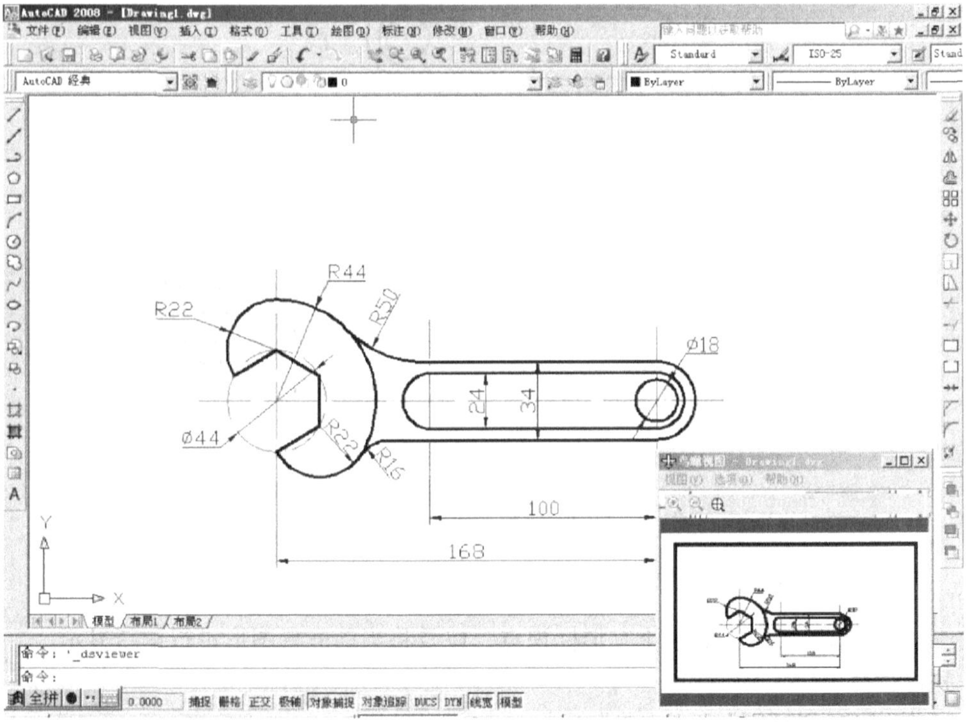

图 3-16 "鸟瞰视图"对话框

在窗口中单击，还可以平移图形，如图 3-17 所示。黑色线框即当前显示在视口中的图形范围，该窗口包含了三个菜单项和三个按钮。

（1）菜单　菜单包括"视图"、"选项"、"帮助"三项

1）视图：视图中包括"放大"、"缩小"、"全局"三个选项，这三项只对"鸟瞰视图"窗口有效，而不影响绘图区内的图形显示。"放大"指将"鸟瞰视图"放大一倍显示；"缩小"指将"鸟瞰视图"缩小一半显示；"全局"指在"鸟瞰视图"中显示整个图形。

2）选项：选项中包含"自动视口"、"动态更新"、"实时缩放"三个选项。"自动视口"指在屏幕上切换视口时是否同步更新"鸟瞰视图"，当它打开时，将自动显示活动视口的模型空间视图；当它关闭时，AutoCAD 并不更新"鸟瞰视图"以匹配当前活动视口。"动态更新"是指当更新当前视口（如缩放、平移当前视图等）时，决定是否自动更新"鸟瞰视图"窗口。"实时缩放"指在"鸟瞰视图"缩放时，是否同步更新绘图区的图形显示。

3）帮助：鸟瞰视图帮助提供了使用 AutoCAD2008 的完整信息。可单击右侧的链接或使

用“目录”选项卡浏览帮助主题。

（2）按钮 “鸟瞰视图”窗口中有“放大”、“缩小”和“全局”三个按钮，其功能与该窗口“视图”中的选项功能相同。

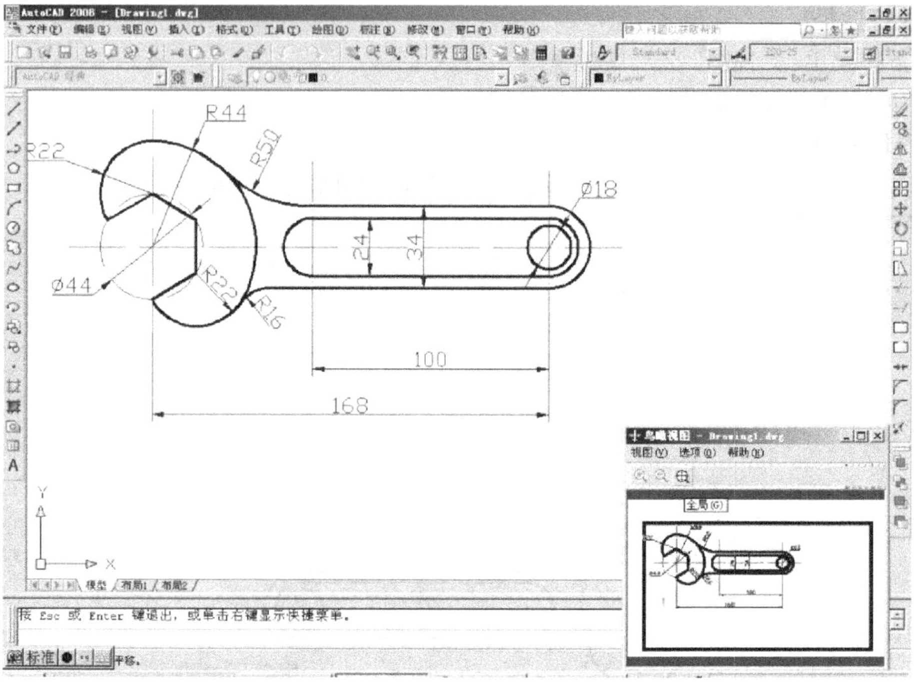

图 3-17 利用“鸟瞰视图”窗口平移图形

3.6.4 重画

重画功能是清除屏幕上的小十字形标识点，以及将当前屏幕图形进行重新显示。

1. 执行途径

1）下拉菜单：“视图”/“重画”

2）命令：REDRAW

2. 操作说明

执行该命令后回车，当前屏幕图形立即刷新。

3.6.5 重生成和全部重生成

重生成命令是用来重新生成当前视窗内全部图形，并在屏幕上显示出来，而全部重生成命令是用来重新生成所有视窗的图形。

1. 执行途径

1）下拉菜单：“视图”/“重生成”（或“全部重生成”）

2）命令：REGEN（或 REGENALL）

2. 操作说明

执行该命令后回车，AutoCAD 系统重新计算图形组成部分的屏幕坐标，并重新在屏幕上显示图形。如对点画线，当重新设置了新线型比例因子后，通过“重生成”才会显现出来。

3.6.6 自动重新生成

在对图形编辑时，该命令可以自动地再生成整个图形，以确保屏幕上的显示反映图形的实际状态，从而保持视觉的真实。

1. 执行途径

命令：REGENAUTO

2. 操作说明

执行该命令后，系统将提示：

输入模式[开(ON)/关(OFF)](关)：

其中，选项开（ON）表示在某些命令后要自动重新生成图形；选项关（OFF）则是关闭自动重新生成图形功能。一般情况下，重新生成操作不会影响 AutoCAD 的性能，因而也没必要关闭该命令。

3.6.7 填充显示命令开关

填充显示命令是控制诸如图案填充、二维实体和宽多段线等对象的填充在屏幕是否显示的开关。输入模式[开(ON)/关(OFF)](开)：

其中，选项开（ON）表示填充打开方式，在此方式下执行重生成命令（REGEN）后，图形屏幕中显示所有的诸如图案填充、二维实体和宽多段线等对象的填充；选项关（OFF）表示填充关闭方式，在此方式下执行重生成命令（REGEN）后，图形屏幕中不显示诸如图案填充、二维实体和宽多段线等对象的填充。

3.7 上机指导（绘制图框和标题栏）

例题： 按比例 1∶1 绘制 4 号图框及标题栏，如图 3-18 所示。

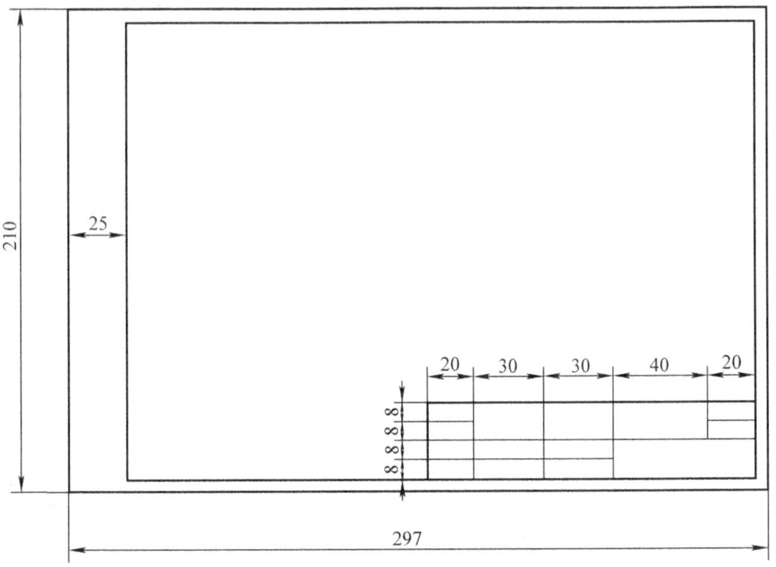

图 3-18 图框及标题栏

操作步骤：

1）单击工具栏“绘图”的“矩形”按钮，命令行提示：“指定第一角点”，鼠标放在绘图区左下方左健单击。

2）命令行提示：“指定另一角点”，键盘输入@297，210，回车。

3）单击“修改”工具栏的“偏移”按钮，命令行提示：“指定偏移距离”，键盘输入5，回车。

4）命令行提示：“指定偏移对象”，鼠标选择矩形。

5）命令行提示：“指定偏移方向”，鼠标放在矩形内侧，单击左健，回车，如图3-19所示。

6）单击“修改”工具栏的“分解”按钮，命令行提示：“选择对象”，鼠标选择内侧矩形，回车。

7）单击“修改”工具栏的“偏移”按钮，命令行提示：“指定偏移距离”，键盘输入20，回车，如图3-20所示。

图3-19　4号图幅

图3-20　留装订边

8）单击“修改”工具栏的“修剪”按钮，修剪多余线条。

9）单击“绘图”工具栏的“矩形”按钮，命令行提示：“指定第一角点”，鼠标放在绘图区右下方X处，单击左健。

10）命令行提示：“指定另一角点”，键盘输入@ －140,32，回车，如图3-21所示。

11）单击“修改”工具栏的“分解”按钮，命令行提示：“选择对象”，鼠标选择小矩形，回车。

12）单击“修改”工具栏的“偏移”按钮，指定偏移距离分别为8、20、30、40、20，得到如图3-22所示图形。

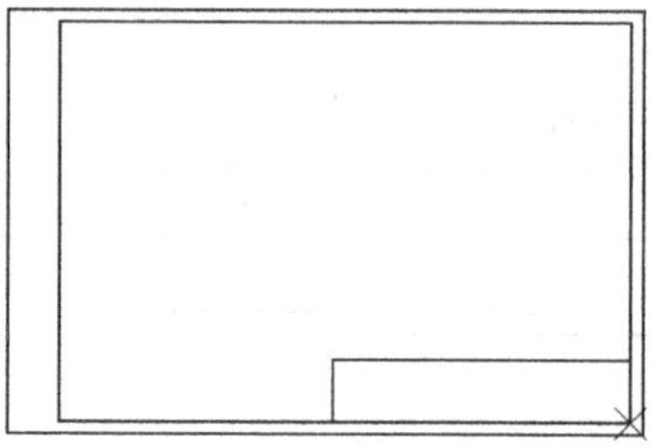

图3-21　画标题栏框

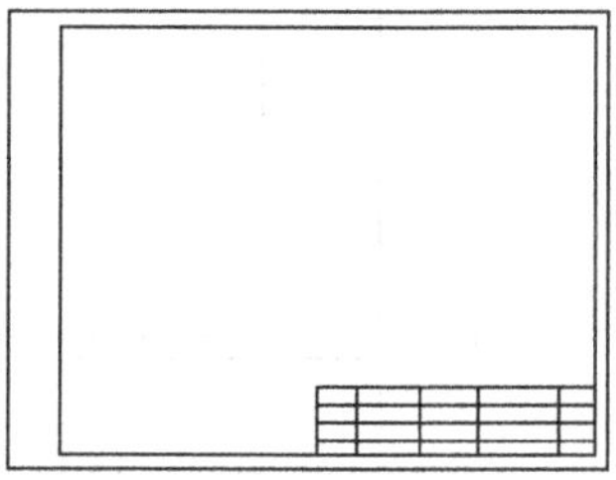

图3-22　偏移图线

13）单击“修改”工具栏的“修剪”按钮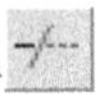，命令行提示：“选择对象”时，框选右下角，如图 3-23 所示。

14）命令行提示：“选择剪切对象”时，鼠标单击要修剪的线段。

15）擦除多余的线段，并转换图层，得到如图 3-24 所示图形。

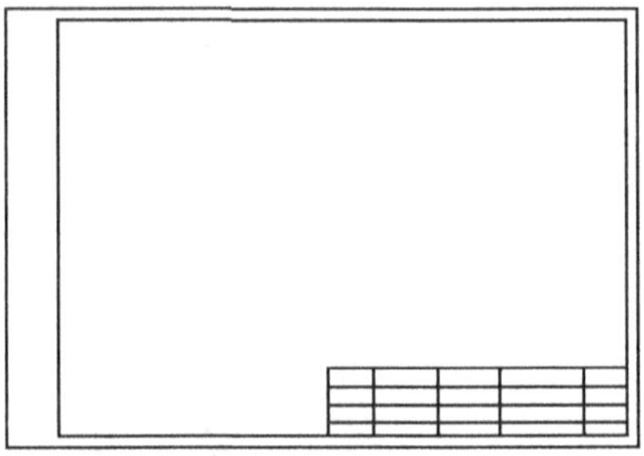

图 3-23　选中标题栏框为修剪边

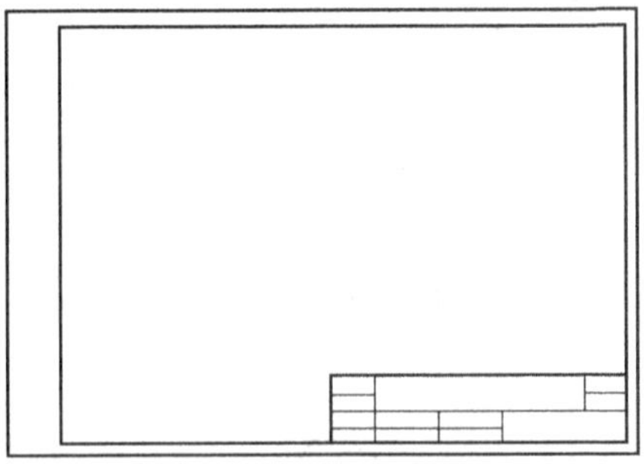

图 3-24　修剪多余线段

3.8　操作练习

绘制如图 3-25 ~ 图 3-32 所示平面图形。

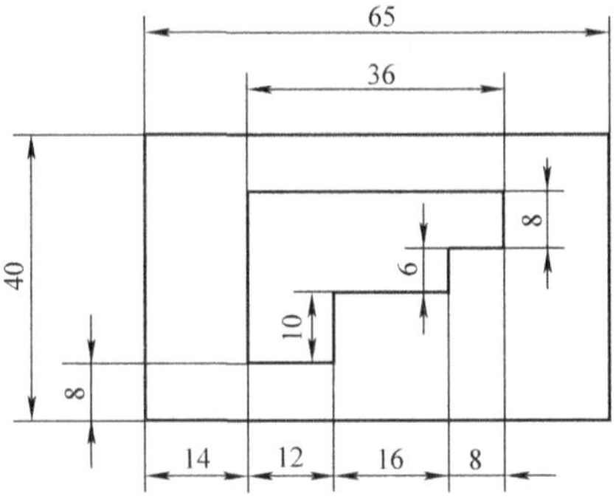

图 3-25　图形 1

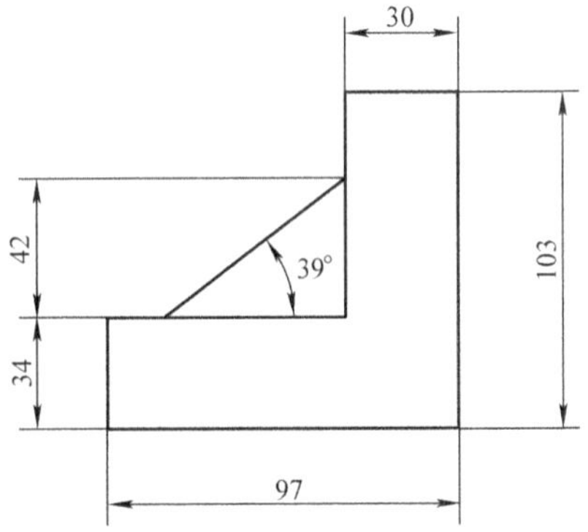

图 3-26　图形 2

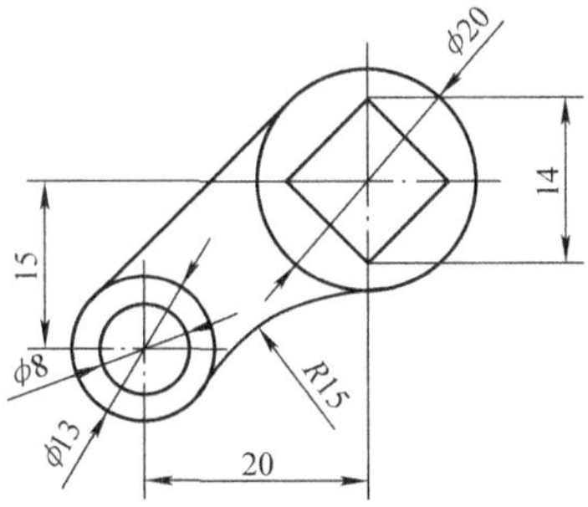

图 3-27　图形 3

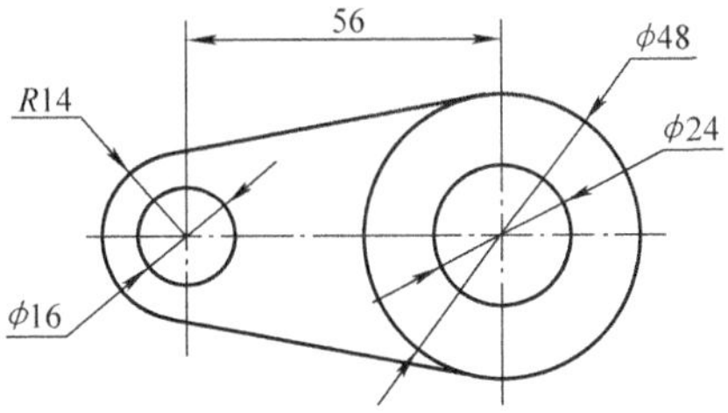

图 3-28　图形 4

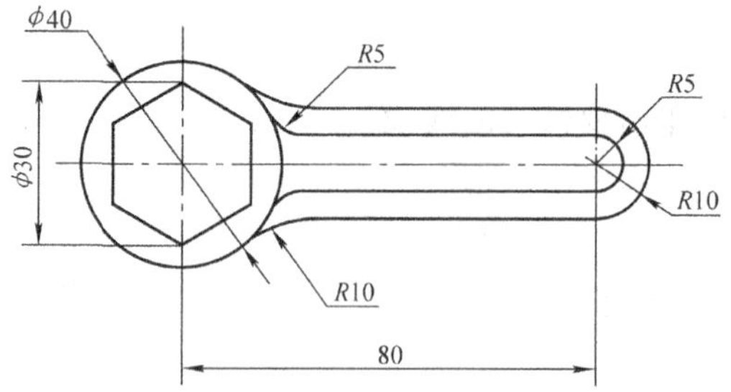

图 3-29　图形 5

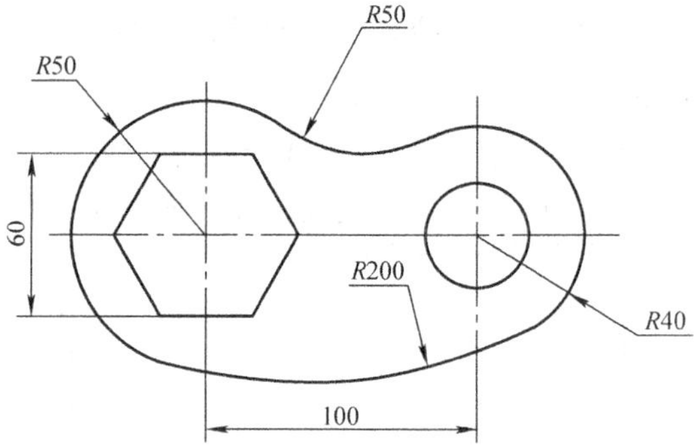

图 3-30　图形 6

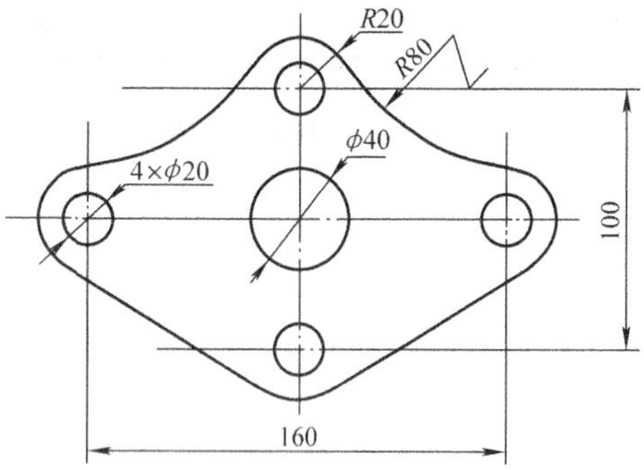

图 3-31　图形 7

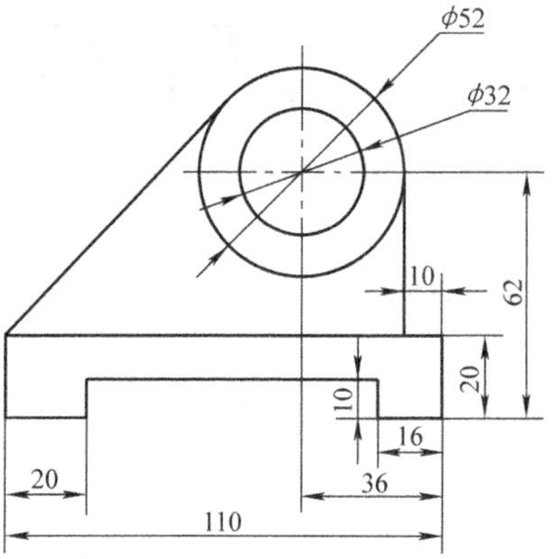

图 3-32　图形 8

第4章　常用的绘图命令

[教学目标]

通过对本章的学习，读者应掌握 AutoCAD 中各种基本图形的绘制方法，以及各种参数的具体设置。

[教学重点与难点]

- 绘制二维图形方法
- 绘制点、直线、射线、构造线和多线
- 绘制矩形、正多边形
- 绘制圆、圆弧、椭圆和椭圆弧
- 图案填充

在中文版 AutoCAD 2008 中，使用“绘图”菜单中的命令，不仅可以绘制点、直线、圆、圆弧、多边形、圆环等简单二维图形，还可以绘制多线、多段线和样条曲线等高级图形对象。二维图形的形状都很简单，创建起来也很容易，但它们是整个 AutoCAD 的绘图基础，因此，用户只有熟练地掌握它们的绘制方法和技巧，才能够更好地绘制出复杂的二维图形以及轴侧图。

4.1　绘制二维图形的途径

为了满足不同用户的需要，体现操作的灵活性、方便性，中文版 AutoCAD 2008 提供了多种途径来实现相同的功能。例如，用户可以使用“绘图”菜单、“绘图”工具栏、以及绘图命令三种途径来绘制二维图形。

4.1.1　使用“绘图”菜单

“绘图”菜单是绘制图形最基本、最常用的途径，如图 4-1 所示。“绘图”菜单中包含了中文版 AutoCAD 2008 的大部分绘图命令，用户通过选择该菜单中的命令或子命令，可绘制出相应的二维图形。

4.1.2　使用“绘图”工具栏

“绘图”工具栏的每个工具按钮都对应于“绘图”菜单中相应的绘图命令，用户单击它们可执行相应的绘图命令，如图 4-2 所示。

4.1.3　使用“绘图”命令

使用绘图命令也可以绘制基本的二维图形。在命令提示行后输入绘图命令，按“Enter”键，并根据提示行的提示信息进行绘图操作。这种方法快捷，准确性高，但需要掌握绘图命令及其各选项的具体功能。

图 4-1 “绘图”菜单

图 4-2 “绘图”工具栏

在中文版 AutoCAD 2008 中，基本的绘图工具主要有点、直线、射线、构造线、矩形、多边形、圆、圆弧、椭圆、椭圆弧、圆环工具等，了解并掌握它们的使用方法是整个 AutoCAD 绘图的基础。

4.2 点、直线、射线、构造线、多线和多段线

4.2.1 绘制点

在 AutoCAD 2008 中，点对象有单点、多点、定数等分和定距等分 4 种，用户根据需要可以绘制各种类型的点。

1. 执行途径

1）工具栏：“绘图”／“点”按钮 （绘制多点）

2）下拉菜单：“绘图”／“点”

3）命令：POINT（绘制单点）

2. 操作说明

执行“绘图”/“点”后，显示出下级子菜单，如图4-3a所示，用户可根据需要，选择点的类型。

1）选择“绘图”/“点”/“单点”命令，可以在绘图窗口中一次指定一个点。

2）选择“绘图”/“点”/“多点”命令，可以在绘图窗口中一次指定多个点，最后可按“ESC”键结束。

3）选择“绘图”/“点”/“定数等分”命令，可以在指定的对象上绘制等分点或者在等分点处插入块。

4）选择“绘图”/“点”/“定距等分”命令，可以在指定的对象上按指定的长度绘制点或者插入块。

3. 调整点的形式和大小

调整点的形式和大小的方法如下：

1）执行“格式”/“点样式”命令，弹出一个对话框，如图4-3b所示。

2）在该对话框中，用户可以选择所需要的点的形式（例如十字形点）。

3）在“点大小”栏内调整点的大小。

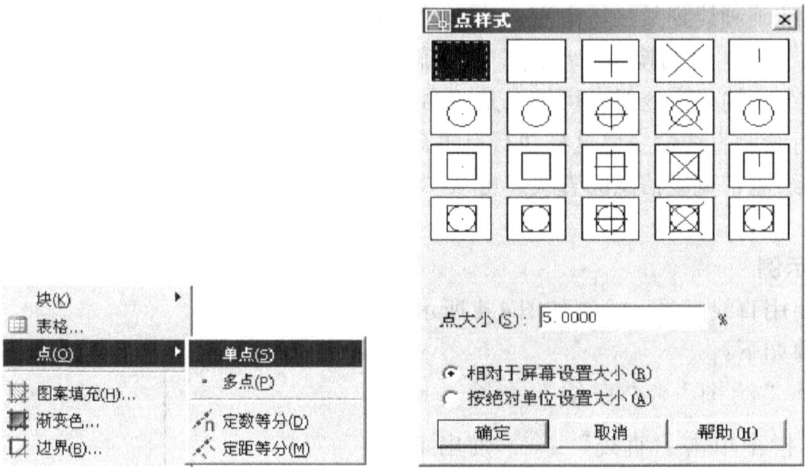

a)　　　　b)

图4-3　设置点的样式

a）绘制“点”菜单　b）“点样式”对话框

4.2.2　绘制直线

直线是各种绘图中最常用、最简单的一类图形对象，在几何学中，两点决定一条直线。单击“绘图”工具栏的“直线”按钮后，用户只需给定起点和终点，即可画出一条线段。一条线段即是一个图元。在AutoCAD中，图元是最小的图形元素，它不能再被分解，一个图形是由若干个图元组成的。

1. 执行途径

1）工具栏：“绘图”/“直线”按钮

2）下拉菜单：“绘图”/“直线”

3）命令：LINE

2. 操作说明

执行“直线”命令后，命令行显示：

Line 指定第一点：

1）单击鼠标或从键盘输入起点的坐标，以指定起点，命令行显示：

指定下一点或[放弃(U)]：

2）移动鼠标并单击，即可指定下一点，同时画出了一条线段。

3）移动鼠标并单击，即可连续画直线。

4）单击鼠标右键弹出快捷菜单，选择有关命令，或回车结束画直线操作。

3. 特别提示

1）在响应“下一点”时，若输入“U”或选择快捷菜单中的“放弃”命令，则取消刚刚画出的线段。连续输入“U”并回车，即可连续取消相应的线段。

2）在命令行的“命令:”提示下输入“U”，则取消刚执行的命令。

3）在响应“下一点”时，若输入“C”或选择快捷菜单中的“闭合”命令，可使绘出的折线封闭并结束操作，也可直接输入长度值，绘制出定长的直线段。

4）若要画水平线和铅垂线，可按下“F8”键进入正交模式。

5）若要准确画线到某一特定点，可用对象捕捉工具。

6）利用“F6”键切换坐标形式，便于确定线段的长度和角度。

7）从命令行输入命令时，可输入某一命令的大写字母，例如“LINE”命令，从键盘输入 L 即可执行绘制直线命令，这样执行有关命令更快捷。

8）若要绘制带宽度信息的直线，可从“对象特性”工具栏的“线宽控制”列表框中选择线的宽度。

4. 应用示例

例如：使用直线工具，绘制如图 4-4 所示的图形。

操作步骤如下：

1）选择“绘图”/“直线”命令，或在“绘图”工具栏中单击“直线” ，发出 LINT 命令。

2）在“指定第一点:”提示行输入 *A* 点坐标(0，0)。

3）依次在“指定下一点或[放弃(U)]:”提示行中输入其他点坐标：*B*(0，50)、*C*(50，50)、*D*(50，100)、*E*(152，100)、*F*(152，0)、*G*(74，0)、*H*(74，10)、*I*(20，10)和 *J*(20，0)。

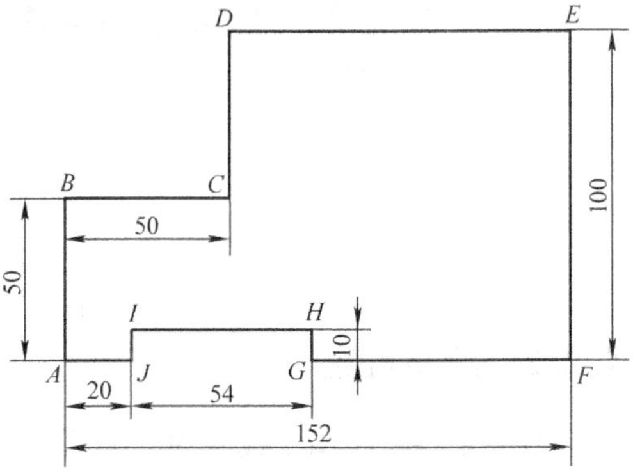

图 4-4 使用“直线”命令绘制图形

4）在“指定下一点或[闭合(C)/放弃(U)]:”提示行中输入字母 C，然后按“Enter”键，即可到封闭的图形。

4.2.3 绘制射线

射线为一端固定，另一端无限延伸的直线。在 AutoCAD 中，射线主要用于绘制辅助线。

1. 执行途径

1）下拉菜单：“绘图”／“射线”

2）命令：RAY

2. 操作说明

1）执行“绘图”／“射线”命令。

2）单击鼠标或从键盘输入起点的坐标，以指定起点。

3）移动鼠标并单击，或输入点的坐标，即可指定通过点，同时画出了一条射线。

4）连续移动鼠标并单击，即可画出多条射线。

5）回车结束画射线的操作。

4.2.4 绘制构造线

构造线是指在两个方向上无限延长的直线，构造线主要用作绘图时的辅助线。当绘制多视图时，为了保持投影联系，可先画出若干条构造线，再以构造线为基准画图。

1. 执行途径

1）工具栏：“绘图”／“构造线”按钮

2）下拉菜单：“绘图”／“构造线”

3）命令：XLINE

2. 操作说明

单击“构造线”按钮，命令行显示：

指定点或[水平(H)/垂直(V)/角度(A)/二等分(B)/偏移(O)]：

在执行了“XLINE”命令后，命令行中显示出若干个选项，默认选项是“指定点”。若执行括号内的选项，需输入选项的大写字符。

各选项的含义如下：

1）水平（H）：绘制通过指定点的水平构造线。

2）垂直（V）：绘制通过指定点的垂直构造线。

3）角度（A）：绘制与 X 轴正方向成指定角度的构造线。

4）二等分（B）：绘制角的平分线。执行该选项后，用户输入角的顶点、角的起点和角的终点，输入三点后，即可画出过角顶点的角平分线。

5）偏移（O）：绘制与指定直线平行的构造线。该选项的功能与“修改”菜单中的“偏移”功能相同，执行该选项后，给出偏移距离或指定通过点，即可画出与指定直线相平行的构造线。

3. 应用示例

例如：使用“构造线”工具，绘制如图 4-5 所示图形中的辅助线。

操作步骤如下：

1）选择“绘图”／“构造线”命令，或在“绘图”工具栏中单击“构造线按钮，发出 XLINE 命令。

2）在“指定点或[水平(H)/垂直(V)/角度(A)/二等分(B)/偏移(O)]”提示下输入 H，并在绘图窗口中单击，绘制一条水平构造线。

3）按“Enter”键，结束构造线的绘制命令。

4）再次按“Enter”键，重新发出“XLINE”命令。

5）在“指定点或[水平(H)垂直(V)/角度(A)/二等分(B)/偏移(O)]”提示下输入V，并在绘图窗口中单击，绘制一条垂直构造线。

6）在“指定点或[水平(H)垂直(V)/角度(A)/二等分(B)/偏移(O)]”提示下输入A，在“输入构造线的角度(O)或[参照(R)]”提示下输入60。

7）在“指定通过点:”提示下捕捉O点，并在绘图窗口中单击，绘制一条垂直构造线。

8）按“Enter”键，结束构造线绘制命令。

9）关闭绘图窗口，并保存绘制的图形。

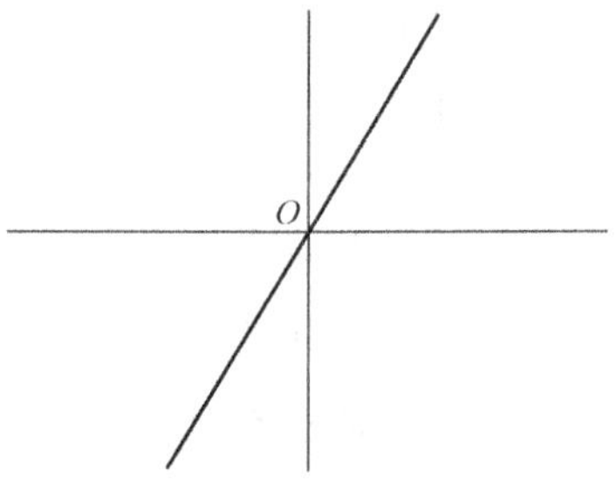

图4-5 使用“构造线”命令绘制图形

4.2.5 绘制多线

多线由1~16条平行线组成，这些平行线称为元素。在绘制多线前应该对多线样式先进行定义，然后用定义的样式绘制多线，通过指定每个元素距多线原点的偏移量可以确定元素的位置。用户可以自己创建和保存多线样式，用户还可以设置每个元素的颜色、线型，以及显示或隐藏多线的接头。所谓接头就是指那些出现在多线元素每个顶点处的线条。

1. 定义多线样式

定义多线样式的操作步骤如下：

1）执行“格式”/“多线样式”命令，弹出一个“多线样式”对话框，如图4-6a所示。

2）单击“新建”按钮，弹出“创建多线新样式”对话框，在新样式名称栏内输入名称，例如“墙体”，如图4-6b所示。

3）单击“继续”按钮，弹出“新建多线样式”对话框，如图4-6c所示。

4）在“封口”选项区域，确定多线的封口形式、填充和显示连接。

5）在“元素”选项区域，单击“添加”按钮，在元素栏内增加了一个元素。

6）在“偏移”栏内可以设置新增元素的偏移量。

7）分别利用“颜色”、“线型”按钮设置新增元素的颜色和线型。

8）单击“确定”按钮，返回到“多线样式”对话框。

9）单击“置为当前”按钮，最后单击“确定”按钮，完成定义多线样式。

2. 执行途径

1）下拉菜单：“绘图”/“多线”

2）命令：MLINE

3. 操作说明

执行“绘图”/“多线”命令，系统提示如下：

指定起点或[对正(J)/比例(S)/样式(ST)]:

单击鼠标或从键盘输入起点的坐标，以指定起点，移动鼠标并单击，即可指定下一点，同时画出了一段多线。图4-7即是利用多线绘制的图形，图4-7a所示为多线端口的三种形式；图 4-7b 所示为封闭的多线。

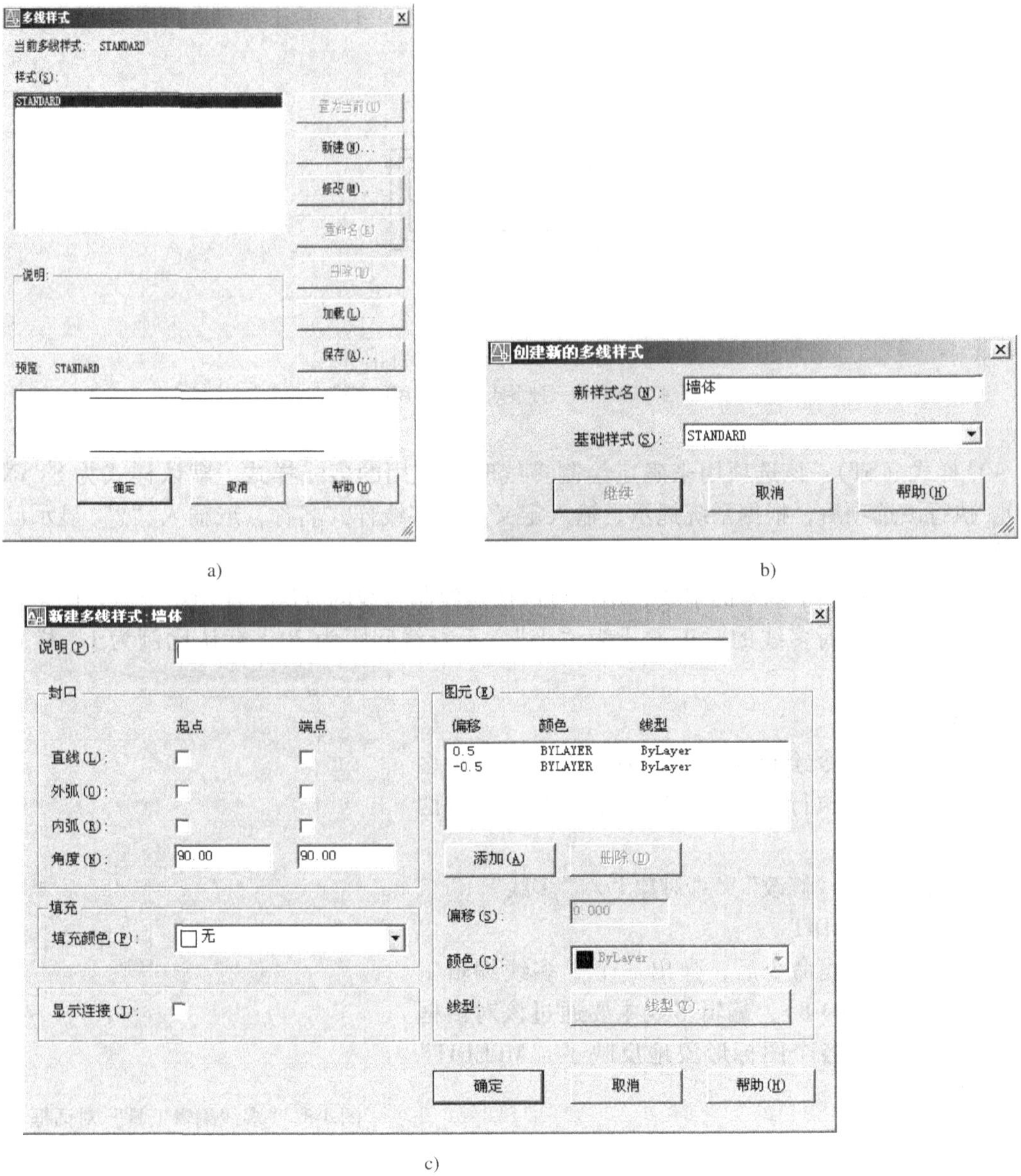

图 4-6　设置“多线样式”

a）“多线样式”对话框　b）“创建新的多线样式”对话框　c）“新建多线样式”对话框

执行“多线”命令后，命令行显示出 4 个选项，各选项的含义如下：

1）指定起点：执行该选项后（即输入多线的起点），系统会以当前的线型样式、比例和对正方式绘制多线。

2）对正（J）：该选项用于确定绘制多线的对正方式。

3）比例（S）：该选项用来确定所绘多线相对于定义的多线的比例系数，默认为 1.00。

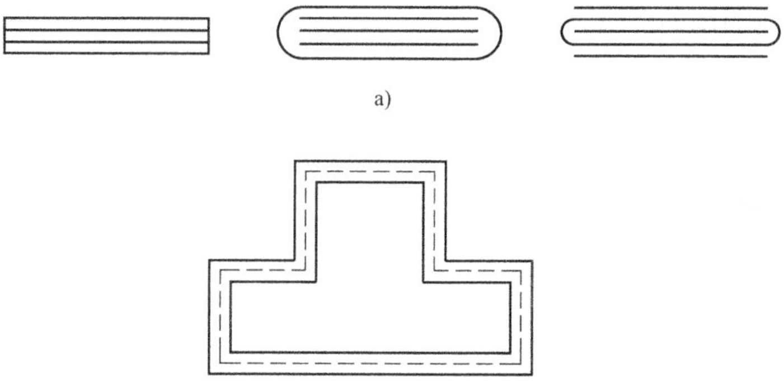

图 4-7　利用“多线”命令绘制图形

a）多线端口的三种形式　b）封闭的多线

4）样式（ST）：该选项用来确定绘制多线时所使用的多线样式，默认样式为 STANDARD。执行该选项后，根据系统提示，输入定义过的多线样式名称，或输入“?”显示已有的多线样式。

系统为用户提供了基本的多线，用户可以按照绘制直线的方法，使用系统默认的多线绘制需要的图形，此时多线的对正方式为“上”，平行线间距为 20，默认比例为 1，样式为 STANDARD。

4. 特别提示

用“多线”命令绘制的图线，必须执行“编辑多线”的命令修改。执行“编辑多线”的命令途径有两种：

1）下拉菜单：“修改”/“对象”/“多线”

2）命令：MLEDIT

执行了编辑多线命令后，弹出一个“多线编辑工具”对话框（见图 4-8），编辑多线主要通过该对话框进行，对话框中的各个图标形象地反映了“MLEDIT”命令的功能。

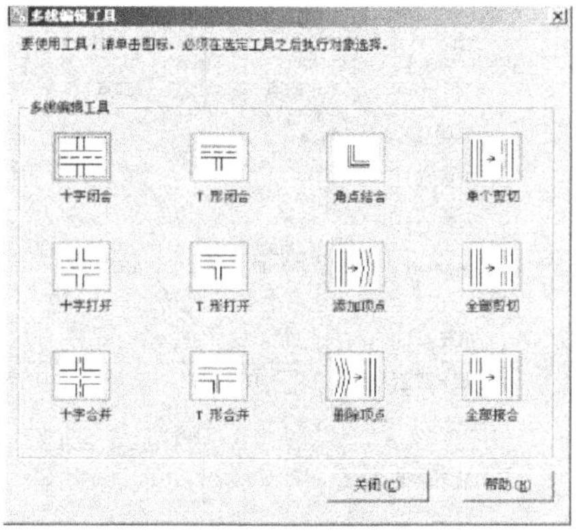

图 4-8　“多线编辑工具”对话框

4.2.6　绘制多段线

多段线是作为单个对象创建的相互连接的序列线段，可以创建直线段、弧线段或两者的组合线段。多段线中的线条可以设置成不同的线宽以及不同的线型，具有很强的实用性。

1. 执行途径

1）工具栏：“绘图”/“多段线”按钮

2）下拉菜单：“绘图”/“多段线”

3）命令：PLINE

2. 操作说明

单击“多段线”按钮，系统显示如下提示：

指定起点：（输入起点）

当前线宽为 0.0000

指定下一点或[圆弧(A)/闭合(C)/半宽(H)/长度(L)/放弃(U)/宽度(W)]：

1）圆弧（A）：该选项使“PLINE”命令由绘制直线方式变为绘制圆弧方式，并给出绘制圆弧的提示。

2）闭合（C）：执行该选项，系统从当前点到多段线的起点以当前宽度画一条直线，构成封闭的多段线，并结束“PLINE”命令的执行。

3）半宽（H）：该选项用来确定多段线的半宽度。

4）长度（L）：用于确定多段线的长度。

5）放弃（U）：可以删除多段线中刚画出的直线段（或圆弧段）。

6）宽度（W）：该选项用于确定多段线的宽度，操作方法与半宽度选项类似。

3. 应用示例

利用“多段线”命令绘制图 4-9 所示的图形。操作步骤如下：

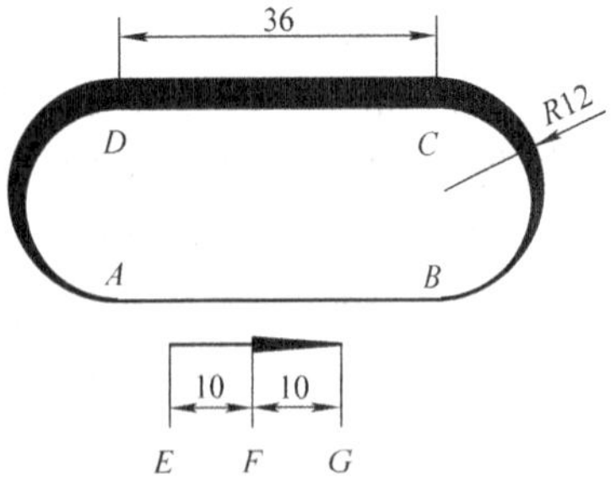

图 4-9　使用“多段线”命令绘制图形

1）单击“绘图”/“多段线”按钮。

2）在绘图窗口中单击 *A* 点，绘制 *AB* 线段。

3）输入 W（设置线宽）。

4）输入 0（设置起点宽度）。

5）输入 3（设置终点宽度）。

6）输入 A（开始画圆弧），输入点 *C*，画出半圆。

7）输入 L（切换到画直线模式），绘制 *CD* 线段。

8）输入 W（设置线宽）。

9）输入 3（设置起点宽度）。

10）输入 0（设置终点宽度）。

11）输入 A（开始画圆弧），输入点 *A*，画出半圆使图形封闭。

12）重复执行 PLINE 命令，输入 EF 线段。

13）输入 W（设置线宽）。

14）输入 3（设置起点宽度）。

15）输入 0（设置终点宽度），输入 *G* 点，完成箭头的绘制。

16）关闭绘图窗口，并保存绘制的图形。

4. 特别提示

1）利用“PLINE”命令可以画不同宽度的直线、圆和圆弧，但在实际绘制工程图时，不是利用“PLINE”命令在屏幕上画出具有宽度信息的图形，而是利用“LINE”、“ARC”、“CIRCLE”等命令画出不具有（或具有）宽度信息的图形。

2）多段线是否填充，受“Fill”命令的控制，执行该命令，输入 OFF，即可使填充处于关闭状态。

4.3 矩形和正多边形

4.3.1 绘制矩形

用户可直接绘制矩形，也可以对矩形倒角或倒圆角，还可以改变矩形的线宽。

1. 执行途径

1）工具栏：“绘图”/“矩形”按钮

2）“绘图”/“矩形”

3）命令：RECLANGLE

2. 操作说明

执行绘制矩形命令后，系统提示：

指定第一角点或[倒角(C)/标高(E)/圆角(F)/厚度(T)/宽度(W)]：

各选项含义如下：

1）第一角点：该选项用于确定矩形的第一角点。执行该选项后，输入另一角点，即可直接绘制一个矩形，如图4-10a所示。

2）倒角（C）：该选项用于确定矩形的倒角。图4-10b是带倒角的矩形。

3）圆角（F）：该选项用于确定矩形的圆角。图4-10c是带圆角的矩形。

4）宽度（W）：该选项用于确定矩形的线宽。图4-10d是具有宽度信息的矩形。

说明：选项标高（E）和厚度（T）分别用于在进行三维绘图时，设置矩形的基面位置和高度。

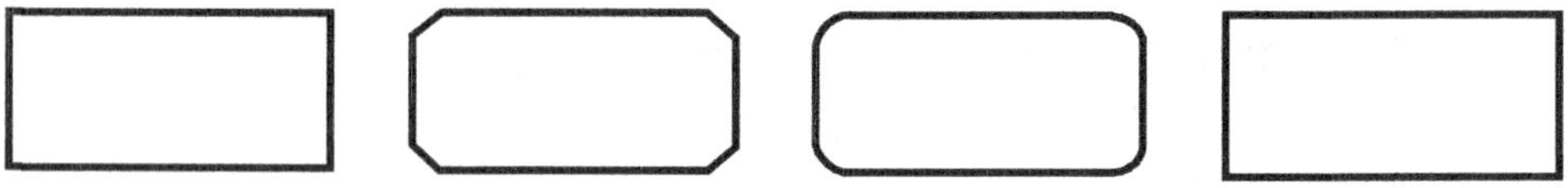

a)　　b)　　c)　　d)

图4-10　使用“矩形”命令绘制图形

a）绘制矩形　b）绘制带倒角矩形　c）绘制带圆角矩形　d）绘制带宽度矩形

4.3.2 绘制正多边形

创建正多边形是绘制正方形、等边三角形和八边形等图形的简单方法，在AutoCAD 2008中可以绘制边数为3～1024的正多边形。

1. 执行途径

执行绘制正多边形的途径有三种：

1）工具栏：“绘图”/“正多边形”按钮

2）下拉菜单：“绘图”/“正多边形”

3）命令：POLYGON

2. 操作说明

执行绘制正多边形命令后，系统提示：

输入边的数目 <4>：（输入正多边形的边数）

指定正多边形的中心点或[边(E)]：

各选项含义如下：

（1）边（E） 执行该选项后，输入边的第一个端点和第二个端点，即可由边数和一条边确定正多边形，如图 4-10a 所示。

（2）正多边形的中心点 执行该选项，系统提示：

输入选项[内接于圆(I)/外切于圆(C)] <I>：

1）选择 I：是根据多边形的外接圆确定多边形，多边形的顶点均位于假设圆的弧上，需要指定边数和半径，如图 4-11b 所示。

2）选择 C：是根据多边形的内接圆确定多边形，多边形的各边与假设圆相切，需要指定边数和半径，如图 4-11c 所示。

在利用这两个选项绘图时，外接圆和内接圆是不出现的，只显示代表圆半径的直线段。

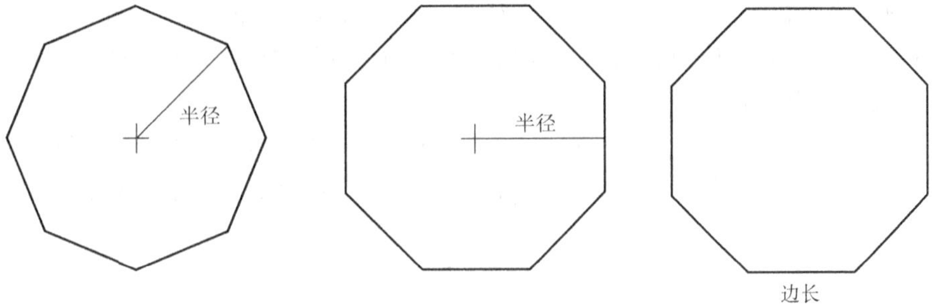

a)　　　　b)　　　　c)

图 4-11　使用“多边形”命令绘制图形

a）根据边长确定多边形　b）根据多边形的外接圆确定多边形　c）根据多边形的内接圆确定多边形

4.4 圆、圆弧、椭圆和椭圆弧

在中文版 AutoCAD 2008 中，圆和圆弧的绘制方法相对线性对象来说要复杂一些，并且方法也比较多。

4.4.1 绘制圆

AutoCAD 2008 提供了 6 种画圆方式，用户可根据不同需要选择不同的方法。

1. 执行途径

1）工具栏：“绘图”/“圆”按钮

2）下拉菜单：“绘图”/“圆”

3）命令：CIRCLE

2. 操作说明

执行画圆命令，命令行显示如下：

指定圆的圆心或[三点(3P)/两点(2P)/相切、相切、半径(T)]：

各选项含义如下：

1）三点（3P）：根据三点画圆。依次输入三个点，即可绘制出一个圆。

2）两点（2P）：根据两点画圆。依次输入两个点，即可绘制出一个圆，两点间的距离为圆的直径。

3）相切、相切、半径（T）：画与两个对象相切，且半径已知的圆。输入 T 后，根据命令行提示，指定相切对象并给出半径后，即可画出一个圆。在机械制图中，常使用该方法绘制连接弧。

4）相切、相切、相切：通过依次指定圆的 3 个对象来绘制圆。

3. 特别提示

1）相切对象可以是直线、圆、圆弧、椭圆等图线，这种绘制圆的方式在圆弧连接中经常使用。

2）用户在命令提示后输入半径或者直径时，如果所输入的值无效，如英文字母、负值等，系统将显示“需要数值距离或第二点”、“值必须为正且非零”等信息，并提示用户重新输入值，或者退出该命令。

3）使用“相切、相切、半径”命令时，系统总是在距拾取点最近的部位绘制相切的圆，因此，拾取相切对象时，所拾取的位置不同，最后得到的结果有可能也不相同，如图 4-12 所示。

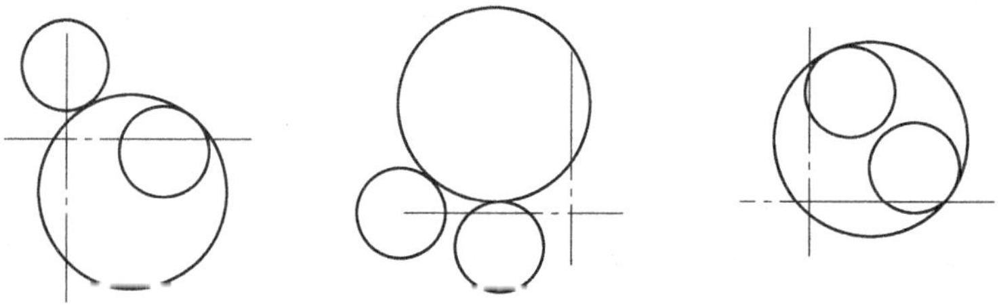

图 4-12　使用“相切、相切、半径”命令绘制圆时产生的不同效果

4. 绘制圆的菜单

执行“绘图”/“圆”命令，显示出绘制圆的 6 种方法，如图 4-13 所示，用户可以根据需要选择不同的画圆方式，如图 4-14 所示。

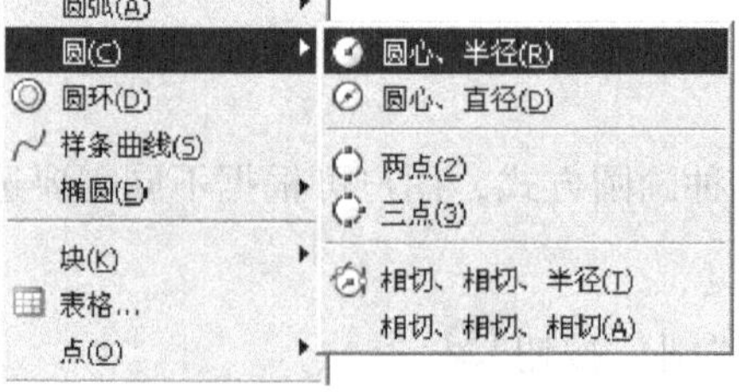

图 4-13　绘制“圆”菜单

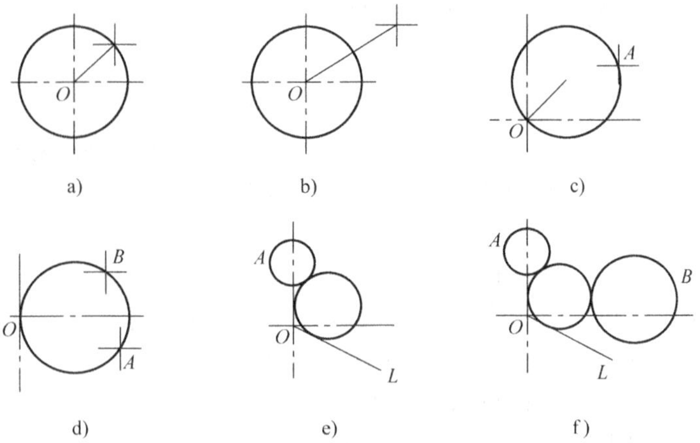

图 4-14　圆的 6 种绘制方法

a）指定圆心和半径　b）指定圆心和直径　c）指定两点　d）指定三点

e）指定两个相切对象　f）指定三个相切对象

5. 应用示例

例如：下面以图 4-15 为例，说明绘制圆弧连接类零件的方法。

操作步骤如下：

1）单击“直线”按钮，绘制两圆孔的定位轴线。

2）单击“圆”按钮，绘制 ϕ8mm、ϕ13mm、ϕ12mm 和 ϕ20mm 的 4 个圆。

3）重复执行画圆命令，输入 T（选择：相切、相切、半径选项）并回车。

4）利用“对象捕捉”选择切点并输入半径 R15，画出内切圆。

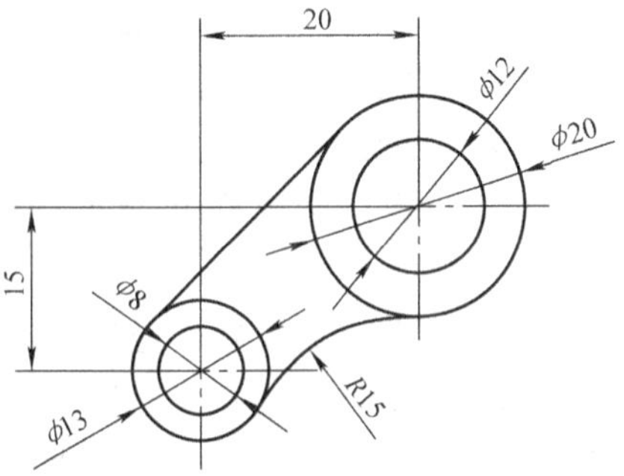

图 4-15　使用“圆”命令圆弧连接绘制零件

5）执行“修改”/“修剪”命令，对 R15 多余的圆弧进行修剪，回车。

6）单击“直线”按钮，利用“对象捕捉”选择切点绘制圆的外公切线，回车，即可完成图 4-15 所示的图形。

4.4.2　绘制圆弧

AutoCAD 2008 提供了 11 种画圆弧的方法，用户可根据不同的情况选择不同的方式。

1. 执行途径

1）工具栏：“绘图”/“圆弧”按钮

2）下拉菜单：“绘图”/“圆弧”

3）命令：ARC

2. 操作说明

从下拉菜单中执行画圆弧的操作最为直观，图 4-16 所示为画圆弧的菜单，由此可以看出画圆弧的方式有 11 种，用户可以根据需要选择不同的画圆弧方式。

1）三点：通过给定的 3 个点绘制一个圆弧，此时应指定圆弧的起点、通过的第 2 个点和端点。

2）起点、圆心、端点：通过指定圆弧的起点、圆心和端点绘制圆弧。

3）起点、圆心、角度：通过指定圆弧的起点、圆心和角度绘制圆弧。

使用“起点、圆心、角度”命令绘制圆弧时，在命令行的“指定包含角:”提示下，所输入角度值的正负将影响到圆弧的绘制方向。如果当前环境设置逆时针为角度方向，若输入正的角度值，则所绘制的圆弧是从起始点绕圆，C 沿逆时针方向绘出；如果输入负的角度值，则沿顺时针方向绘制圆弧。

4）起点、圆心、长度：通过指定圆弧的起点、圆心和弦长绘制圆弧。

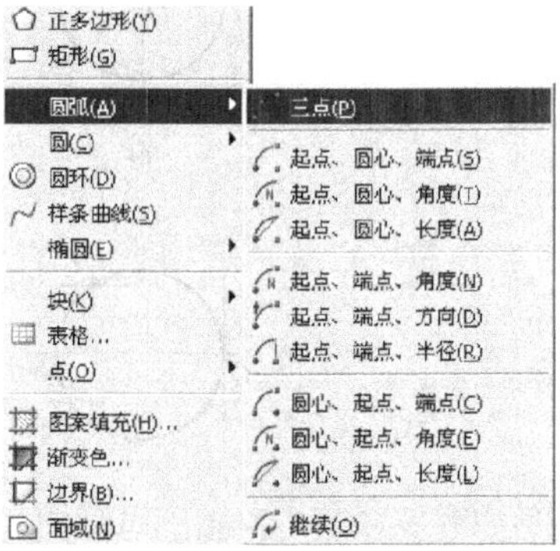

图 4-16　绘制“圆弧”菜单

5）起点、端点、角度：通过指定圆弧的起点、端点和角度绘制圆弧。

6）起点、端点、方向：通过指定圆弧的起点、端点和方向绘制圆弧。

使用该命令时，当命令行提示“指定圆弧的起点切向:”时，可以通过拖动鼠标的方式动态地确定圆弧在起始点处的切线方向与水平方向的夹角。方法是：拖动鼠标，AutoCAD 会在当前光标与圆弧起始点之间形成一条橡皮筋线，此橡皮筋线即为圆弧在起始点处的切线。通过拖动鼠标确定圆弧在起始点处的切线方向后单击鼠标拾取键，即可得到相应的圆弧。

7）起点、端点、半径：通过指定圆弧的起点、端点和半径绘制圆弧。

8）圆心、起点、端点：通过指定圆弧的圆心、起点和端点绘制圆弧。

9）圆心、起点、角度：通过指定圆弧的圆心、起点和角度绘制圆弧。

10）圆心、起点、长度：通过指定圆弧的圆心、起点和长度绘制圆弧。

11）继续：当执行绘圆弧命令，并在命令行的“指定圆弧的起点或［圆心（C）］”提示下直接按“Enter”键，系统将以最后一次绘制的线段或圆弧过程中确定的最后一点作为新圆弧的起点，以最后所绘线段方向或圆弧终止点处的切线方向为新圆弧在起始点处的切线方向，然后再指定一点，就可以绘制出一个圆弧。

3. 特别提示

1）有些圆弧不适合用“Arc”命令绘制，而适合用“Circle”命令结合“TIRM”（修剪）命令生成。

2）AutoCAD 采用逆时针绘制圆弧。

4. 应用示例

下面以图 4-17 为例，说明圆弧的画法。

操作步骤如下：

1）单击“直线”按钮，绘制图形的定位中心轴线。

2）单击“圆”按钮，绘制 ϕ6mm 小圆的定位圆 R16mm。

3）重复执行画圆命令，绘制两个 ϕ6mm 和 ϕ44mm 圆。

4）执行“圆弧”/“圆心、起点、端点”，先输入圆心，再输入起点和终点，回车，即可完成图 4-17 所示的图形。

4.4.3 绘制椭圆

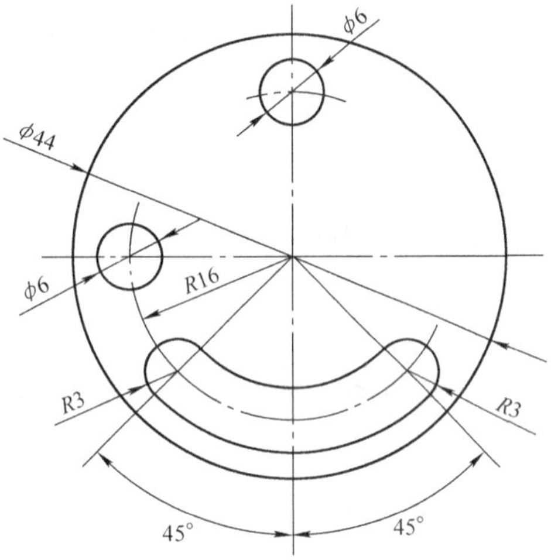

图 4-17 使用“圆弧”命令绘制图形

AutoCAD 2008 提供了三种方式用于绘制精确的椭圆

1. 执行途径

1）工具栏：“绘图”/“椭圆”按钮

2）下拉菜单：“绘图”/“椭圆”

3）命令：ELLIPSE

2. 操作说明

执行画椭圆命令时，系统提示如下：

指定椭圆的轴端点或[圆弧(A)/中心点(C)]：

1）中心点（C）：执行该选项，根据系统提示，先确定椭圆中心、轴的端点，再输入另一半轴距（或输入 R 后再输入旋转角）绘制椭圆。

2）圆弧（A）：执行该选项，是绘制椭圆弧。

3. 特别提示

1）选择“绘图”/“椭圆”/“中心点”命令，可以通过指定椭圆中心、一个轴的端点（主轴）以及另一个轴的半轴长度绘制椭圆，如图 4-17a 所示。

2）选择“绘图”/“椭圆”/“轴、端点”命令，可以通过指定一个轴的两个端点（主轴）和另一个轴的半轴长度绘制椭圆，如图 4-17b 所示。

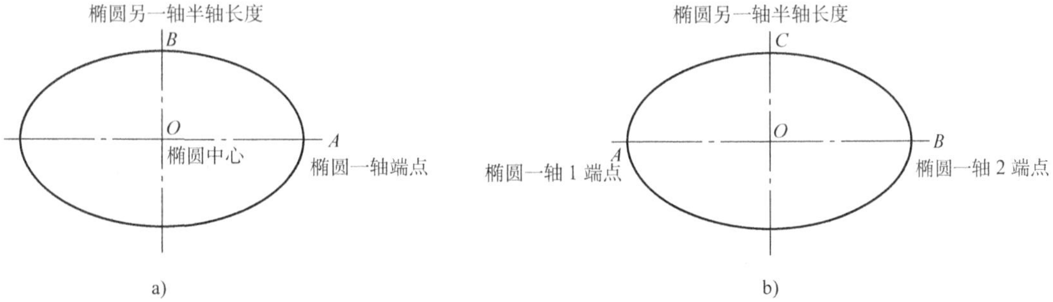

图 4-18 绘制椭圆

a）通过椭圆中心绘制椭圆 b）通过轴端点绘制椭圆

3）圆在正等测轴测图中投影为椭圆，在绘制正等测轴测图中的椭圆时，应先打开等轴测平面，然后绘制椭圆。

4.4.4 绘制椭圆弧

1. 执行途径

1）工具栏：“绘图”／“椭圆弧”按钮

2）下拉菜单：“绘图”／“椭圆”／“圆弧”

3）命令：ELLIPSE

2. 操作说明

绘制椭圆弧的操作与绘制椭圆相同，先确定椭圆的形状，再按起始角和终止角参数绘制椭圆弧。

4.5 样条曲线、图案填充和面域

4.5.1 样条曲线

样条曲线是用来绘制一条多段光滑曲线，通常用来绘制机械图样中的波浪线。

1. 执行途径

1）工具栏：“绘图”／“样条曲线”按钮

2）下拉菜单：“绘图”／“样条曲线”

3）命令：SPLINE

2. 操作说明

执行命令后，系统提示：

指定下一点：$P1$（输入一点）

指定下一点：$P2$（输入一点）

指定下一点：回车

指定起点切向：（定义起始点切线方向）

指定种点切向：（定义终止点切线方向）

操作效果如图 4-19 所示。

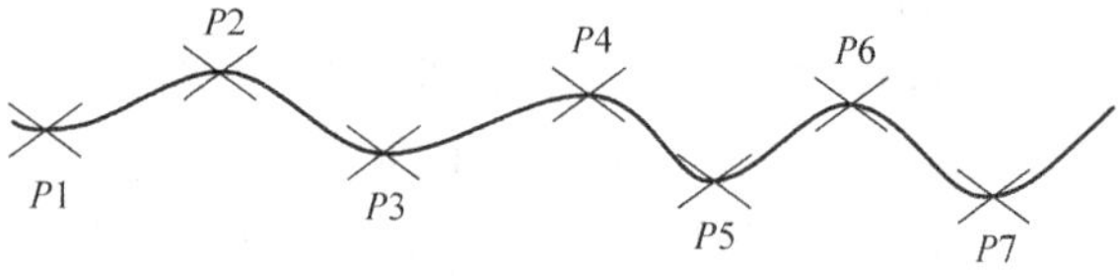

图 4-19　绘制样条曲线

4.5.2 图案填充

在机械、建筑等行业中，常常需要绘制物体的剖面图。在机械制图中，剖面填充被用来显示零件的剖面结构关系；在建筑制图中，剖面填充用来表达建筑中各种建筑材料的类型、地基轮廓面、房屋顶的结构特征，以及墙体的剖面等。AutoCAD 为用户提供了图案填充功能，在进行图案填充时，用户需要确定的内容有三个：一是填充的区域，二是填充的图案，三是图案填充方式。

在 AutoCAD 2008 中，用户可以使用“BHATCH”命令创建关联或非关联的图案填充，另外，还可以使用“HATCH”命令创建非关联的图案填充，“HATCH”命令适用于填充非封闭边界的区域。“BHATCH”命令有对话框和命令行两种方式，通常采用对话框方式操作。与“BHATCH”命令不同，“HATCH”命令只能在命令行上使用。

1. 执行途径

1）工具栏："绘图"／"图案填充"按钮

2）"绘图"／"图案填充"

3）命令：BHATCH、HATCH

2. 操作说明

执行"绘图"／"图案填充"命令，或在"绘图"工具栏中单击"图案填充"按钮，打开"图案填充和渐变色"对话框，如图4-20所示。

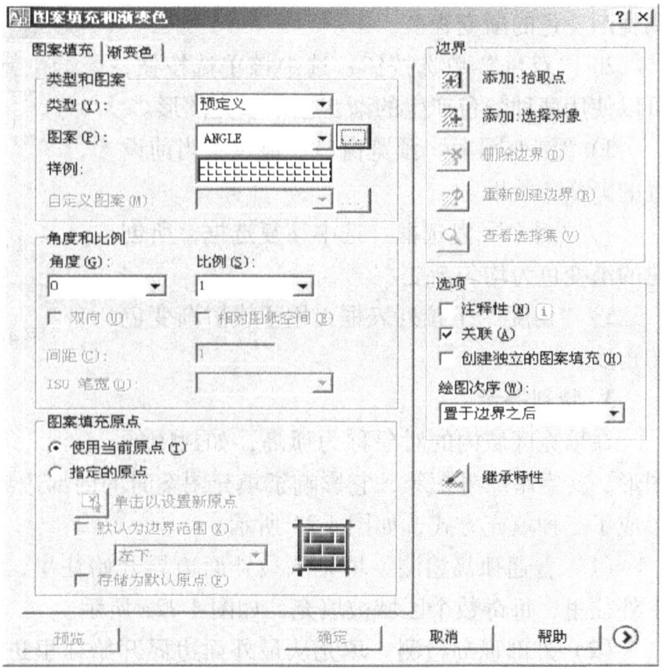

图4-20 "图案填充和渐变色"对话框

(1) 使用"图案填充"选项卡　使用"图案填充"选项卡，可以快速设置图案填充，各选项的含义和功能如下：

1）"类型"下拉列表框：用于设置填充的图案类型，包括"预定义"、"用户定义"和"自定义"3个选项，其中，选择"预定义"选项，可以使用AutoCAD提供的图案；选择"用户定义"选项，则需要用户临时定义图案，该图案由一组平行线或者相互垂直的两组平行线组成；选择"自定义"选项，可以使用用户事先定义好的图案。

2）"图案"下拉列表框：当在"类型"下拉列表框中选择"预定义"选项时，该下拉列表框才可用，并且该下拉列表框主要用于设置填充的图案。

3）"样例"预览窗口：用于显示当前选中的图案样例。

4）"自定义图案"下拉列表框：当填充的图案采用"自定义"类型时，该选项才可用。用户可以在下拉列表框中选择图案，也可单击相应的按钮，从弹出的对话框中进行选择。

5）"角度"下拉列表框：用于设置填充的图案旋转角度，每种图案在定义时的旋转角度都为零。

6）"比例"下拉列表框：用于设置图案填充时的比例值。每种图案在定义时的初始比例为1，用户可以根据需要放大或缩小。如果在"类型"下拉列表框中选择"用户定义"选项，该选项则不可用。

7）"相对图纸空间"复选框：用于决定该比例因子是否为相对于图纸空间的比例。

8）"间距"文本框：用于设置填充平行线之间的距离，当在"类型"下拉列表框中选择"用户自定义"选项时，该选项才可用。

9）"ISO笔宽"下拉列表框：用于设置笔的宽度，当填充图案采用ISO图案时，该选项可用。

（2）使用“渐变色”选项卡　在中文版 AutoCAD 2008 中，使用“渐变色”选项卡，可以使用一种或两种颜色形成的渐变色来填充图形，如图 4-21 所示。各选项的功能如下：

1）“单色”单选按钮：选中该单选按钮，可以使用由一种颜色产生的渐变色来填充图形，此时，双击其后的颜色框，将打开“选择颜色”对话框，在该对话框中可选择所需要的渐变色，并能够通过“渐深/渐浅”滑块，来调整渐变色的渐变程度。

2）“双色”单选按钮：选中该单选按钮，可以使用两种颜色产生的渐变色来填充图形。

3）“渐变图案”预览窗口：显示了当前设置的渐变色效果。

4）“居中”复选框：选中该复选框，所创建的渐变色为均匀渐变。

5）“角度”下拉列表框：用于设置渐变色的角度。

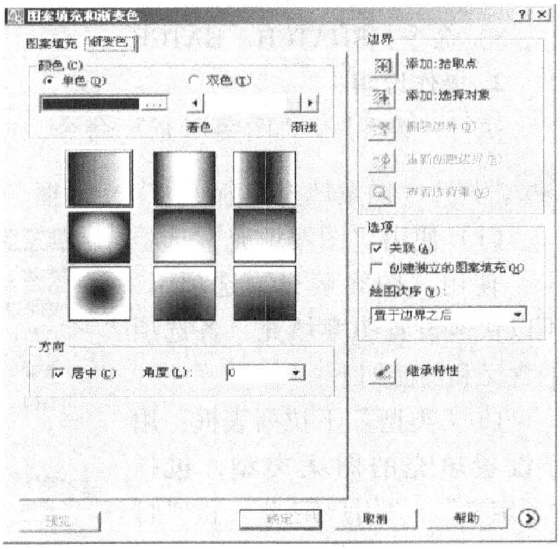

图 4-21　“图案填充和渐变色”对话框的“渐变色”选项卡

3. 特别提示

在填充区域内的对象称为孤岛，如封闭的图形、文字串的外框等，它影响了填充图案时的内部边界，因此以对孤岛的处理方式不同而形成了三种填充方式，如图 4-21 所示。

（1）普通孤岛检测　填充从最外面边界开始往里，在交替的区域间填充图案。这样在由外往里，每奇数个区域被填充，如图 4-22a 所示。

（2）外部孤岛检测　填充从最外面边界开始往里进行，遇到第一个内部边界后即停止填充，仅仅对最外边区域进行图案填充，如图 4-22b 所示。

（3）忽略孤岛检测　只要最外的边界组成了一个闭合的多边形，AutoCAD 将忽略所有的内部对象，对最外端边界所围成的全部区域进行图案填充，如图 4-22c 所示。

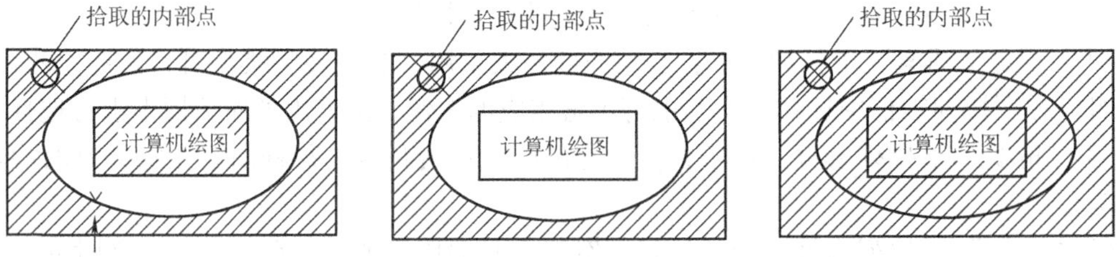

a)　b)　c)

图 4-22　三种填充方式

a）普通孤岛检测　b）外部孤岛检测　c）忽略孤岛检测

用户可以在边界内拾取点或选择边界对象时（即单击了“拾取点”按钮或单击了“选择对象”按钮之后），在图形区单击鼠标右键，从弹出的快捷菜单中选择三种样式之一，如

图 4-23 所示。

4. 应用示例

例如：下面以图 4-24a 所示图形为例，说明执行图案填充的步骤。图 4-24a 所示剖面线为 45°，图 4-24b 是执行“双向”复选框的结果。

操作步骤如下：

1）单击“图案填充”按钮 ，屏幕弹出一个“图案填充和渐变色”对话框，如图 4-19 所示。

2）单击“类型”右侧的下拉复选框，并选择“用户定义”。

3）在“角度”框内选择 45° 或 135°，选择“双向”复选框，效果如图 4-24b 所示。

4）在“间距”框内输入 2 ~ 5。

5）单击“拾取点”按钮，此时命令行提示：

选择内部点：

6）在图形最外轮廓线内部单击鼠标，此时图线以高亮显示。

7）回车，结束填充区域的选择。

8）单击“确定”按钮，完成图案填充。

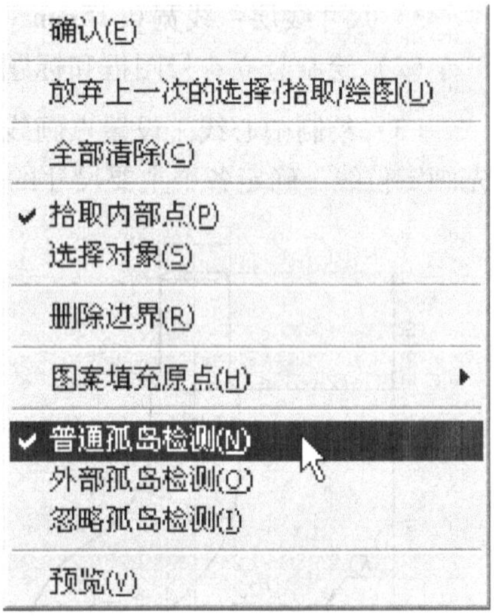

图 4-23　快捷菜单

4.5.3　面域

面域是封闭区域所形成的二维实体对象，可将它看成一个平面实心区域。尽管 AutoCAD 中有许多命令可以生成封闭形状（如圆、多边形等），但所有这些都只包含边的信息而没有面，它们和面域有本质的区别。

1. 执行途径

1）工具栏：“绘图”/“面域”按钮 

2）下拉菜单：“绘图”/“面域”

3）命令：REGION

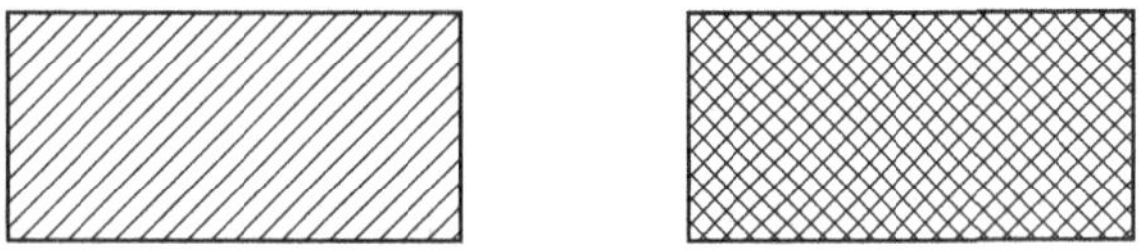

a)　　b)

图 4-24　机械图常用剖面线

a）剖面线 45°　b）选择“双向”

2. 操作说明

执行命令后，AutoCAD 提示用户选择想转换为面域的对象，如选取有效，则系统将该有效选取转换为面域，但选取面域时要注意：

1）自相交或端点不连接的对象不能转换为面域。

2）默认情况下 AutoCAD 进行面域转换时，“REGION”命令将用面域对象取代原来的对象并删除原对象。如果想保留原对象，则可通过设置系统变量 DELOBJ 为零来达到这一目的。

4.6　上机指导（绘制平面图形）

例题：绘制如图 4-25 所示起重钩的平面图形。

操作步骤：

（1）设置三个图层

1）粗实线层：线宽 0. 3mm、线型 Continuous。

2）细点画线层：线宽 0. 15mm、线型 ACAD ISO04W100。

3）尺寸线层：线宽 0. 15mm、线型 Continuous。

（2）绘制竖立 4 号图框和标题栏。

（3）绘制中心线　设置点画线层为当前层，单击“绘图”工具栏的“直线”按钮，先画定位线，确定各个主要尺寸的位置，如图 4-26 所示。

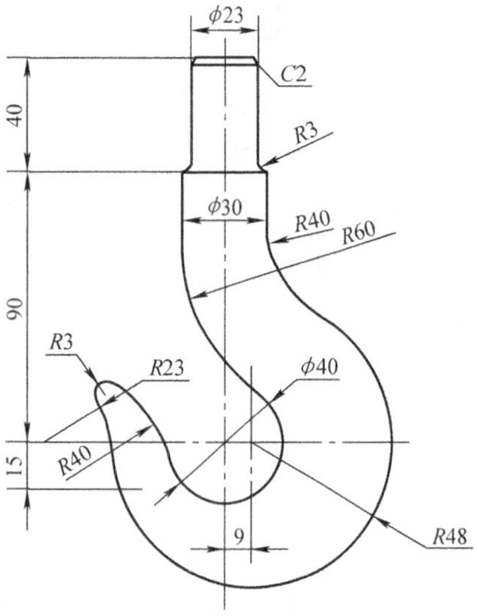

图 4-25　起重钩

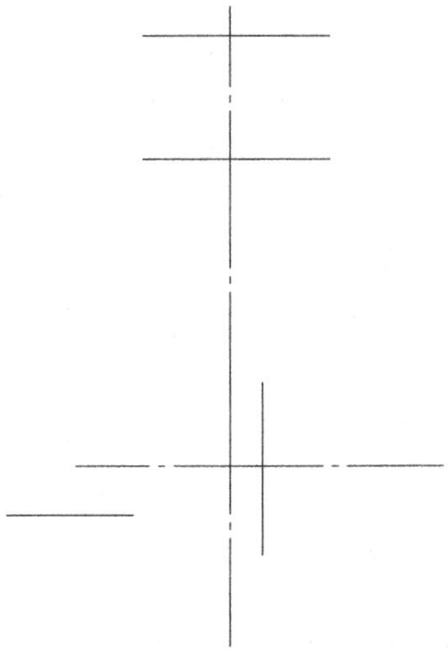

图 4-26　绘制中心线

（4）绘制已知线段和圆弧　单击“绘图”工具栏的“直线”按钮、“圆”按钮和“偏移”按钮，绘制已知的线段和圆弧，如图 4-27 所示。

1）单击“绘图”工具栏的“圆”按钮，选择“T”选项画出半径分别为 40mm、60mm 的圆弧，如图 4-28a 所示。

2）单击“绘图”的工具栏“圆”按钮，以 O 点为圆心，以 60mm(20mm + 40mm) 为半径画圆交于 O_1，画出半径为 40mm 的圆，再单击“修改”的工具栏“修剪”按钮进行修剪，如图 4-28b、c 所示。

（5）绘制其他部分圆弧

1）单击“绘图”工具栏“圆”按钮，以 O_2 点为圆心，以 71mm(48mm + 23mm) 为半径画圆交于 O_3，画出半径为 23mm 的圆，再单击“修改”的工具栏“修剪”按钮进行

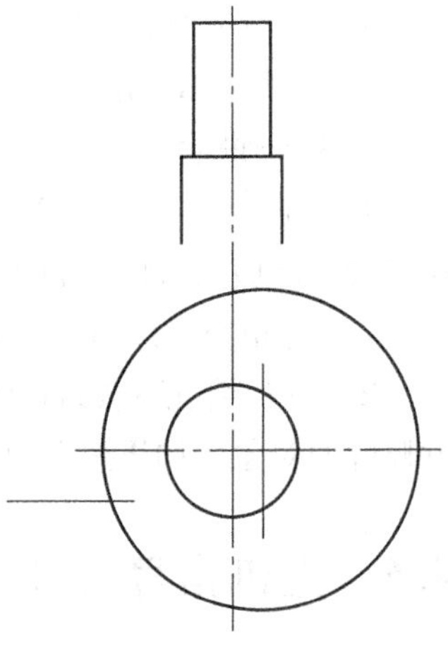

图 4-27　绘制直线和圆

修剪，如图 4-28a 所示。

2）单击“修改”工具栏“圆角”按钮，选择“R”选项，设置圆角半径为 3mm，画出半径为 3mm 的连接弧，再单击“修改”的工具栏“修剪”按钮进行修剪，如图 4-28b 所示。

（6）绘制倒角　单击“修改”的工具栏“倒角”按钮，选择“D”选项，设置倒角为 2mm，作出上端的倒角，如图 4-29c 所示。

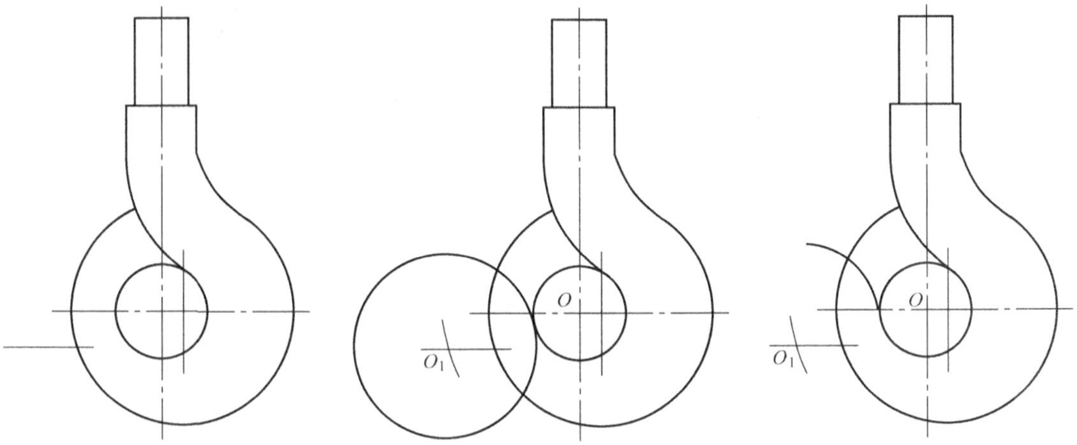

a)　　　　b)　　　　c)

图 4-28　绘制圆弧

a）画出半径分别为 40mm、60mm 的圆弧　b）以 O_1 为圆心画出半径为 40mm 的圆　c）修剪半径为 40mm 的圆

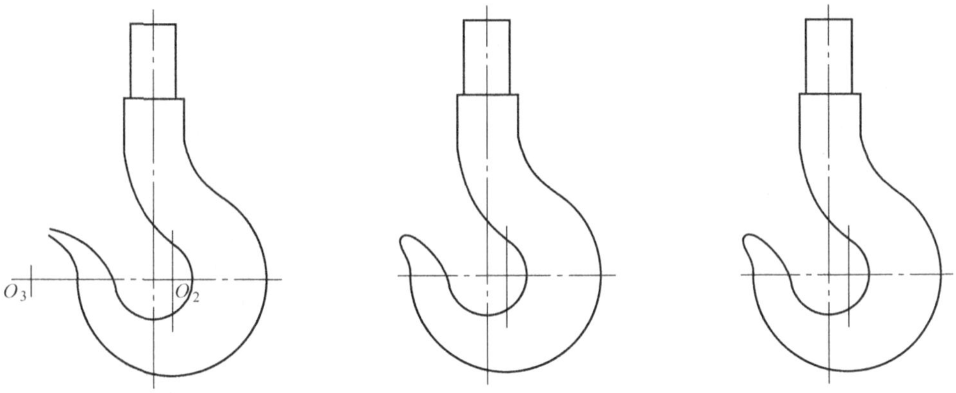

a)　　　　b)　　　　c)

图 4-29　绘制圆弧和倒角

a）以 O_3 为圆心画出半径为 23mm 的圆　b）修剪圆弧　c）修剪倒角

（7）转换图层　单击“标准”的工具栏“特性匹配”按钮，转换图层得到所需的线型，完成全图。

4.7 操作练习

绘制图 4-30 ~ 图 4-37 所示的平面图形。

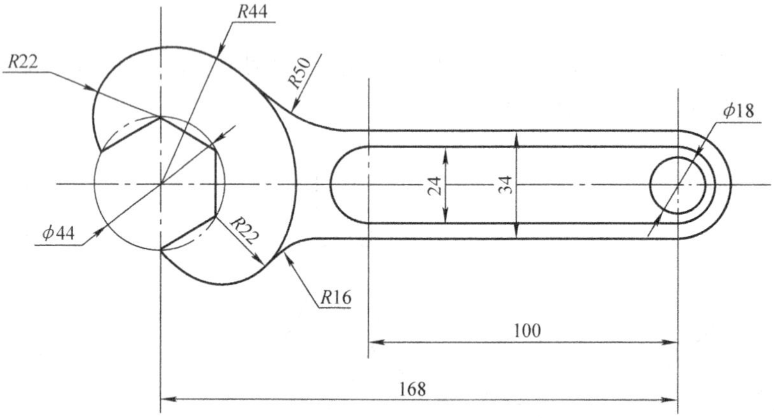

图 4-30　图形 1

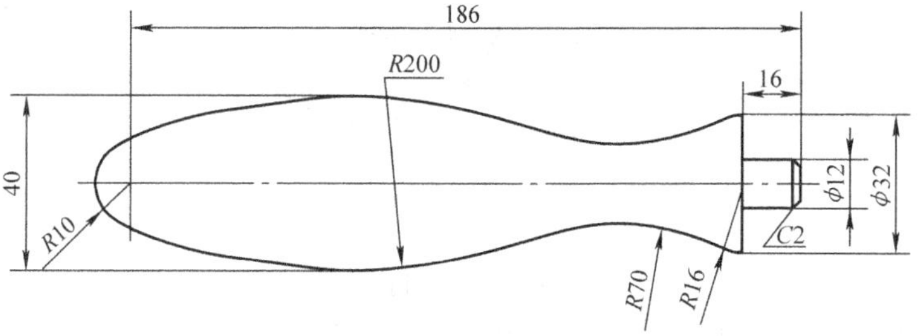

图 4-31　图形 2

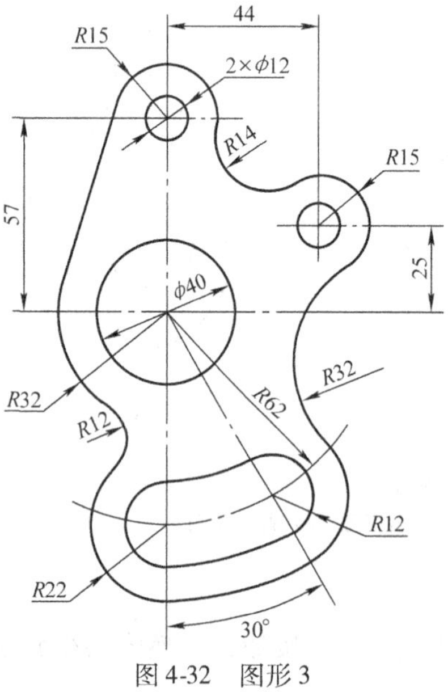

图 4-32　图形 3

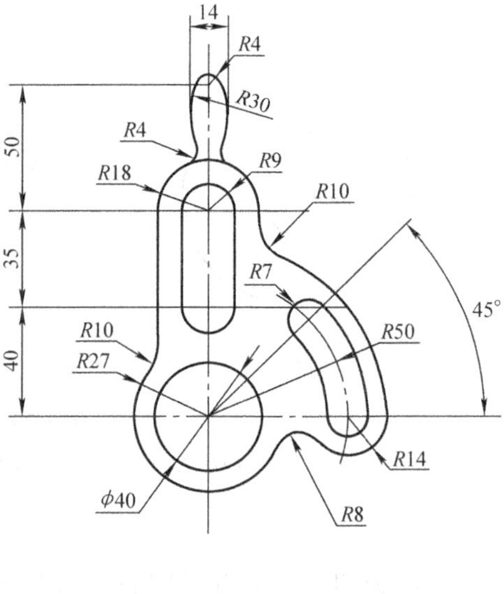

图 4-33　图形 4

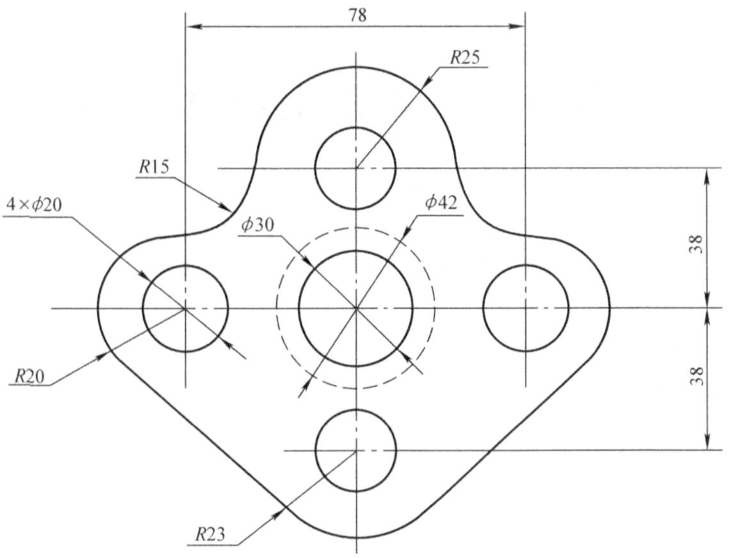

图 4-34　图形 5

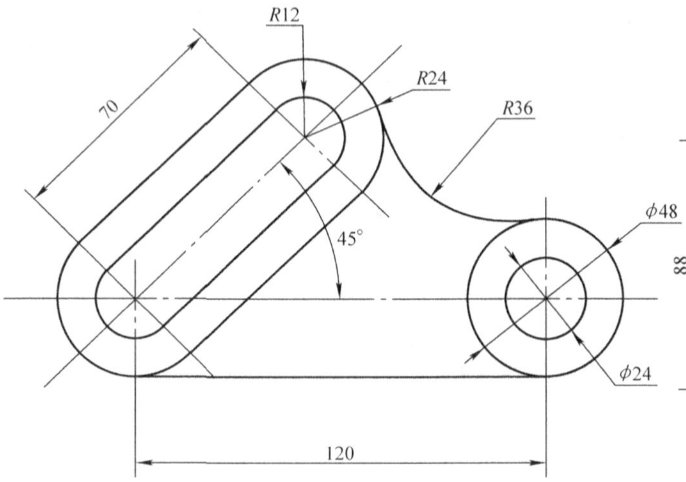

图 4-35　图形 6

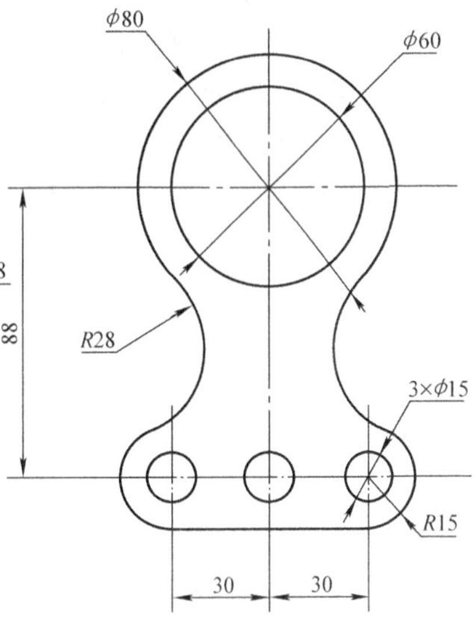

图 4-36　图形 7

第 5 章　常用编辑命令

[教学目标]

通过对本章的学习，读者应掌握对象编辑命令的使用方法和技巧，并能够使用绘图工具和编辑命令绘制复杂的图形。

[教学重点与难点]

- 复制、移动与旋转对象
- 镜像、阵列与偏移对象
- 修剪、延伸与缩放对象
- 对对象修倒角和圆角。

图形编辑就是对图形对象进行移动、旋转、缩放、复制、删除和参数修改等操作的过程。中文版 AutoCAD 2008 提供了强大的图形编辑功能，可以帮助用户合理地构造和组织图形，保证绘图的准确性，简化绘图操作，从而极大地提高绘图效率。

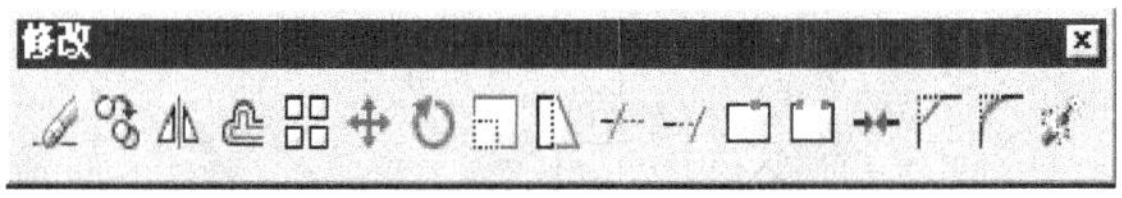

图 5-1 “修改”工具栏

图 5-2 “修改”菜单

常用的图形编辑命令如图5-1所示，用户也可以通过选择“修改”菜单中适当的命令来对图形进行编辑和修改，如图5-2所示。

5.1 删除与恢复

对于不需要的图形在选中后可以删除，如果删除有误，还可以利用有关命令恢复。

5.1.1 删除

1. 执行途径

1）工具栏：“修改”/“删除”按钮

2）下拉菜单：“修改”/“删除”

3）命令：ERASE

2. 操作说明

通常，选择“删除”命令后，屏幕上的十字光标将变为一个拾取框，要求用户选择要删除的对象，然后按“Enter”键或“Space”键结束对象选择，选择的对象即被删除。按照“先选择实体，再调用命令”的顺序也可将物体删除。删除物体最快的办法是：先选择物体，然后按“Delete”键。

5.1.2 恢复

对于用户的操作，无论是编辑、绘图还是其他操作，如果操作有误，或对操作结果不满意，均可以执行取消操作。连续输入U并回车，可以连续取消前面的操作。

1. 执行途径

1）工具栏：“标准”/“放弃”按钮

2）下拉菜单：“编辑”/“放弃”

3）命令：U

2. 恢复刚刚取消的操作

如果取消有误，可以用下列操作恢复刚刚取消的操作。

执行途径如下：

1）工具栏：“标准”/“重做”按钮

2）下拉菜单：“编辑”/“重做”

3）命令：REDO

5.2 复制、移动和旋转

5.2.1 复制

复制命令用于对图中已有的对象进行复制。使用复制对象命令可以在保持原有对象不变的基础上，将选择好的对象复制到图中的其他位置，这样，可以减少重复绘制同样图形的工作量。用户可以通过在命令行中执行命令或者在右键快捷菜单中选择相应选项来执行该操作。

1. 执行途径

1）工具栏：“修改”／“复制”按钮

2）下拉菜单：“修改”／“复制”

3）命令：COPY

2. 操作说明

执行命令后，命令行提示：

选择对象：（选择要复制的对象）

指定基点或位移：选取 $P1$ 点，（见图 5-3）。

指定位移第二点或〈用第一点作位移〉：选取 $P2$ 点（确定第一个复制对象）

指定位移第二点：选取 $P3$ 点（确定第二个复制对象）

⋮

指定位移第二点回车。

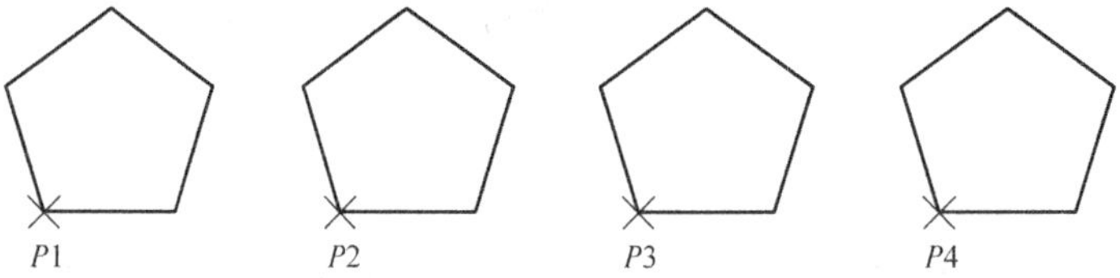

图 5-3　复制一组图形

3. 特别提示

用户还可以使用右键快捷菜单来执行复制命令，或利用夹点进行多重复制，可以在任何夹点模式下创建多个复制对象。

5.2.2　移动

使用移动命令可以将一个或者多个对象平移到新的位置，可以在指定方向上按指定距离移动对象，对象的位置发生了改变，但方向和大小不改变。如果要精确地移动对象，需配合使用捕捉、坐标、夹点和对象捕捉模式。

1. 执行途径

1）工具栏：“修改”／“移动”按钮

2）下拉菜单：“修改”／“移动”

3）命令：MOVE

2. 操作说明

1）要移动对象。用户首先要选择移动的对象，然后指定位移的基点和位移矢量。在命令行的“指定基点或位移：”提示下，如果通过鼠标单击或以键盘输入形式给出了基点坐标，则命令行将显示“指定位移的第二点或 < 用第一点作位移 >：”提示；如果按“Enter”键，那么所给出的基点坐标值就被作为偏移量，也就是将该点作为原点（0，0），然后将图形相对于该点移动由基点设定的偏移量。

2）可以使用夹点进行移动。当对所操作的对象选取基点后，按空格键以切换到“移动”模式。

5.2.3 旋转

旋转命令可以改变对象的方向，并按指定的基点和角度定位新的方向。

1. 执行途径

1）工具栏：“修改”/“旋转”按钮

2）下拉菜单：“修改”/“旋转”

3）命令：ROTATE

2. 操作说明

选择要旋转的对象（可以依次选择多个对象），并指定旋转的基点，此时命令行将显示“指定旋转角度［参照（R）］：”提示信息，如果直接输入角度值，则可以将对象绕基点转动该角度，角度为正时，逆时针旋转，角度为负时，顺时针旋转；如果选择“参照（R）”选项，将以参照方式旋转对象，需要依次指定参照方向的角度值和相对于参照方向的角度值。

5.3 镜像、阵列和偏移

5.3.1 镜像

在使用 AutoCAD 2008 绘图中，当绘制的图形对象相对于某一对称轴对称时，可将绘制的图形对象按给定的镜像线作反像复制，即镜像。镜像是将选定的对象沿一条指定的直线对称复制，复制完成后可以删除源对象，也可以不删除源对象。镜像操作适用于对称图形，是一种常用的编辑方法。

1. 执行途径

1）工具栏：“修改”/“镜像”按钮

2）下拉菜单：“修改”/“镜像”

3）命令：MIRROR

2. 操作说明

1）镜像与复制的区别在于，镜像是将对象反像复制，镜像适用于对称物体。

2）镜像线由两点确定，可以是已有的直线，也可以直接指定两点。

3. 特别提示

1）文本实体的镜像分为两种状态：完全镜像和可识读镜像，如图 5-4 所示。

当系统变量 MIRRTEXT 的值为 0 时，文本作可识读镜像。

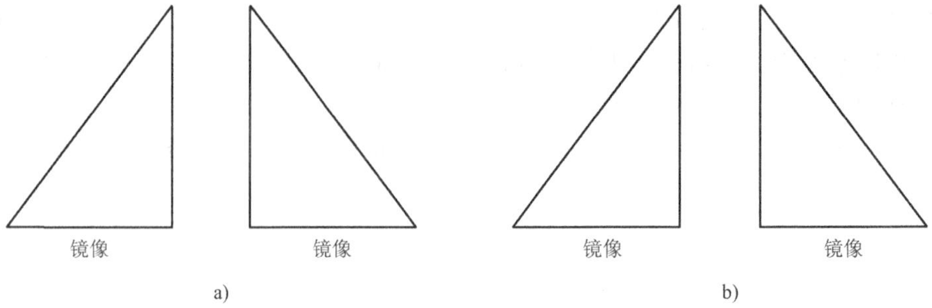

图 5-4　文本镜像

a）可识读镜像　b）完全镜像

当系统变量 MIRRTEXT 的值为 1 时，文本作完全镜像，不可识读。

2）一般系统变量的初始值为 0，能实现可识读镜像。

5.3.2　阵列

阵列是按环形或矩形形式复制对象或选择集。对于环形阵列，可以控制复制对象的数目和是否旋转对象。对于矩形阵列，可以控制行和列的数目以及间距。

1. 执行途径

1）工具栏：“修改”／“阵列”按钮

2）下拉菜单：“修改”／“阵列”

3）命令：ARRAY

2. 创建矩形阵列

矩形阵列是指将选中的对象进行多重复制后，沿 *X* 轴和 *Y* 轴（即所说的行和列）方向排列的阵列方式，创建的对象将按用户定义的行数和列数排列。

（1）操作说明

1）在输入行偏移和列偏移时，可单击“选择矩形”按钮，然后拖▲出一个矩形，该矩形的长和宽分别代表列偏移和行偏移，拖▲矩形时的方向代表阵列的方向。

2）输入的行偏移和列偏移为“正”值时，向 *X*、*Y* 的正向阵列，否则向 *X*、*Y* 的负向阵列。

3）在“阵列角度”文本框中若输入一个角度值，则产生倾斜矩形阵列。

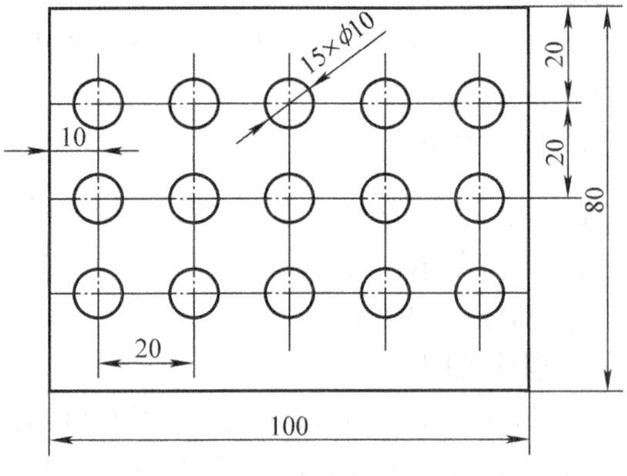

图 5-5　矩形阵列

（2）应用示例　以图 5-5 所示的零件（三行五列矩阵）为例，说明创建矩形阵列的步骤。

1）单击“修改”工具栏中的“阵列”按钮，弹出“阵列”对话框，如图 5-6 所示。

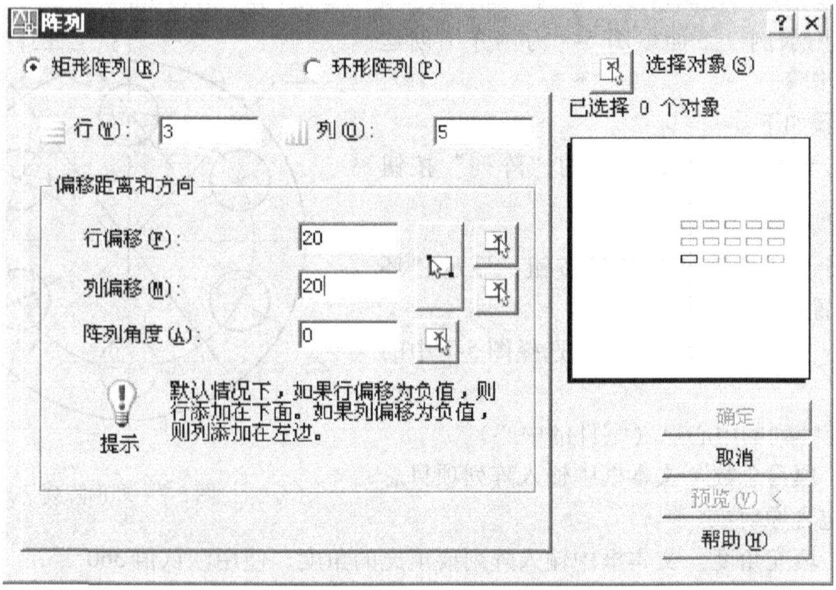

图 5-6 “阵列”对话框

2）单击“矩形阵列”单选按钮。

3）单击“选择对象”按钮，选择阵列对象（见图 5-5）中的 ϕ10mm 的小圆。

4）在“行”文本框中输入行数 3。

5）在“列”文本框中输入列数 5。

6）输入行偏移值 20 和列偏移值 20。

7）单击“确定”按钮，即可形成阵列。

3. 创建环形阵列

环形阵列是围绕用户指定的圆心或一个基点在其周围作圆形或成一定角度的扇形排列。

（1）操作说明

1）在“阵列”对话框中，选中“环形阵列”单选按钮，单击“选择对象”按钮，在绘图区选择要阵列的对象。“中心点”文本框用于输入阵列中心点的坐标，用户可以通过单击“拾取中心点”按钮来拾取中心点。

2）“方法”下拉列表框中有 3 个选项，分别为“项目总数和填充角度”、“项目总数和项目间角度”、“填充角度和项目间角度”选项。选择“项目总数和填充角度”选项，则“项目间角度”文本框不激活。

3）“项目总数”文本框用于输入对象的数目，与矩形阵列一样，其中包括了复制的对象本身。“填充角度”文本框用于输入填充角度，在填充角度内才能复制对象。填充角度用于确定对象如何沿圆周进行分布，默认时，对象沿整个圆周分布，即360°，也可以使用小于360°的角。“项目间角度”文本框用于输入两个对象之间相隔的角度，只有在不指定复制数目时，或是指定的复制角度为0°时，才需要指定对象之间的角度间隔。

（2）应用示例　下面以图5-7为例介绍创建环形阵列的步骤。

操作步骤如下：

1）单击“修改”工具栏中的“阵列”按钮，弹出“阵列”对话框。

2）单击“环形阵列”单选按钮，显示“环形阵列”设置界面，如图5-8所示。

3）单击“选择对象”按钮，选择图5-7中的$\phi 9$小圆。

4）指定阵列的中心点（零件的中心）。

5）在“项目总数”文本框中输入阵列项目总数6，其中包含原对象。

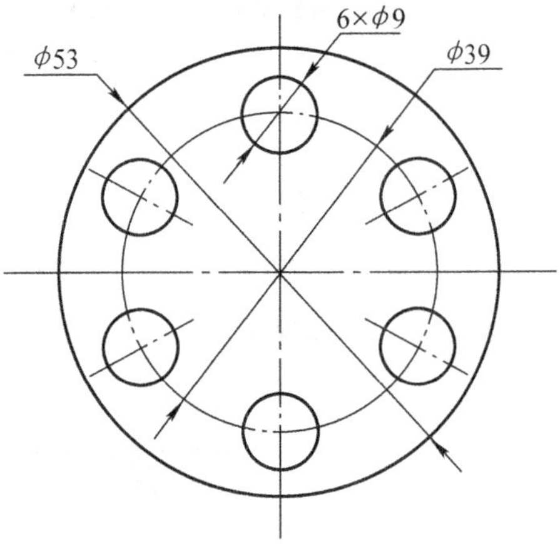

图5-7　环形阵列

6）在“填充角度”文本框中输入阵列要填充的角度，使用默认值360°。

7）确认“复制时旋转项目”被选择。

8）单击“确定”按钮，即可形成环形阵列。

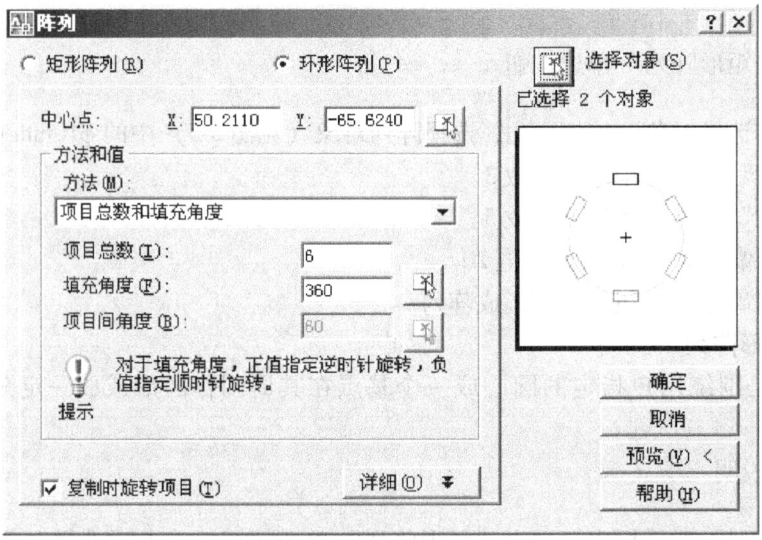

图5-8　填写“环形阵列”对话框

5.3.3　偏移

偏移图形命令可以根据指定距离或通过点创建一个与原有图形对象平行或具有同心结构的形体，可以偏移的对象包括直线、圆弧、圆、二维多段线、椭圆、椭圆弧、参照线、射线和平面样条曲线等。在实际应用中，常利用“偏移”命令的特性创建平行线或等距离分布图形。

1. 执行途径

1）工具栏：“修改”/“偏移”按钮

2）下拉菜单：“修改”/“偏移”

3）命令：OFFSET

2. 操作说明

1）如果指定偏移距离，则选择要偏移复制的对象，然后指定偏移方向，以复制出对象。

2）如果在命令行输入 T，再选择要偏移复制的对象，然后指定一个通过点，这时复制出的对象将经过通过点。

3）偏移命令是一个单对象编辑命令，在使用过程中，只能以直接拾取方式选择对象。通过指定偏移距离的方式来复制对象时，距离值必须大于 0。

4）使用“偏移”命令复制对象时，复制结果不一定与原对象相同。例如，对圆弧作偏移后，新圆弧与旧圆弧同心且具有同样的包含角，但新圆弧的长度要发生改变；对圆或椭圆作偏移后，新圆、新椭圆与旧圆、旧椭圆有同样的圆心，但新圆的半径或新椭圆的轴长要发生变化。对直线段、构造线、射线作偏移，是平行复制。

3. 应用示例

下面通过具体实例说明偏移对象的操作。

1）利用“PLINE”命令绘制多段线图形，如图 5-9 所示。

2）单击“修改”工具栏的“偏移”按钮，系统提示为：

指定偏移距离或［通过（T）］ <1.0000>：5

3）输入距离 5，或用鼠标确定偏移距离。

4）选择要偏移的对象。

5）在图形外任一点单击，以确定向外偏移。

6）回车结束命令，即可形成偏移结果。

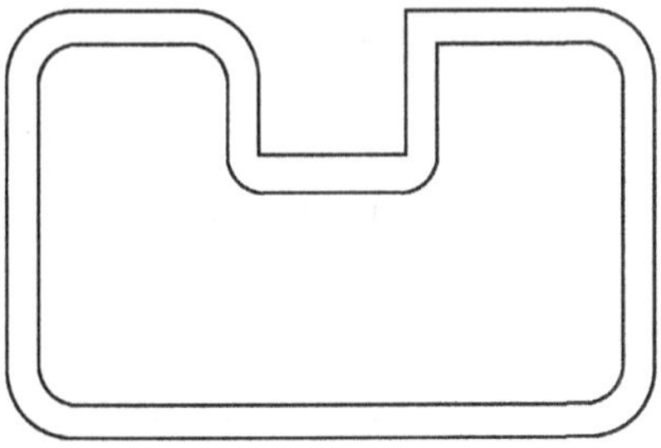

图 5-9　偏移图形

5.4 缩放、拉伸和拉长

5.4.1 缩放

缩放命令是指将选择的图形对象按比例均匀地放大或缩小，可以通过指定基点和长度（被用做基于当前图形单位的比例因子）或输入比例因子来缩放对象，也可以为对象指定当前长度和新长度。大于 1 的比例因于使对象放大，介于 0 ~1 之间的比例因子使对象缩小。

1. 执行途径

1）工具栏：“修改”/“缩放”按钮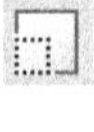

2）下拉菜单：“修改”／“缩放”

3）命令：SCALE

2. 操作说明

比例因子大于1将放大对象，比例因子小于1将缩小对象。

操作步骤如下：

1）单击“修改”工具栏中的“缩放”按钮。

2）选择要缩放的对象。

3）指定基点。

4）输入比例因子，即可将对象按比例放大或缩小。

3. 特别提示

可以使用夹点的比例缩放模式缩放对象，利用窗口选择对象，按空格键循环切换到夹点的比例缩放模式。

5.4.2 拉伸

拉伸图形命令可以拉伸对象中选定的部分，没有选定的部分保持不变。在使用拉伸图形命令时，图形选择窗口外的部分不会有任何改变；图形选择窗口内的部分会随图形选择窗口的移动而移动，但也不会有形状的改变，只有与图形选择窗口相交的部分会被拉伸。

1. 执行途径

执行拉伸的途径有三种：

1）工具栏：“修改”／“拉伸”按钮

2）下拉菜单：“修改”／“拉伸”

3）命令：STEETCH

2. 操作说明

对于直线、圆弧、区域填充和多段线等对象，若其所有部分均在选择窗口内，那么它们将被移动，如果它们只有一部分在选择窗口内，则遵循以下拉伸规则：

1）直线：位于窗口外的端点不动，位于窗口内的端点移动。

2）圆弧：与直线类似，但在圆弧改变的过程中，圆弧的弦高保持不变，同时由此来调整圆心的位置和圆弧起始角、终止角的值。

3）区域填充：位于窗口外的端点不动，位于窗口内的端点移动。

4）多段线：与直线或圆弧相似，但多段线两端的宽度、切线方向以及曲线拟合信息均不改变。

3. 应用举例

例如：以图5-10为例，说明拉伸的操作步骤。

1）单击“修改”工具栏内的“拉伸”按钮。

2）用C交叉窗口（1，2）确定拉伸对象，如图5-9b所示。

3）指定拉伸的基点（点*P*）和位移量（线段*PR*），如图5-9c所示。拉伸结果如图5-9d所示。

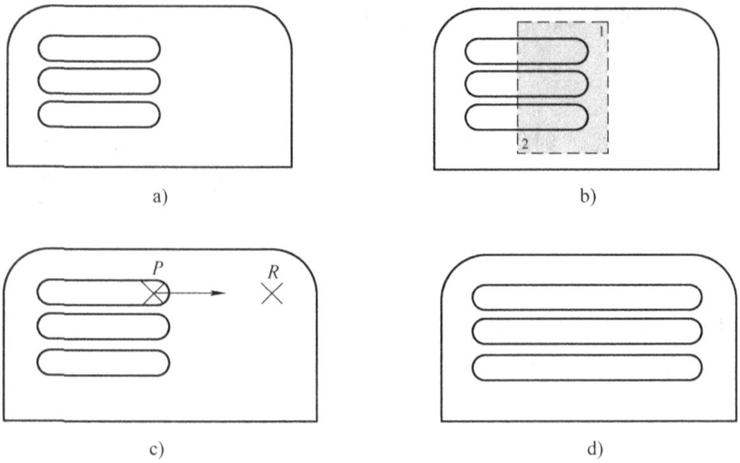

图 5-10　拉伸
a）原图　b）以“C”方式选目标 c）定基点和第二点　d）结果

5.4.3　拉长

非闭合的直线、圆弧、多段线、椭圆弧和样条曲线的长度可以通过拉长改变，还可以改变圆弧的角度。

1. 执行途径

1）下拉菜单：“修改”/“拉长”

2）命令：LENGTHEN

2. 操作说明

选取“修改”/“拉长”命令，系统提示为：

选择对象或［增量（DE）/百分数（P）/全部（T）/动态（DY）］：

默认情况下，用户选择对象后，系统会显示出当前选中对象的长度、包含角等信息。其他选项的功能如下：

（1）“增量（DE）”选项　以增量方式修改圆弧的长度，此时可以直接输入长度增量来拉长直线或者圆弧，长度增量为正值时拉长，长度增量为负值时缩短；也可以输入 A，通过指定圆弧的包含角增量来修改圆弧的长度。

（2）“百分数（P）”选项　以相对于原长度的百分比来修改直线或者圆弧的长度。

（3）“全部（T）”选项　以给定直线新的总长度或圆弧的新包含角来改变长度。

（4）“动态（DY）”选项　允许用户动态地改变圆弧或者直线的长度。

5.5　延伸和修剪

延伸命令可以将选定的对象延伸至指定的边界上；修剪命令可以将选定的对象在指定边

界一侧的部分剪切掉。“延伸”命令的使用方法和“修剪”命令的使用方法相似。

5.5.1 延伸

该命令可以将所选的直线、射线、圆弧、椭圆弧、非封闭的二维或三维多段线延伸到指定的直线、射线、圆弧、椭圆弧、圆、椭圆、二维或三维多段线、构造线和区域等的上面。

1. 执行途径

1）工具栏：“修改”/“延伸”按钮

2）下拉菜单：“修改”/“延伸”

3）命令：EXTEND

2. 操作说明

使用“延伸”命令时，如果按下“Shift”键同时选择对象，则执行“修剪”命令。使用“修剪”命令时，如果按下“Shift”键同时选择对象，则执行“延伸”命令。

3. 应用示例

下面以图 5-11 为例，说明延伸操作的步骤。在图例中，将直线延伸到由一个圆定义的边界。

操作步骤如下：

1）单击“修改”工具栏的“延伸”按钮，系统提示“选择对象:”，即选择边界对象。

2）选择外部圆形作为延伸边界对象，如图 5-11b 所示。

3）选择要延伸的对象（4 条直线），如图 5-11c 所示。

4）延伸结果如图 5-11d 所示。

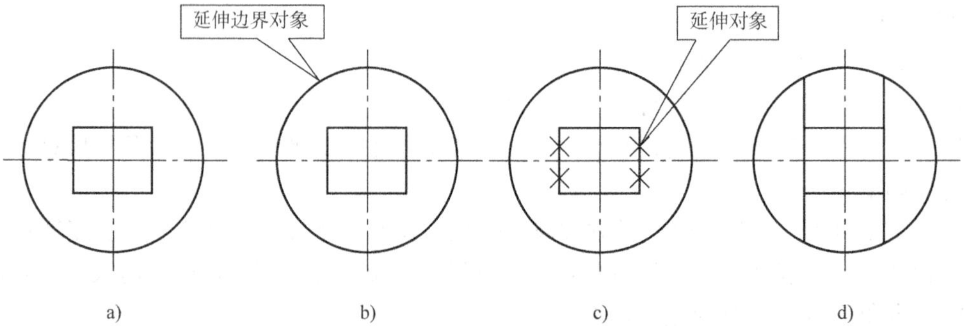

图 5-11　延伸

a）原图　b）选择延伸边界对象　c）选择要延伸对象　d）结果

5.5.2 修剪

可以修剪的对象包括直线、射线、圆弧、椭圆弧、二维或三维多段线、构造线及样条曲线等。有效的边界包括直线、射线、圆弧、椭圆弧、二维或三维多段线、构造线和填充区域等。

1. 执行途径

1）工具栏：“修改”/“修剪”按钮

2）下拉菜单：“修改”/“修剪”

3）命令：TRIM

2. 操作说明

以图5-12a为例说明修剪过程，操作过程如下：

1）单击“修改”工具栏中的“修剪”按钮，系统提示为：

选择对象：（即选择剪切边）

2）选择两条切线作为剪切边（两条直线），如图5-12b所示。

3）回车结束剪切边的选择，此时系统提示为：

选择要修剪的对象，按住“Shift”键选择要延伸的对象，或［投影（P）/边（E）/放弃（U）］：

4）选择要修剪的对象（两条弧线），如图5-12c中所示，

5）完成修剪，结果如图5-12d所示。

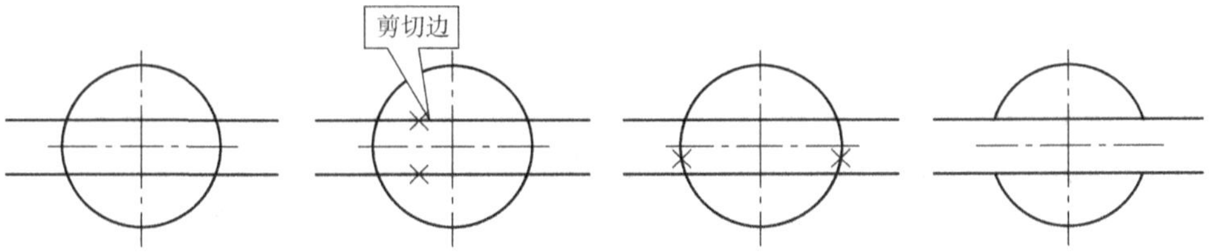

a)　　b)　　c)　　d)

图5-12　修剪

a）原图　b）选择剪切边　c）选择被剪切边　d）结果

3. 修剪隐含交点

隐含交点是两个对象延伸相交的点，可以用对象的隐含交点作为剪切边界修剪对象。下面以图5-13为例，介绍修剪隐含交点的方法。

操作步骤如下：

1）单击“修改”工具栏中的“修剪”按钮。

2）选择剪切边（两条直线），如图5-13b所示，回车，此时系统提示为：

选择要修剪的对象或［投影（P）/边（E）/放弃（U）］：

3）输入E（边）并回车，此时系统提示：

输入隐含边延伸模式［延伸（E）/不延伸（N）］<延伸>：

4）回车，选择要修剪的对象（两条弧线），如图5-13c所示。

5）完成修剪，结果如图5-13d所示。

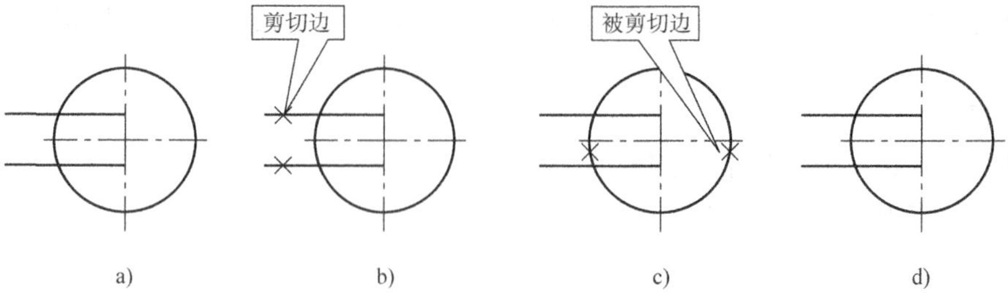

图 5-13　修剪隐含交点

a）原图　b）选择隐含修剪边　c）选择被剪切边　d）结果

4. 修剪复杂对象

剪切边也可以作为正在被修剪的对象。图 5-14 中，圆是两条直线的剪切边，同时圆也被直线修剪。

1）交叉窗口选择剪切边，选中圆和直线，如图 5-14b 所示。

2）选择要修剪的对象，选中圆和直线，如图 5-14c 所示。

3）完成修剪，结果如图 5-14d 所示。

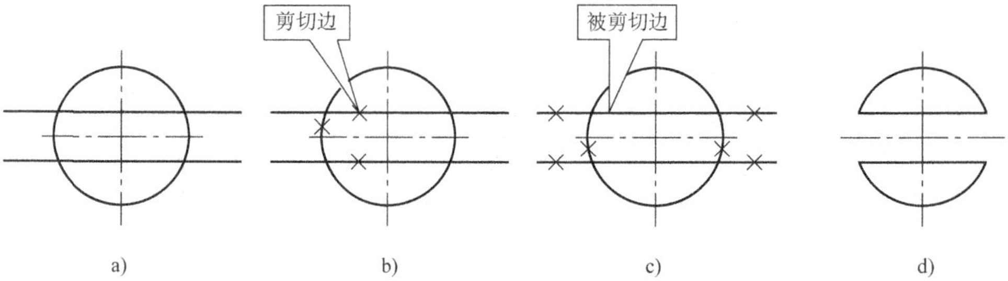

图 5-14　修剪剪切边

a）原图　b）选择剪切边　c）选择修剪对象　d）结果

5.6　打断和分解

5.6.1　打断

打断命令用于打断所选的对象，即将所选的对象分成两部分或删除对象上的某一部分。该命令作用于直线、射线、圆弧、椭圆弧、二维或三维多段线和构造线等。

1. 执行途径

1）工具栏："修改"／"打断" 按钮

2）下拉菜单："修改"／"打断"

3）命令：BREAK

2. 操作说明

1）打断对象时，需确定两个断点。可以将选择对象处作为第一个断点，然后指定第二个断点；还可以先选择整个对象，然后指定两个断点。

2）如果仅想将对象在某点处打断，则可直接应用“修改”工具栏中的“打断于一点”按钮。打断主要用于删除断点之间的对象，因为某些删除操作是不能由“ERASE”和“TRIM”命令完成的。例如，圆的中心线和对称中心线过长时，可利用打断操作进行删除。

3. 应用示例

下面以图 5-15a 为例，说明打断对象的步骤。

1）单击“修改”工具栏中的“打断”按钮。

2）选择要打断的对象（图 5-15b 所示中心线），此时系统提示为：

指定第二个打断点［第一点（F）］：

3）在中心线的延长线上（不需特别准确）单击鼠标，即输入了第二个断点，多余的中心线即可被删除，结果如图 5-15c 所示。

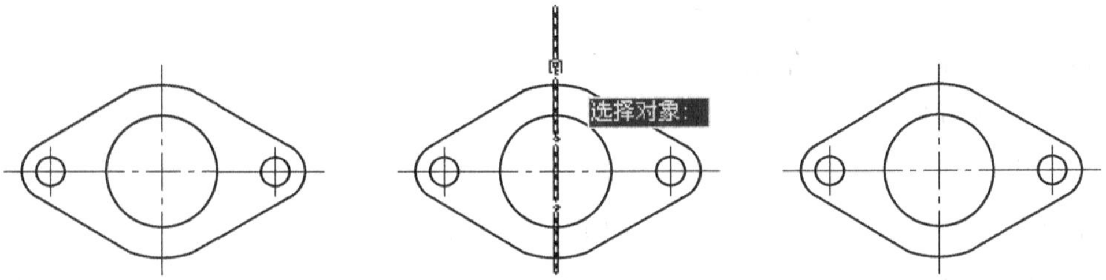

a)　　b)　　c)

图 5-15　打断过长的线

a）原图　b）选择要打断的对象　c）结果

5.6.2　打断于点

在“修改”工具栏中单击“打断于点”按钮，可以将对象在一点处断开成两个对象，该命令是从“打断”命令中派生出来的。

执行该命令时，只需要选择被打断的对象，然后指定打断点，即可从该点打断对象。

5.6.3　分解

分解命令用于将一个对象分解为多个单一的对象，主要应用于对整体图形、图块、文字、尺寸标注等对象的分解。

1. 执行途径

1）工具栏：“修改”/“分解”按钮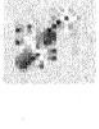

2）下拉菜单：“修改”/“分解”

3）命令：EXPLODE

2. 操作说明

执行命令后，系统要求选择要分解的对象，选中对象后回车，即可完成操作。

5.7　倒角和倒圆角

倒角命令和倒圆角命令是用选定的方式，通过事先确定了的圆弧或直线段来连接两条直线、圆、圆弧、椭圆弧、多段线、构造线以及样条曲线等。

5.7.1　倒角

倒角是通过延伸（或修剪），使两个非平行的直线类对象相交或利用斜线连接，可以对由直线、多段线、参照线和射线等构成的图形对象进行倒角。

1. 执行途径

1）工具栏：“修改”/“倒角”按钮

2）下拉菜单：“修改”/“倒角”

3）命令：CHAMFER

2. 操作说明

1）单击“修改”工具栏中的“倒角”按钮，此时系统提示为：

选择第一条直线或［多段线（P）/距离（D）/角度（A）/修剪（T）/方法（M）］：

2）输入D（距离）。

3）指定第一个倒角距离（默认为10），例如20。

4）指定第二个倒角距离（默认为30），例如30。

5）回车重新进入“修剪”命令状态。

6）选择第一条倒角直线，如图5-16b所示。

7）选择第二条倒角直线，如图5-16c所示。图5-16d显示了倒角结果。

3. 特别提示

1）若设置的倒角距离太大或倒角角度无效，系统会给出错误提示信息。

2）当两个倒角距离均为零时，“Chamfer”命令会使选定的两条直线相交，但不产生倒角。

3）执行“倒角”命令后，该命令提示中其他选项的功能如下：

①“多段线（P）”选项：可以以当前设置的倒角大小对多段线的各顶点（交角）修倒角。

②“距离（D）”选项：设置倒角距离尺寸。

③“角度（A）”选项：可以根据第一个倒角距离和角度来设置倒角尺寸、倒角的距离与角度。

④“修剪（T）”选项：设置倒角后是否保留原拐角边，此时命令行显示“输入修剪模式选项［修剪（T）/不修剪（N）］<修剪>：”提示，其中，选择“修剪（T）”选项，表示倒角后对倒角边进行修剪，选择“不修剪（N）”选项，表示不进行修剪。

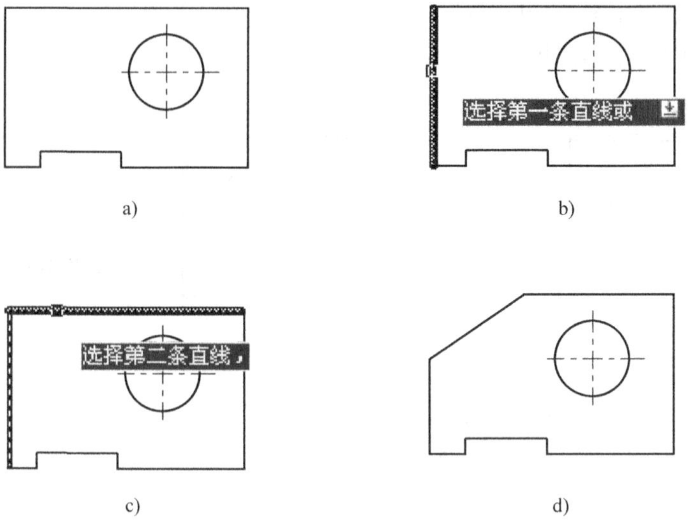

图 5-16　倒角

a）原图　b）选择第一条倒角直线　c）选择第二条直线　d）结果

⑤“方式（M）”选项：设置倒角的方法，此时命令行显示“输入修剪方法［距离（D）/角度（A）］<距离>:”提示，其中，选择“距离（D）”选项，将以两条边的倒角距离来修倒角，选择“角度（A）”选项，将以一条边的距离以及相应的角度来修倒角。

⑥“多个（U）”选项：可以为多个对象绘制倒角。

5.7.2　倒圆角

倒圆角是通过一个指定半径的圆弧光滑连接两个对象。可以进行倒圆角的对象有直线、多段线的直线段、样条曲线、构造线、射线、圆、圆弧和椭圆。直线、构造线和射线在相互平行时也可倒圆角，圆角半径由 AutoCAD 自动计算。

1. 执行途径

执行倒圆角的途径有三种：

1）工具栏：“修改”/“圆角”按钮

2）下拉菜单：“修改”/“圆角”

3）命令：FILLET

2. 操作说明

下面以图 5-17 为例，说明倒圆角的操作步骤。

1）单击“修改”工具栏中的“圆角”按钮，此时系统提示为：

选择第一个对象或［多段线（P）/半径（R）/修剪（T）］：

2）输入 R（半径），回车，输入圆角半径 40。

3）回车，重新进入“Fillet”命令状态。

4）选择第一个对象，如图 5-17a 所示。

5）选择第二个对象，如图 5-17b 所示。

6）图 5-17c 显示了倒圆角结果。

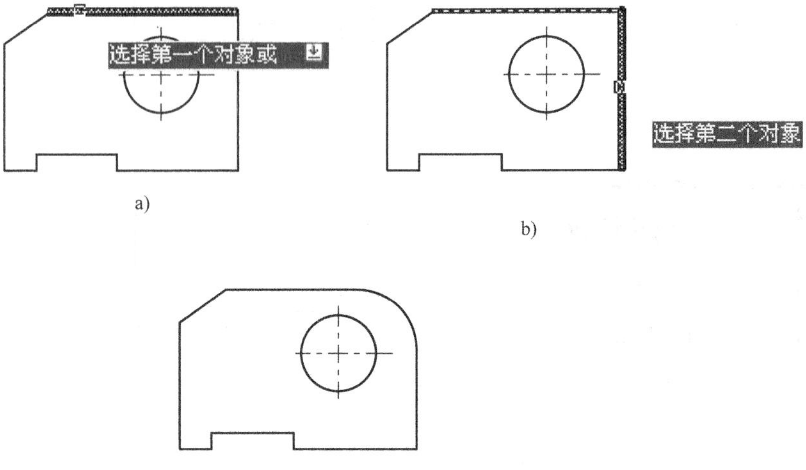

图 5-17 倒圆角

a）选择第一条直线 b）选择第二条直线 c）结果

5.8 编辑对象特性

对象特性包含一般特性和几何特性。对象的一般特性包括：对象的颜色、线型、图层及线宽等；几何特性包括“对象的尺寸和位置。用户可以直接在“特性”窗口中设置和修改对象的这些特性。

5.8.1 特性修改

使用“特性”窗口修改对象的特性时，“特性”窗口中显示了当前选择集中对象的所有特性和特性值，当选中多个对象时，将显示它们的共有特性。用户可以修改单个对象的特性、由快速选择构造的选择集中对象共有的特性，以及多个选择集中对象的共同特性。

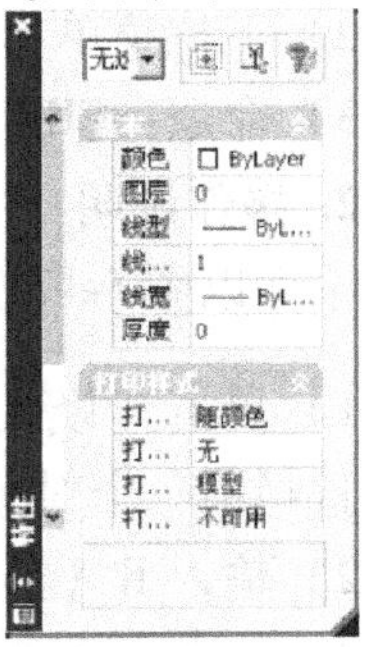

图 5-18 “特性”窗口

1. 执行途径

1）工具栏：“标准”/“特性”按钮。

2）下拉菜单：“工具”/“特性”，或者下拉菜单：“修改”/“特性”。

3）命令：PROPERTIES

2. 操作说明

执行“特性”命令，系统可以打开“特性”窗口，如图 5-18

所示。使用它可以浏览、修改对象的特性，也可以通过浏览、修改满足应用程序接口标准的第三方应用程序对象。

5.8.2 特性匹配

用于将选定特性从一个对象复制给另一个对象或其他更多的对象。

1. 执行途径

1）工具栏：“标准”/“特性”按钮

2）下拉菜单：“修改”/“特性匹配”

3）命令：MATCHPROP

2. 操作说明

执行命令后，命令行提示：

选择源对象：（选择一个特性要被复制的对象）

选择目标对象或［设置（S）］：（拾取目标对象，把源对象的指定特性复制给目标对象）；

选择目标对象或［设置（S）］：选择完毕，回车。

5.9 上机指导（绘制剖视图）

例题：绘制如图5-19所示的剖视图。

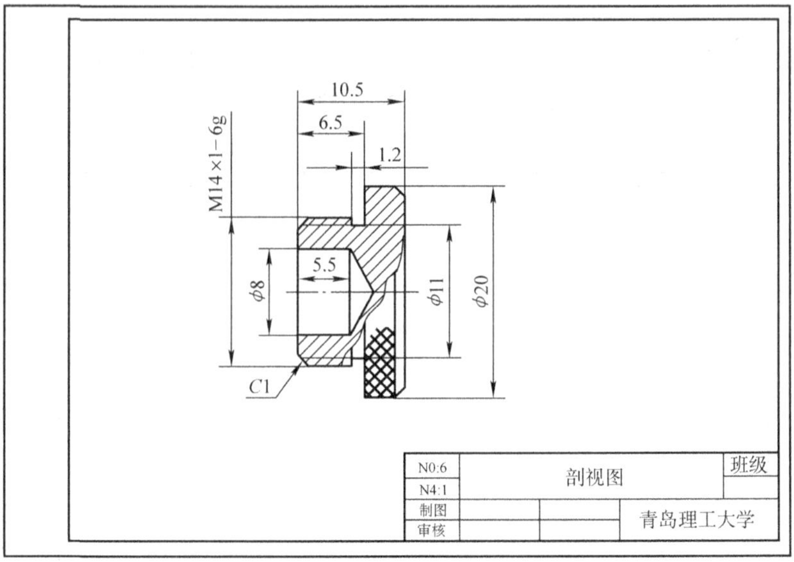

图5-19 剖视图

绘制步骤：

1）设置4种图层，粗实线、细实线、点画线、虚线图层，如图5-20所示。

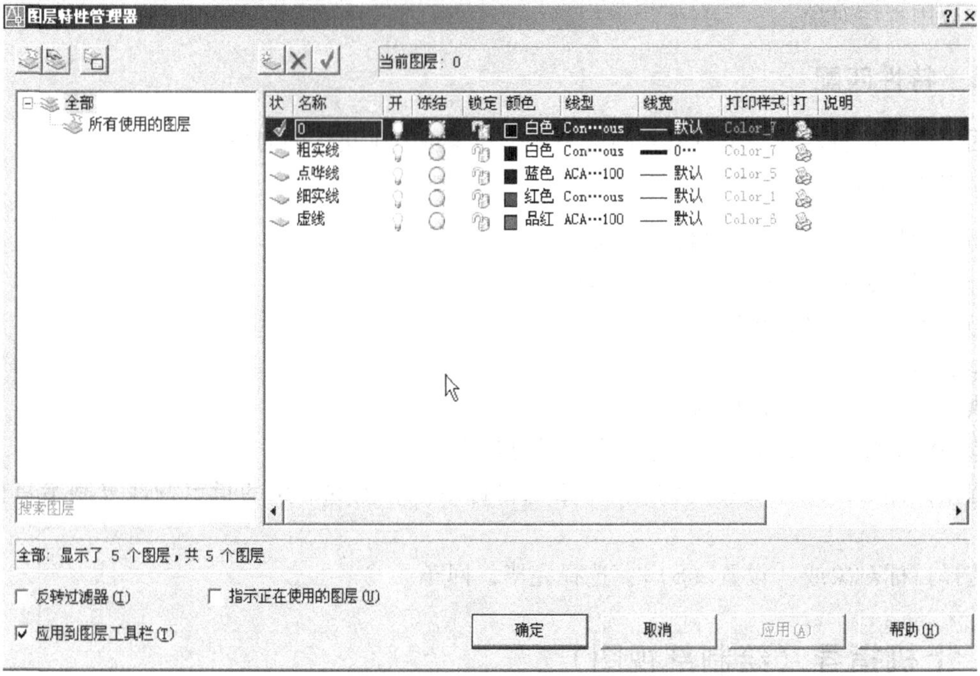

图 5-20　图层

2）设置文字样式，有 5 号字、7 号字和 10 号字三种，设置步骤见第 6 章 6. 1。

3）绘制 4 号图图框，并填写标题栏，如图 5-21 所示。

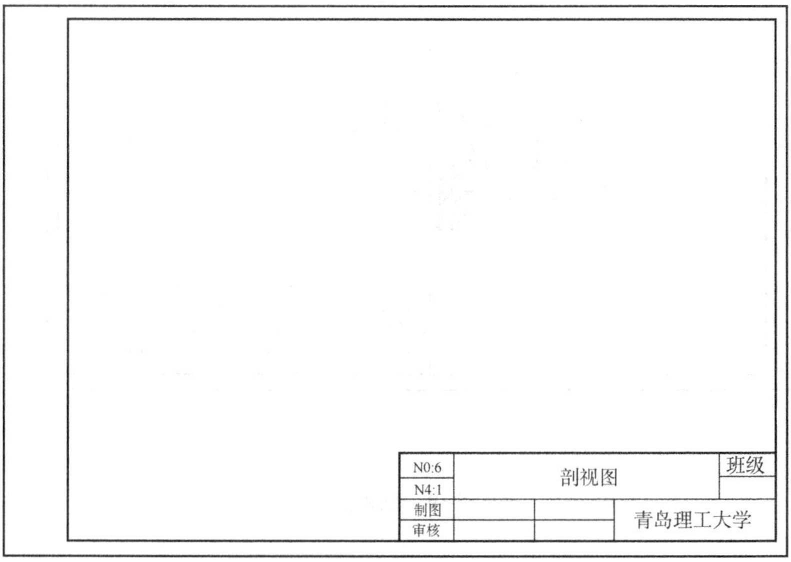

图 5-21　4 号图图框

4）单击“绘图”工具栏的“直线”命令，绘制视图的中心线，如图 5-22 所示。

图 5-22　绘制中心线

5）单击“修改”工具栏的“偏移”命令，绘制视图的框架，如图 5-23 所示。

6）单击“修改”工具栏的“修剪”命令，形成视图的轮廓线，如图 5-24 所示。

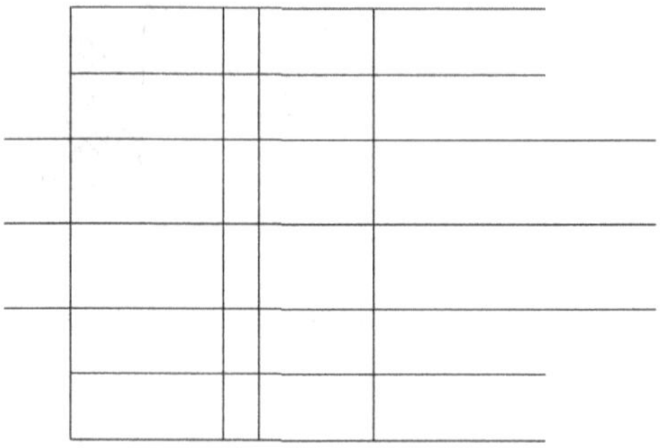

图 5-23　绘制视图的框架

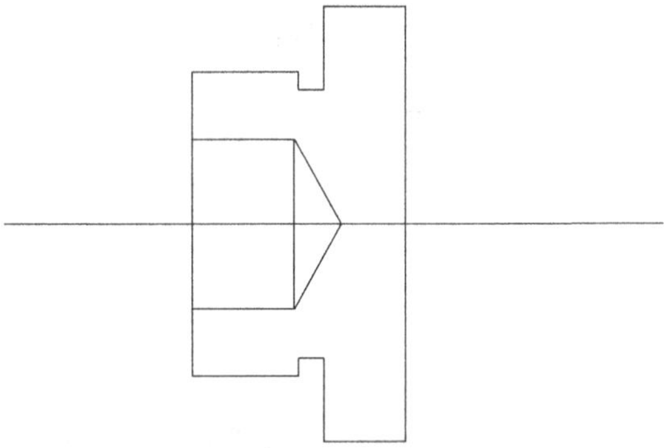

图 5-24　视图的轮廓线

7）单击“修改”工具栏的“倒角”命令，绘制视图的倒角，如图 5-25 所示。

8）单击“绘图”工具栏的“样条曲线”命令，绘制视图的波浪线，如图 5-26 所示。

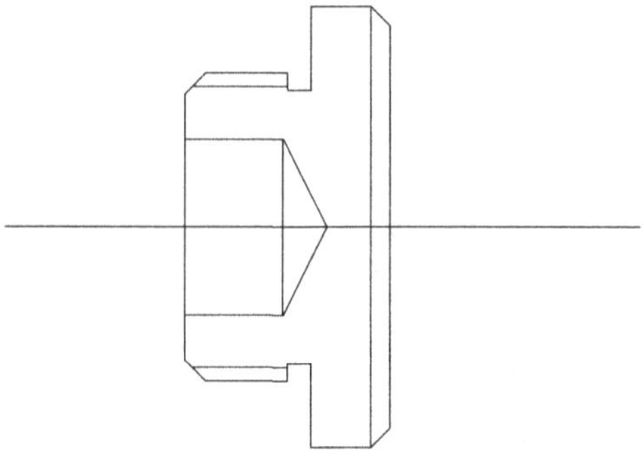

图 5-25　绘制视图的倒角

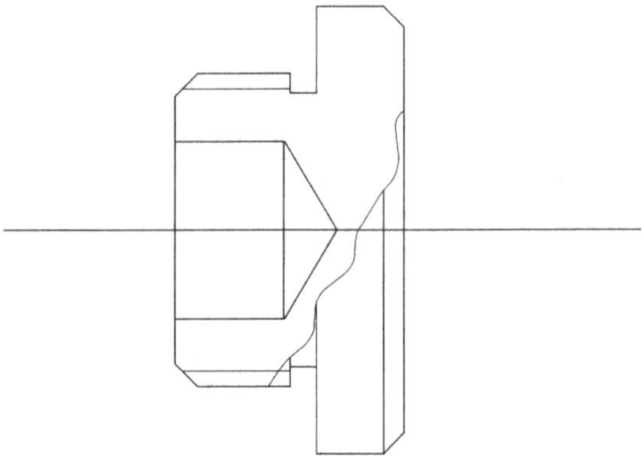

图 5-26　绘制视图的波浪线

9）单击“绘图”工具栏的“填充”命令，绘制视图的剖面线，如图 5-27 所示。

10）单击“标准”工具栏的“特性修改”命令，修改视图的线型，如图 5-28 所示。

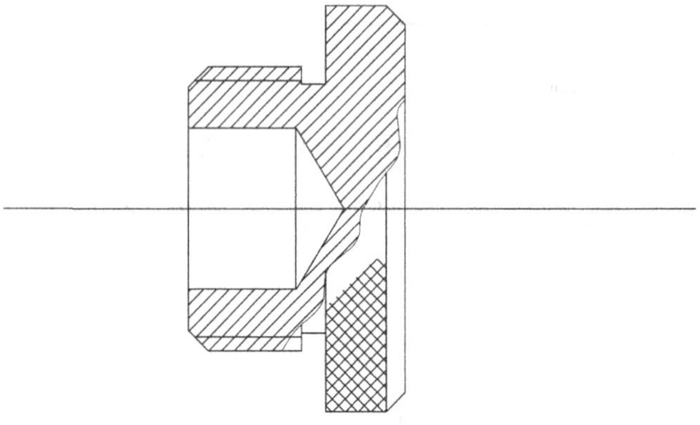

图 5-27　绘制视图的剖面线

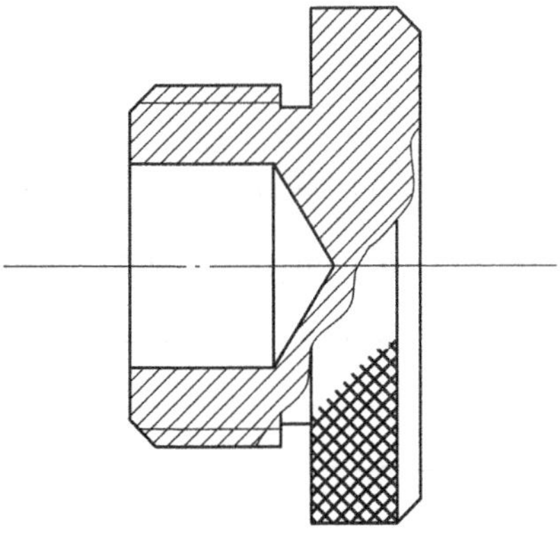

图 5-28　修改视图的线型

11）单击“绘图”工具栏的“比例缩放”按钮，放大比例 4∶1，完成全图，如图 5-19 所示。

5.10　操作练习

绘制如图 5-29 ~ 图 5-39 所示平面图形。

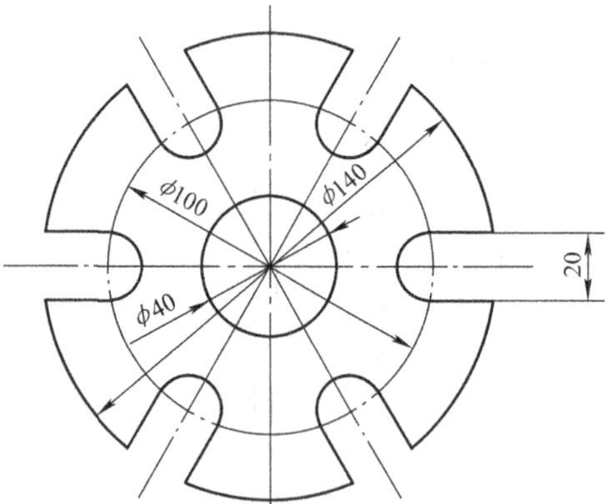

图 5-29　图形 1

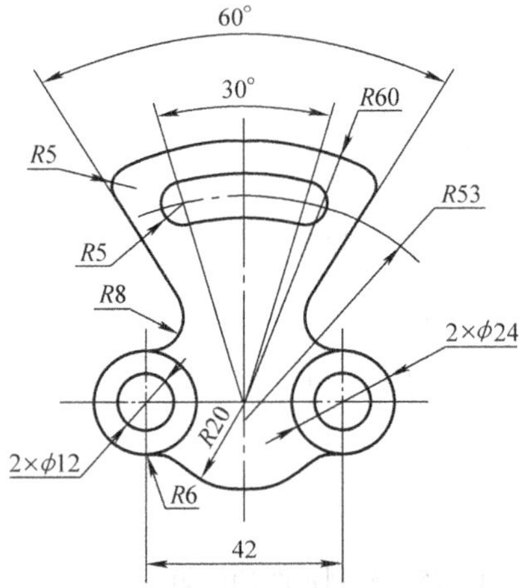

图 5-30　图形 2

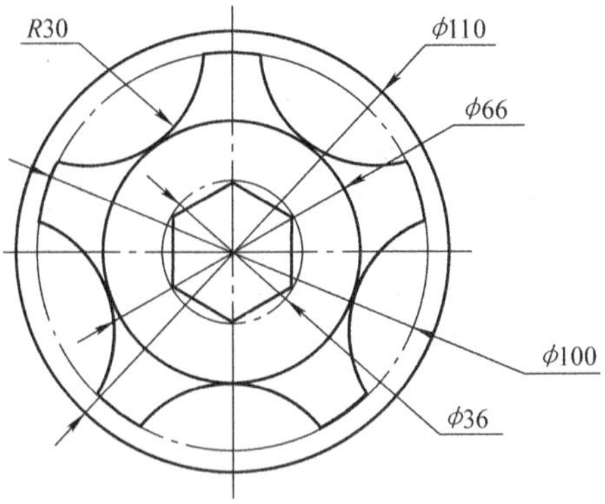

图 5-31　图形 3

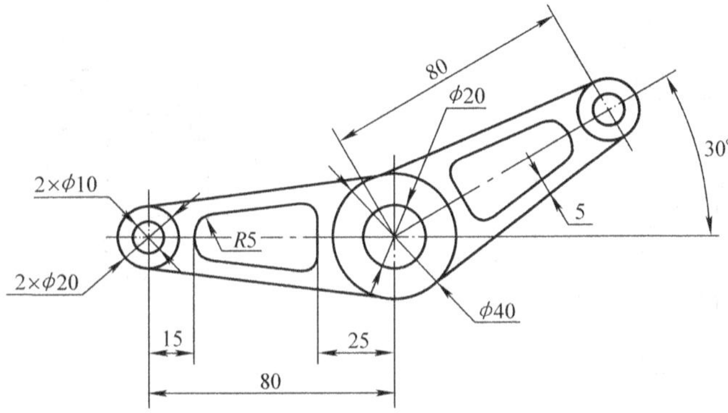

图 5-32　图形 4

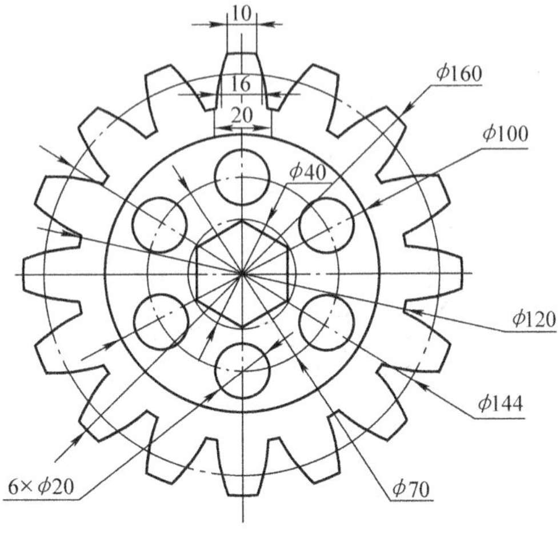

图 5-33　图形 5

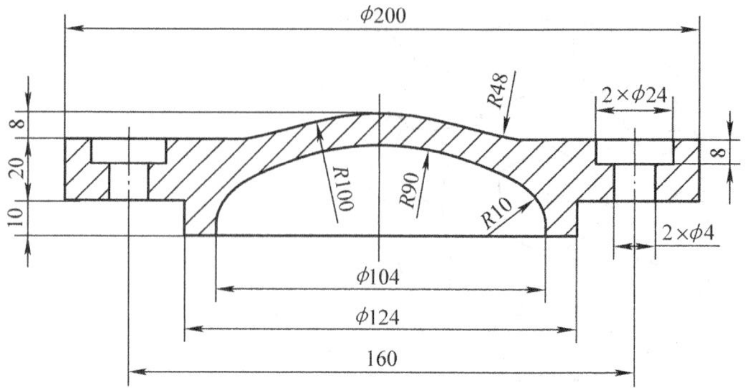

图 5-34　图形 6

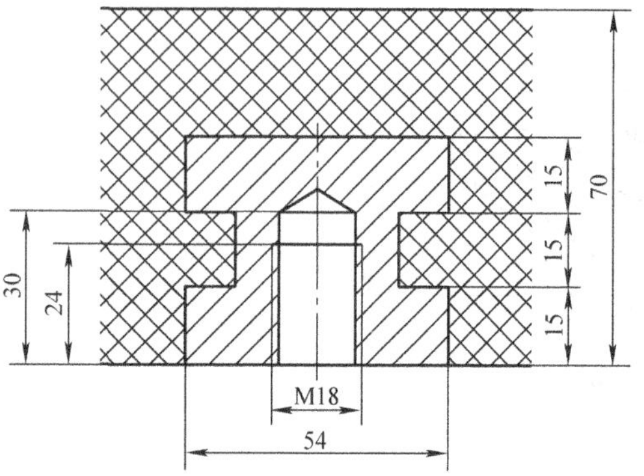

图 5-35　图形 7

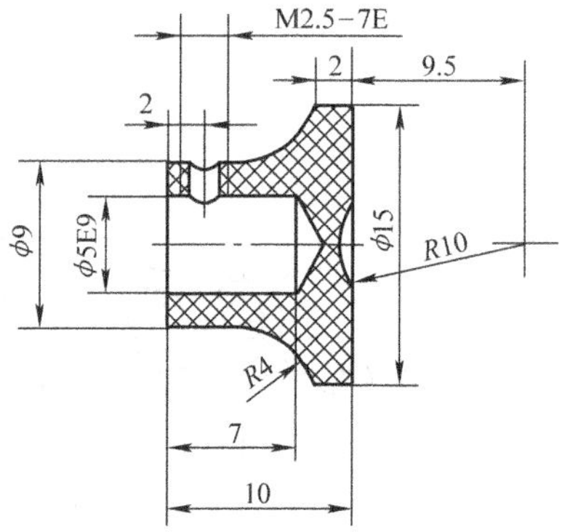

图 5-36　图形 8

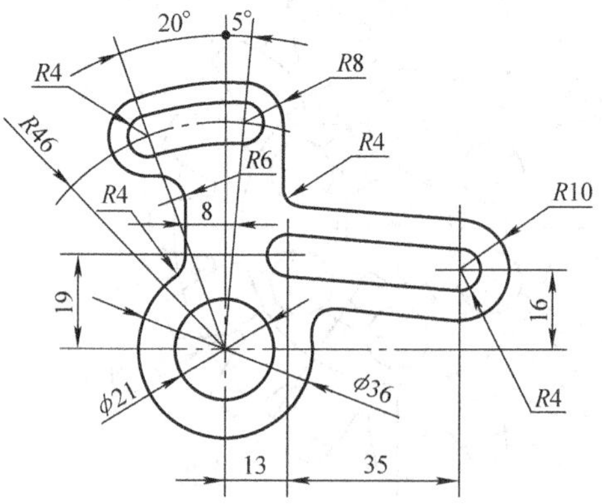

图 5-37　图形 9

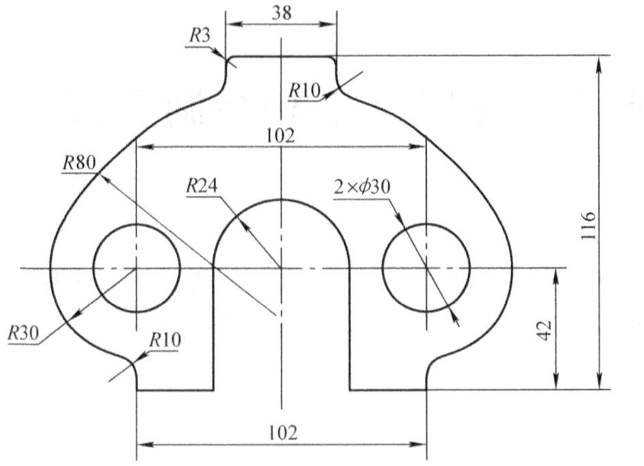

图 5-38　图形 10

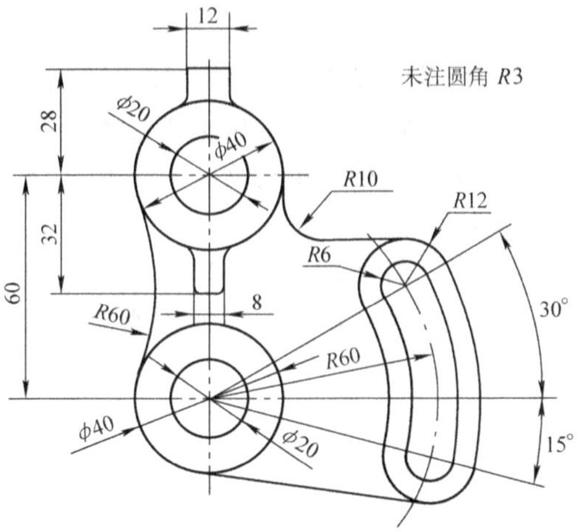

图 5-39　图形 11

第 6 章　注写文字和绘制表格

【教学目标】

通过对本章的学习，读者应学会根据实际绘图需要设置合适的文字样式和表格样式，并将所设置的文字样式和表格样式加到工程图中，而且能进行编辑和修改。

【教学重点与难点】

- 设置文字样式
- 应用文字样式
- 编辑文字
- 设置表格样式
- 应用表格样式

工程图中不仅有图形，还包含有文字和表格，例如：技术要求、标题栏和明细表等。AutoCAD 2008 提供了非常强大的注写及编辑文字功能和绘制表格功能。

AutoCAD 2008 提供的汉字注写方法有两种：单行文字和多行文字。当注写较少的文字时使用单行文字；当注写较多的文字时使用多行文字。

AutoCAD 2008 默认的文字样式的样式名是 STANDARD，字体文件是 txt. shx。

当注写文字时，CAD 显示当前样式的默认设置。可使用或修改默认样式，也可以创建新样式。

6.1　创建新文字样式

在注写文字之前，应先定义几种常用的文字样式，需要时从这些字体样式中进行选择即可。图形中的文字都有与它关联的样式，输入文字时，系统使用的是当前样式设置的字体、字号、角度、方向和其他特性。

1. 执行途径

1）工具栏："样式"/"文字样式" 按钮

2）下拉菜单："格式"/"文字样式"

3）命令：STYLE

2. 操作说明

在创建新文字样式时，使用 "文字样式" 对话框来设置和预览文字样式，新文字继承当前文字样式的高度、宽度比例、倾斜角、反向、倒置和垂直对齐等特性。

操作步骤如下：

1）执行 "格式"/"文字样式" 命令后，弹出 "文字样式" 对话框，如图 6-1 所示。

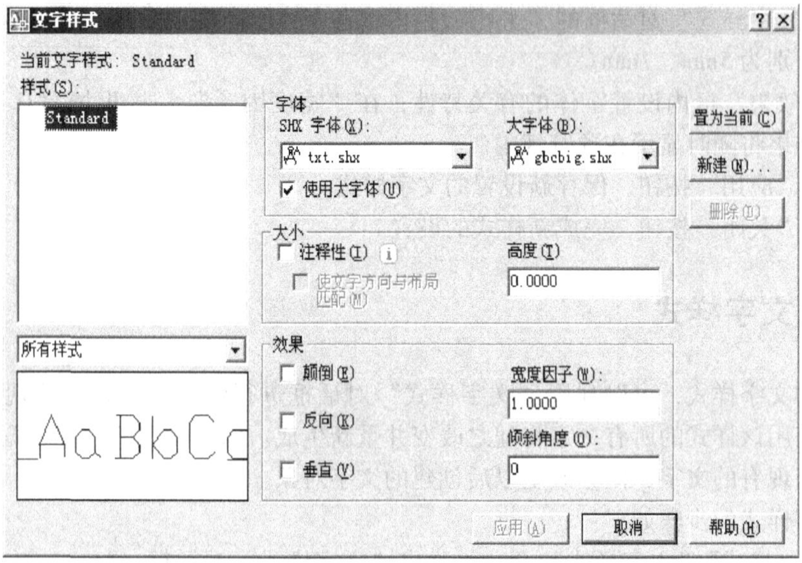

图 6-1 “文字样式”对话框

2）在“文字样式”对话框中单击“新建”按钮，弹出“新建文字样式”对话框。如图 6-2 所示。

3）在“新建文字样式”对话框中输入新文字样式名，单击“确定”按钮。

4）在“文字样式”对话框的“字体”栏内，取消“使用大字体”，单击“字体名”下拉列表框，选中“宋体”，如图 6-3 所示。

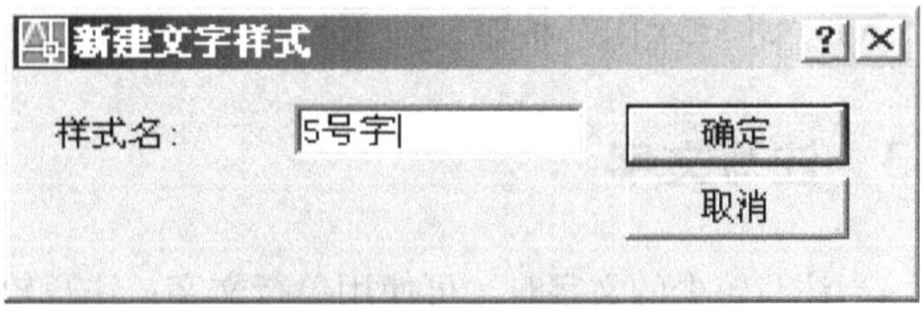

图 6-2 “新建文字样式”对话框

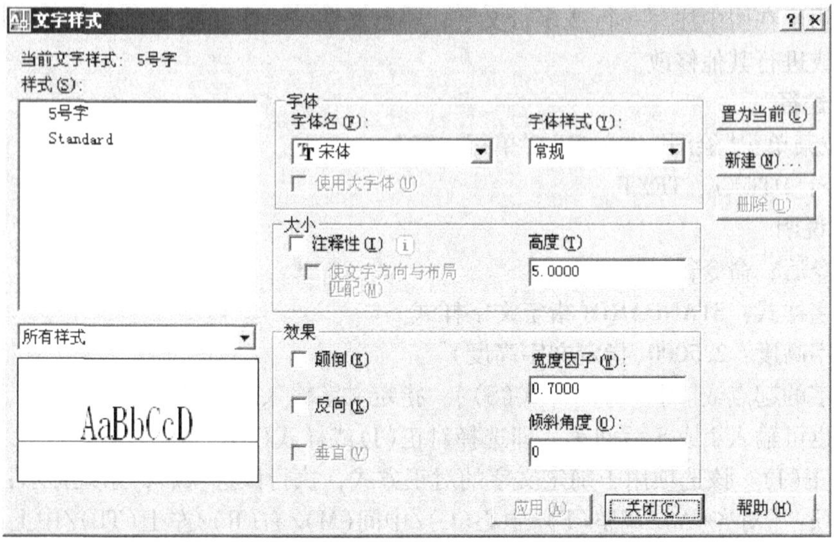

图 6-3 “文字样式”对话框

5）在“文字样式”对话框的“大小”栏内设置字体的高度。常用字体是5号字、7号字，其高度分别为5mm、7mm。

6）在“效果”区内设置字体的有关特性；在“宽度因子”一栏里填写0.7，如图6-3所示，设置结果将随时显示在预览区内。

7）单击“应用”按钮，保存新设置的文字样式。

8）单击“关闭”按钮，完成新样式的设置。

6.2 修改文字样式

设置过的文字样式，可以利用“文字样式”对话框进行修改。如果修改现有样式的字体或方向，使用该样式的所有文字将随之改变并重新生成。修改文字的高度、宽度比例和倾斜角不会改变现有的文字，但会改变以后创建的文字对象。

修改文字样式的步骤如下：

1）执行“格式”/“文字样式”命令，弹出“文字样式”对话框。

2）在“样式”栏内的列表框中选择一个要修改的文字样式名。

3）在“字体”、“大小”或“效果”栏内修改任意选项，在预览区内可以直接观察到文字样式的修改结果。

4）单击“应用”按钮，即可保存新的设置，且以当前样式更新图形中的文字。

5）单击“关闭”按钮。

6.3 注写文字

当注写较少的文字时，可使用单行文字；注写较多的文字时，可使用多行文字。

6.3.1 注写单行文字

该命令用于在图中注写一行或多行文字，每行文字是一个单独的对象，可对其进行重新定位、调整或进行其他修改。

1. 执行途径

1）下拉菜单：“绘图”/“文字”/“单行文字”

2）命令：DTEXT、TEXT

2. 操作说明

输入命令后，命令行提示：

当前文字样式：STANDARD（指定文字样式）

当前文字高度：2.5000（指定文字高度）

指定文字的起点或[对正(J)/样式(S)]：指定文字输入的起点

此时，也可输入J或S后回车，即选择对正(J)或样式(S)。

(1) 对正(J)　该选项用于确定文字的对正方式，执行该选项后，系统提示：

输入选项：[对齐(A)/调整(F)/中心(C)/中间(M)/右(R)/左上(TL)/中上(TC)/右上(TR)/左中(ML)/正中(MC)/右中(MR)/左下(BL)/中下(BC)/右下(BR)]：

各选项的含义如下：

1）对齐(A)：用于确定文字基线的起点和终点。AutoCAD 调整文字高度使其位于两点之间，如图 6-4 所示。

图 6-4　单行文字命令中的“对齐”选项

2）调整(F)：用于确定文字基线的起点和终点。AutoCAD 在保证原指定的文字高度情况下，自动调整文字的宽度以适应指定两点之间均匀分布，如图 6-5 所示。

图 6-5　单行文字命令中的“调整”选项

3）中心(C)：用于确定文字基线的中心点位置。

4）中间(M)：用于确定文字的中间点位置。

5）右(R)：用于确定文字基线的右端点位置。

其他选项的内容及含义，请结合图 6-6 理解和使用。

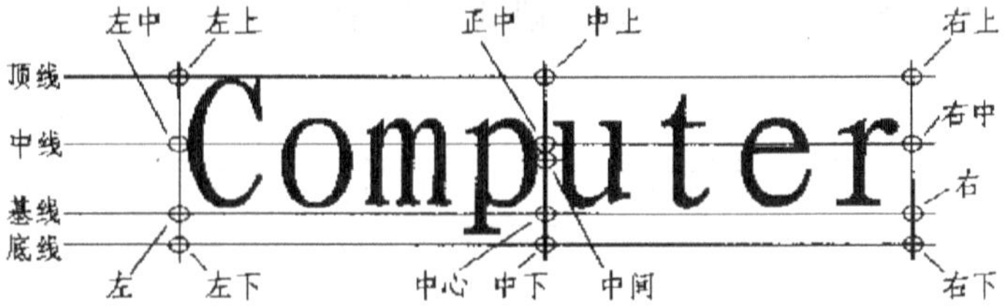

图 6-6　文字的对正方式

(2) 样式(S)　该选项用于设置定义过的文字样式，即在命令行输入当前图形中的一个已经定义的文字样式名，并将其作为当前文字样式。

当命令行要求指定文字的旋转角时，确定旋转角，即可输入文字，按“Esc”键退出命令。

6.3.2　注写多行文字

在工程图中注写文字常用多行文字命令。多行文字由任意数目的单行文字或段落组成，无论文字有多少行，每段文字构成一个图元，可以对其进行移动、旋转、删除、复制、镜像、拉伸或缩放等编辑操作。多行文字有更多编辑项，可用下划线、字体、颜色和文字高度来修改段落。

1. 执行途径

1）工具栏：“绘图”/“多行文字”按钮 

2）下拉菜单：“绘图”/“文字”/“多行文字”

3）命令：MTEXT

2. 操作说明

执行“多行文字”命令后，命令行提示：指定对角点或[高度(H)/对正(J)/行距(L)/

旋转(R)/样式(S)/宽度(W)]，共有6个选项。

各选项的含义：

1）高度(H)：用于确定标注文字框的高度，用户可以在屏幕上拾取一点，该点与第一角点的距离即为文字的高度，或者在命令行中输入高度值。

2）对正(J)：用来确定文字的排列方式。

3）行距(L)：为多行文字对象制定行与行之间的间距。

4）旋转(R)：确定文字倾斜角度。

5）样式(S)：确定文字字体样式。

6）宽度(W)：用来确定标注文字框的宽度。

设置好以上选项后，系统都要提示“指定对角点”，此选项用来确定标注文字框的另一个对角点，AutoCAD将在这两个对角点形成的矩形区域中进行文字标注，矩形区域的宽度就是所标注文字的宽度。

3. “多行文字编辑器”简介

当指定了对角点之后，弹出如图6-7所示的多行文字编辑器，编辑框的大小由对角点的距离决定，用户可以在编辑框中输入需要插入的文字。在多行文字编辑框中，可以选择文字，修改大小、字体、颜色等格式，完成一般的文字编辑。

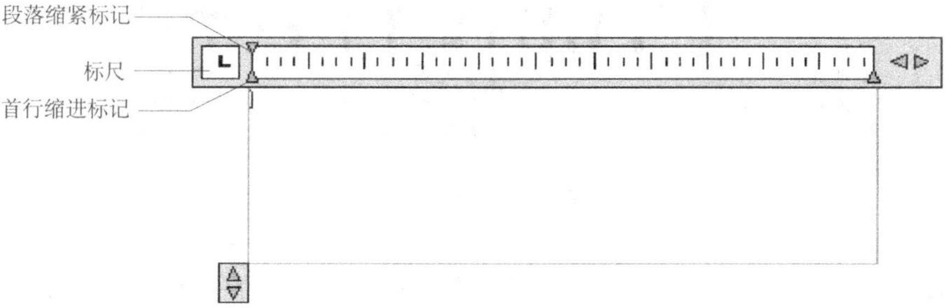

图6-7　多行文字编辑器

多行文字编辑器中包含了制表位和缩进，可以轻松地创建段落，并可以相对于文字元素边框进行文字缩进，制表位、缩进的运用和MicrosonWord中的使用相似。

4. “文字格式”对话框简介

在文字编辑框的上方还有一个“文字格式”工具栏，如图6-8所示，工具栏中的各项用来控制文字字符格式，其选项从左到右依次为“字体名”、“字体”、“字高”、“粗体”、“斜体”、“下划线”、“上划线”、“撤消”、“分式”、“颜色”及“标尺”。各选项的操作如下：

图6-8　“文字格式”对话框

1）“字体名”：当前文字样式的名字。

2）“字体”：这是一个下拉列表框，可以从中选择一种文字字体作为当前文字的字体（当前文字即是选择的文字或选项后要输入的文字）。

3）“字高”：这是一个文字编辑框，也是一个下拉列表框，为当前文字的高度，可以在此输入或选择一个高度值作为当前文字的高度。

4）“粗体”；选择该按钮将使当前文字变成粗体字。

5）“斜体”：选择该按钮将使当前文字变成斜体字。

6）“下划线”：选择该按钮将使当前文字加上一条下划线。

7）“上划线”：选择该按钮将使当前文字加上一条上划线。

8）“撤消/重做”：选择该按钮，将撤消和恢复最近一次编辑操作。

9）“堆叠/非堆叠”：选择该按钮，可将含有“/”符号的字符串文字以该符号为界，变成分式形式表示；可将含有“^”符号的字符串文字以该符号为界，变成上下两部分，其间没有横线。堆叠的方法是先选中要堆叠的文字，后单击“堆叠”按钮。如果选中已堆叠的文字后单击此按钮，则文本恢复到非堆叠的形式。

10）“颜色”：这是一个下拉列表框，用来设置当前文字的颜色。

11）“标尺”：选择该按钮将使显示或隐藏标尺。

用户设置完成后，单击“确定”按钮，多行文字即可创建完毕。

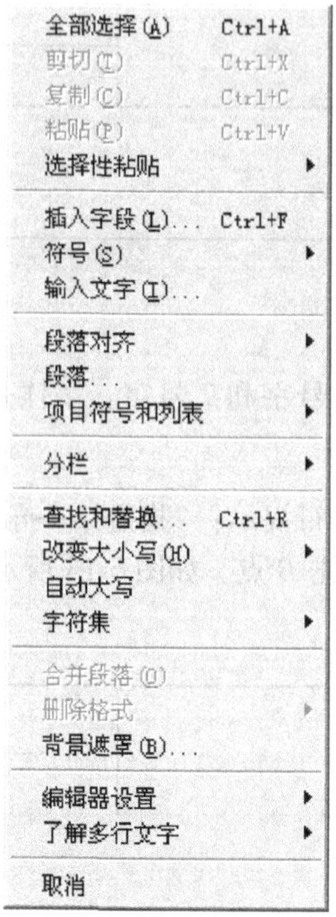

图 6-9　快捷菜单

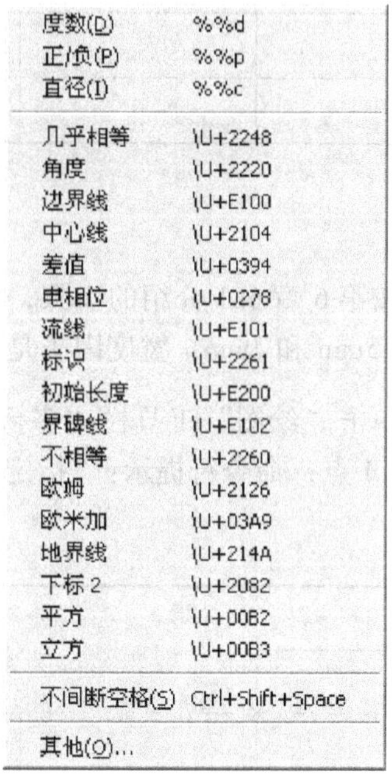

图 6-10　“符号”级联菜单

在编辑框中右击鼠标，弹出如图 6-9 所示的快捷菜单，在该菜单中选择相应的命令也可对文字各参数进行相应的设置。选择“符号”命令后，弹出如图 6-10 所示“符号”级联菜单，用户可以选择各种特殊符号的输入方法，如果没有合适的特殊符号，用户还可以在级联菜单中选择“其他”命令，弹出如图 6-11 所示的“字符映射表”对话框，在该对话框中，用户可以选择合适的特殊符号。

图 6-11 “字符映射表”对话框

5. 应用示例

下面以具体示例介绍如何在标题栏注写文字。

操作步骤如下：

1）用前面介绍过的“矩形”、“偏移”、“剪切”命令画出标题栏，如图 6-12 所示。

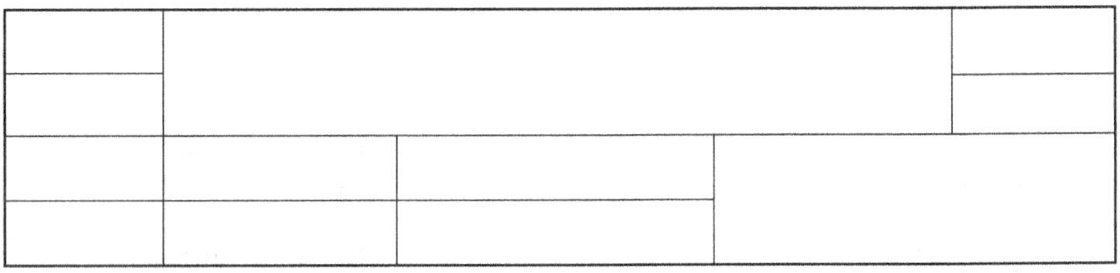

图 6-12 绘制标题栏

2）按第 6 章 6.1 介绍的步骤，创建两种文字样式，5 号字和 7 号字。字体是宋体，字高分别是 5mm 和 7mm，宽度因子是 0.7。

3）单击“绘图”工具栏“多行文字”按钮 A，命令行提示：“指定第一角点”，鼠标左健单击 *A* 点；命令行提示：“指定对角点”，鼠标左健单击 *B* 点，如图 6-13 所示。

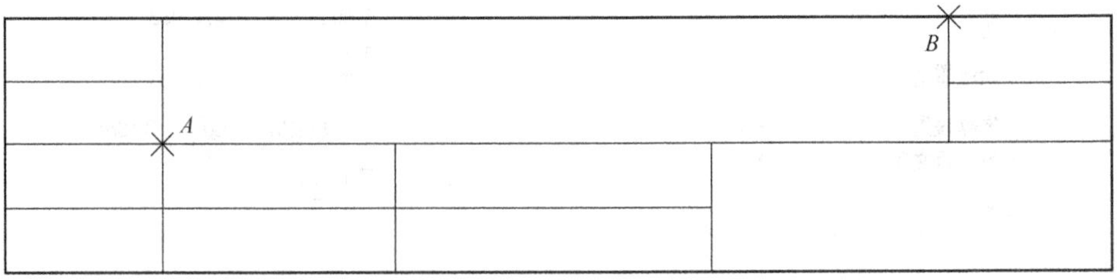

图 6-13 确定 *A*、*B* 两点

4）在弹出的“文字格式”对话框里，选择7号字；水平对齐选择“居中”；垂直对齐选择“正中”；输入汉字“平面图形”，单击确定，如图6-14所示。

图6-14　填写平面图形

5）同样方法注写“青岛理工大学”，如图6-15所示。

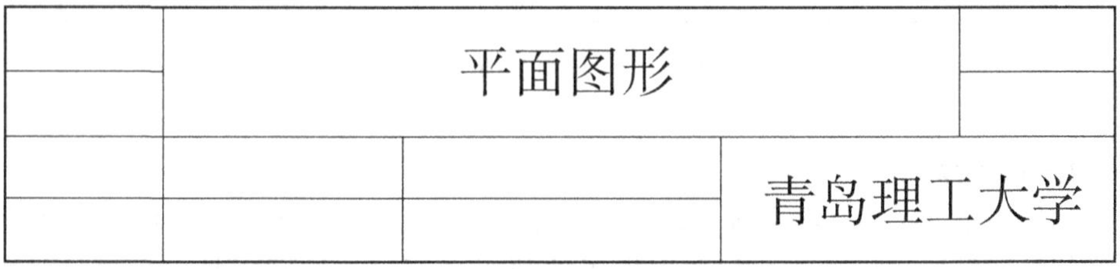

图6-15　填写青岛理工大学

6）单击“绘图”工具栏“多行文字”按钮，命令行提示：选择第一角点，鼠标左健单击*C*点；命令行提示：选择第二角点，鼠标左健单击*D*点，如图6-16所示。

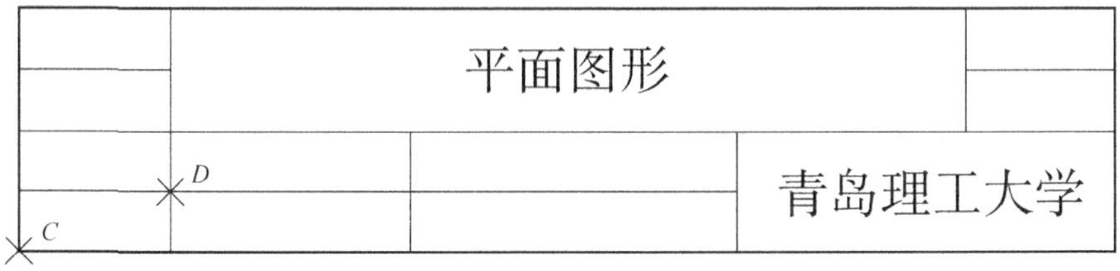

图6-16　确定*C*、*D*两点

7）在弹出的“文字格式”对话框里，选择5号字；水平对齐选“居中”，垂直对齐选择“正中”；输入汉字“审核”，单击“确定”按钮，如图6-17所示。

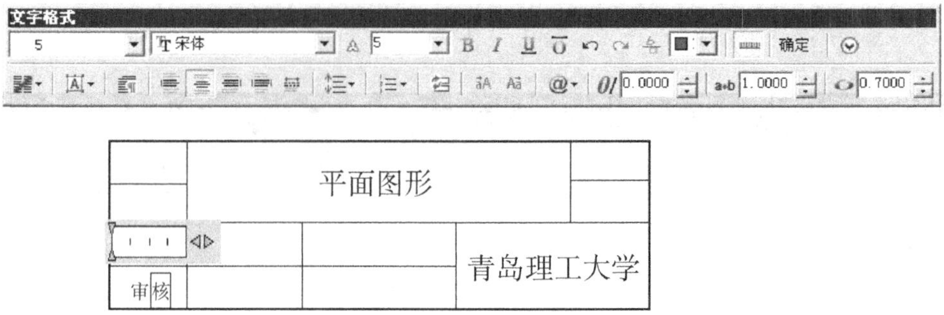

图 6-17　填写审核

8）同样方法注写其他的文字，如图 6-18 所示。

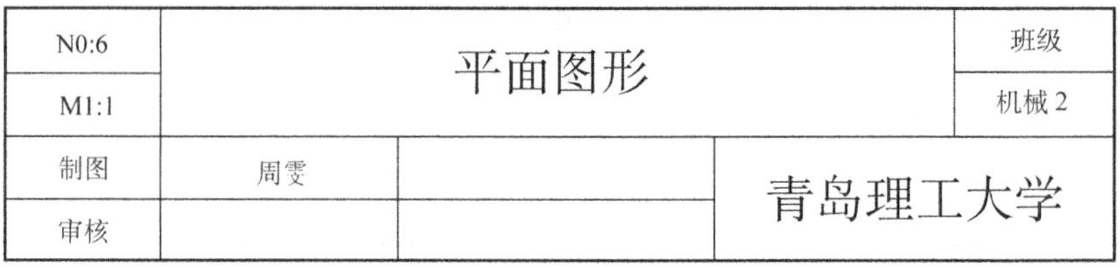

图 6-18　填写其他汉字

6. 控制码及特殊字符

在实际绘图时，有时需要绘制一些特殊字符以满足工程制图的需要。由于这些特殊字符不能直接从键盘输入，为此 AutoCAD 提供了控制码来实现。控制码是两个百分号“%%”，下面是常用的控制码：

1)%%O：打开或关闭文字上划线。

2)%%U：打开或关闭文字下划线。

3)%%D：标注“度”符号(°)。

4)%%P：标注“正负公差”符号(±)。

5)%%%：标注百分号(%)。

6)%%C：标注直径符号(ϕ)。

例如：在注写文字时输入以下内容：60%%D%%C58%%P0.003

显示的结果是：60°ϕ58 ±0.003

6.4　编辑文字

一般来讲，文字编辑应涉及两个方面，即修改文字内容和文字特性。

6.4.1　修改文字内容和文字特性

用“修改特性”命令修改编辑文字，该命令可修改各绘图实体的特性，也用于修改文字特性。它可修改文字的颜色、图层、线型、内容、高度、旋转角、对正模式、文字样式等。

1. 执行途径

1）工具栏："标准"/"对象特性" 按钮

2）下拉菜单："修改"/"特性"

3）命令：PROPERTIES

2. 操作说明

1）输入命令后，AutoCAD 弹出"实体特性管理器"对话框，如图 6-19 所示，在该对话框，选择要修改的文字。若选择一个实体，"实体特性管理器"对话框中将列出该实体的详细特性以供修改；若选择多个实体，"实体特性管理器"对话框中将列出这些实体的共有特性以供修改。修改的具体方法是：若修改所选文字的字高、旋转角、宽度因子和倾斜角等数值类的特性，应单击该行，激活该行文字区，删去原值，输入一新值即可修正。

2）修改所选文字的颜色、图层、线型、样式、对齐方式等特性，应单击该行，选中后会立即显示下拉列表框按钮，单击该按钮打开"图层"下拉列表框，从中选取所需图层选项即可修正。

3）修正完一处后，应按一次"Esc"键退出对该实体的修正，再选择另一实体同上进行修正，直至全部修正完毕。

4）全部修正完毕后，单击"实体特性管理器"对话框右上角的关闭按钮，关闭对话框。

图 6-19 "实体特性管理器"对话框

6.4.2 控制文本的显示方式

为了节省绘图操作时间，AutoCAD 提供了控制文本显示方式的功能。操作如下：

输入 QTEXT 命令，系统提示：

开(ON)/关(OFF)：

选项"关(OFF)"为默认，执行该选项，文本正常显示。若执行选项"开(ON)"，再执行"视图"/"重生成"命令后，图形中的所有文本和属性(详见第 6 章)均以矩形框代替，文本的这种方式称为叫"快速文字"模式。矩形框的大小反映文本行的长度、字高及其位置，当需要对文本和属性进行编辑，或需要将图形输出时，需重复执行"QTEXT"命令，使其处于"关(OFF)"状态，再执行"视图"/"重生成"命令。

6.5 绘制表格

在中文版 AutoCAD 2008 中，用户可以使用新增的创建表命令自动生成数据表格，从而取代了以前利用绘制线段和文本来创建表格的方法。

6.5.1 创建表格样式

用户不仅可以直接使用软件默认的格式制作表格，还可以根据自己的需要自定义表格。

1. 执行途径

1）工具栏：“样式”/“表格样式”按钮

2）下拉菜单：“格式”/“表格样式”

2. 操作说明

1）选择“格式”/“表格样式”命令，打开如图 6-20 所示的“表格样式”对话框。

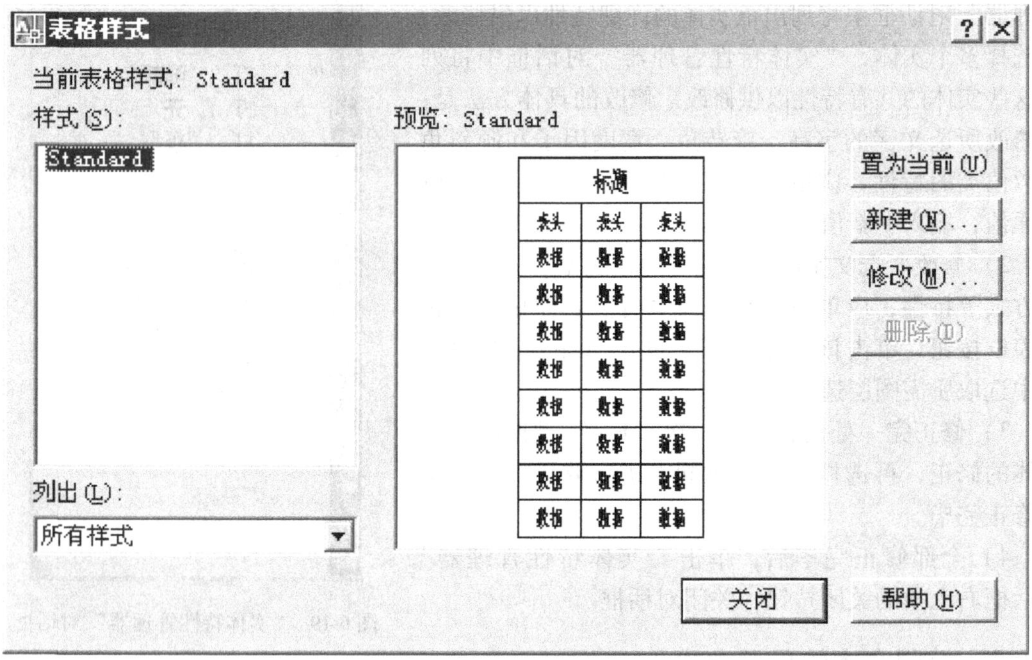

图 6-20 “表格样式”对话框

2）在对话框中单击“新建”按钮，打开如图 6-21 所示的“创建新的表格样式”对话框，在对话框的“新样式名”文本框中输入样式名称。

3）单击“继续”按钮，将打开“新建表格样式”对话框的“数据”选项卡，如图 6-22 所示。

4）分别在“新建表格样式”对话框的“数据”、“列标题”和“标题”选项卡中，使用同样方法对其进行相应的参数设置。

5）表格样式设置完毕后，单击“确定”按钮，返回到“表格样式”

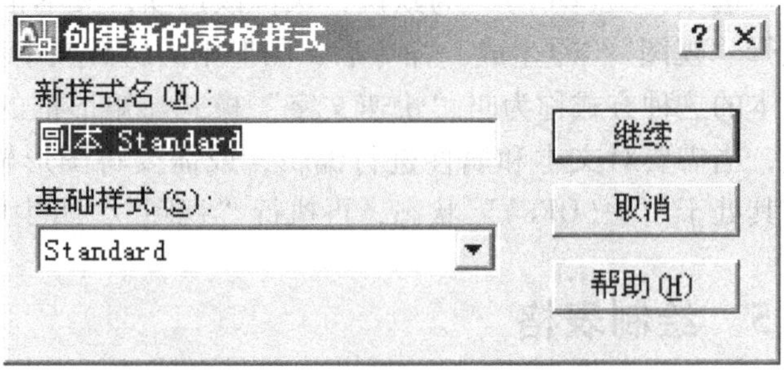

图 6-21 “创建新的表格样式”对话框

对话框(见图6-20)，此时在对话框的“样式”列表框中将显示创建好的表样式。

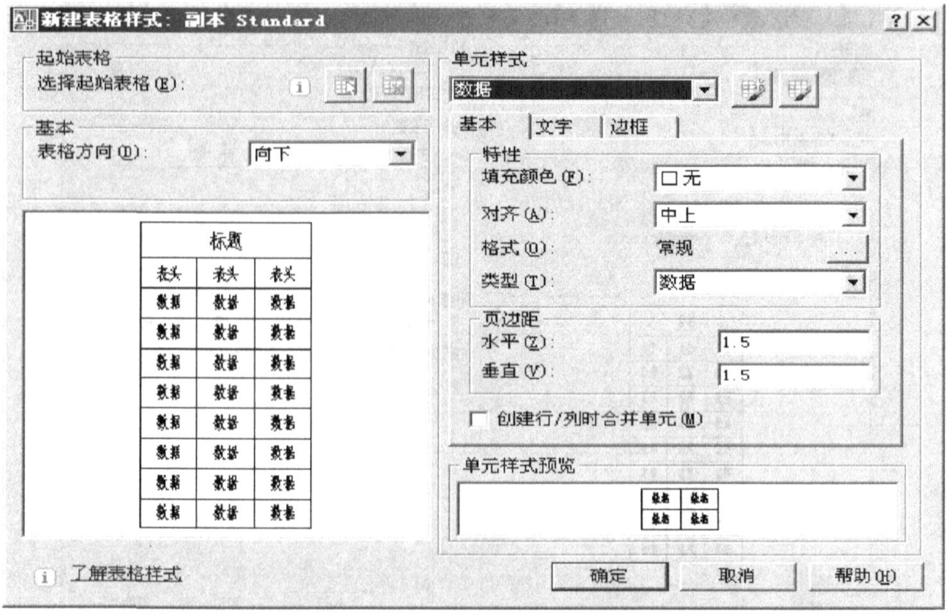

图6-22 “新建表格样式”对话框

6）单击“关闭”按钮，关闭该对话框。

6.5.2 插入表格

使用绘制表功能，用户可绘制表格的大小。表格的样式可以是软件默认的表格样式或自定义的表格样式。

1. 执行途径

1）工具栏：“绘图”/“表格”按钮

2）下拉菜单：“绘图”/“表格”

2. 操作说明

单击“绘图”/“表格”命令，打开“插入表”对话框，如图6-23所示，在对话框中用户可以设置表格的样式、列宽、行高，以及表格的插入方式等。

“插入表”对话框中的各选项功能如下。

1）“表格样式”下拉列表框：用来选择系统提供的，或者用户已经创建好的表格样式单击其后的回陆钮，可以在打开的对话框中对所选表格样式进行修改。

2）“指定插入点”单选按钮：选择该选项，可以在绘图窗口中的某点插入固定大小的表格。

3）“指定窗口”单选按钮：选择该选项，可以在绘图窗口中，通过拖动表格边框来创建任意大小的表格。

4）“列和行设置”选项区域：可以改变“列”、“列宽”、“数据行”和“行高”文本框中的数据。

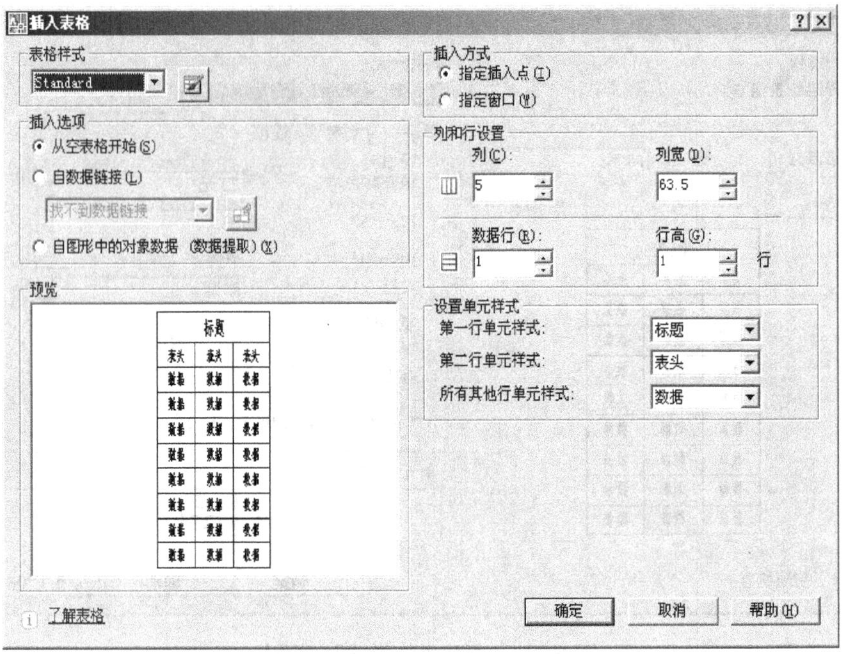

图 6-23 “插入表格”对话框

6.6 上机指导（绘制三视图）

例题：根据图 6-24 所示的组合体立体图，绘制其三视图，不标注尺寸，（提示：利用长对正、高平齐和宽相等的投影规律绘制组合体三视图）。

绘制步骤：

1）设置四个图层，分别在 4 个图层上，指定 4 种线型和 4 种颜色。

①粗实线层：线宽 0.3mm、线型 Continuous。

②中心线层：线宽 0.15mm、线型 ACAD ISO04W100。

③细实线层：线宽 0.15mm、线型 Continuous。

④虚线层：线宽 0.15mm、线型 ACAD ISO02W100。

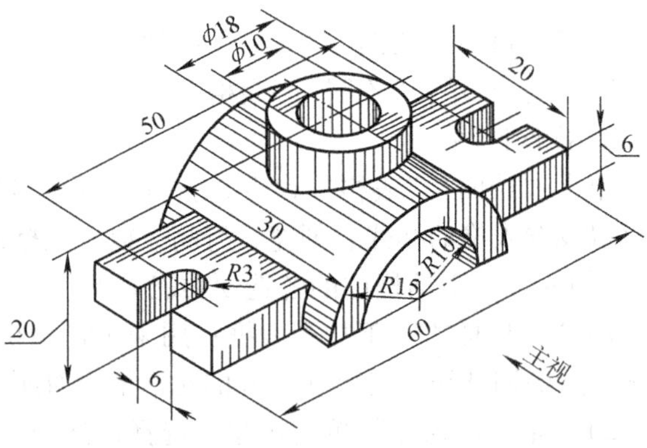

图 6-24 组合体的立体图

2）绘制 A4 横放图框，并填写标题栏。

3）设置中心线层为当前层，单击“绘图”工具栏的“直线”按钮，绘制三个视图的中心线，如图 6-25 所示。

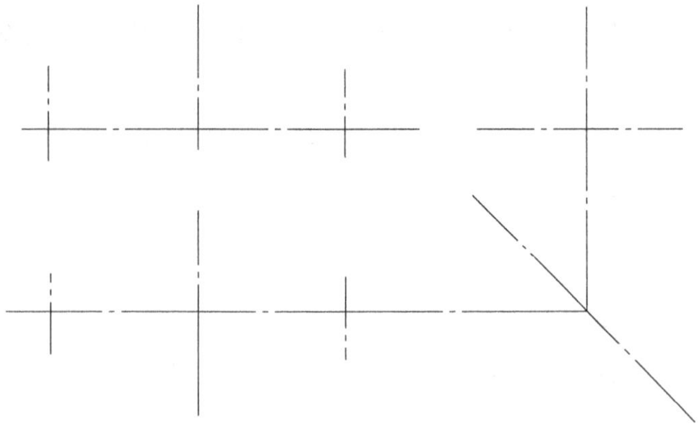

图 6-25 绘制三个视图的中心线

4）设置粗实线层为当前层，单击“绘图”工具栏的“圆”按钮，绘制三个视图的圆弧线，如图 6-26 所示。

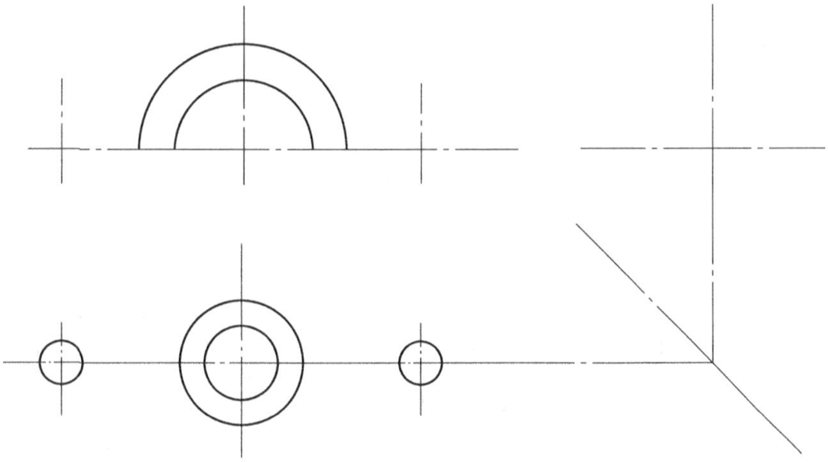

图 6-26 绘制主视图和俯视图的圆弧

5）根据三视图的投影规律，单击“修改”工具栏的“偏移”按钮和“修剪”按钮，绘制三个视图对称图形的一半图形，如图 6-27 所示。

6）单击“绘图”工具栏“镜像”按钮，绘制三视图的对称部分，如图 6-28 所示。

7）单击“绘图”工具栏“圆弧”按钮，利用三点画左视图相贯线，如图 6-29 所示。

8）设置虚线层为当前层，绘制虚线，如图 6-30 所示。

9）单击“修改”工具栏“擦除”命令，擦去辅助作图线，完成全图，如图 6-31 所示。

10）单击“修改”工具栏“比例缩放”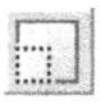按钮，输入比例因子 2，完成全图，如图 6-32。

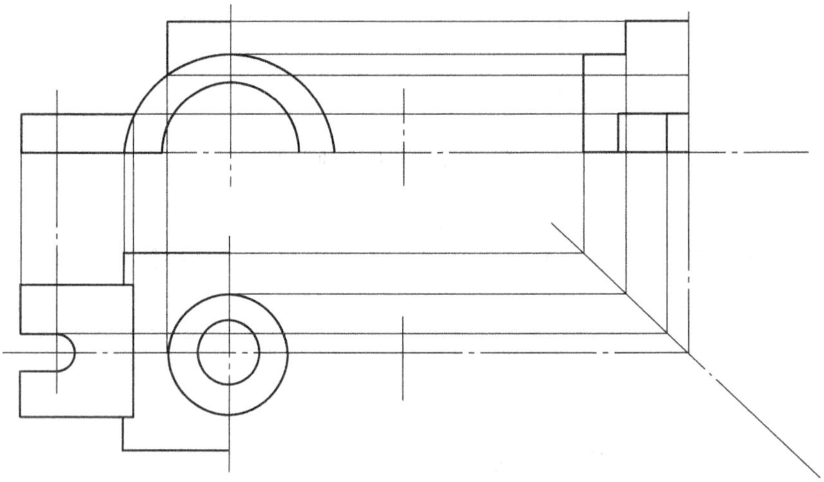

图 6-27　绘制三个视图的一半图形

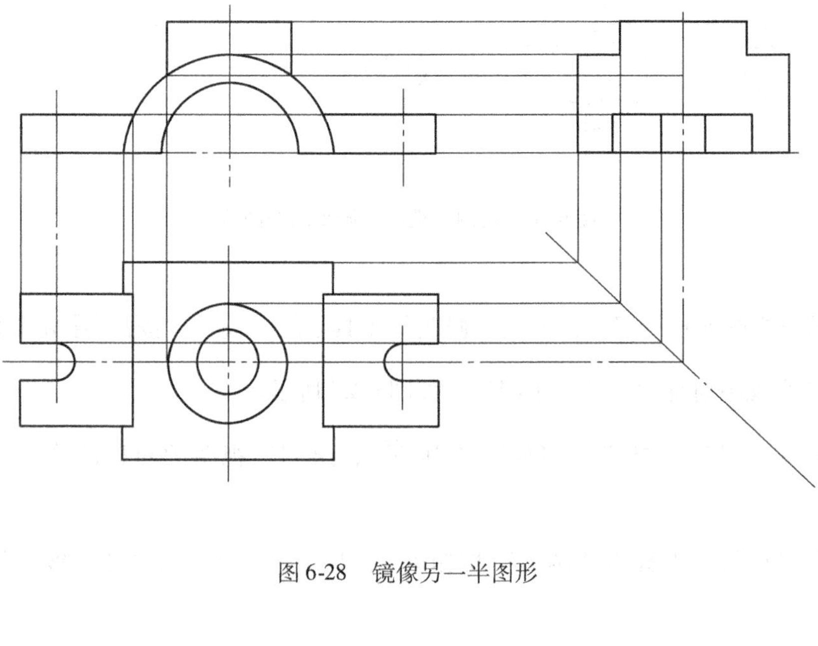

图 6-28　镜像另一半图形

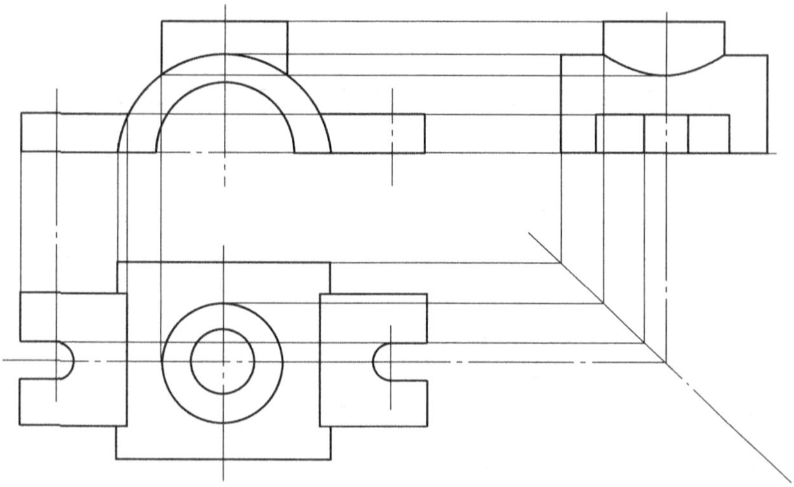

图 6-29 画左视图的相贯线

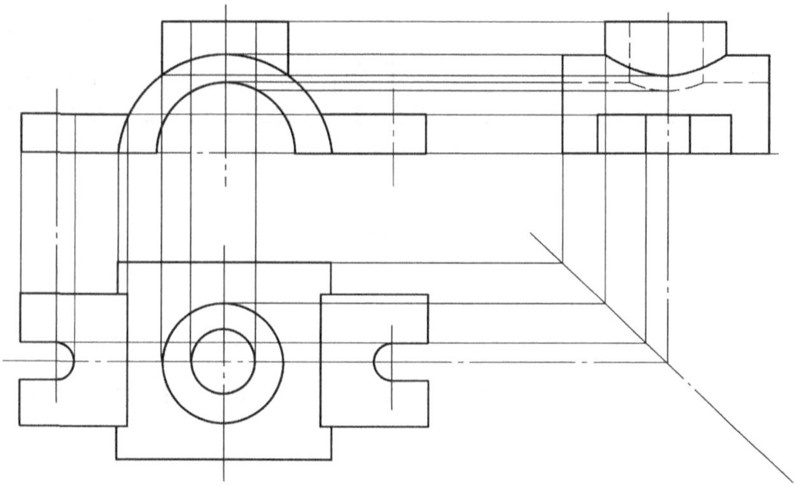

图 6-30 绘制左视图的虚线

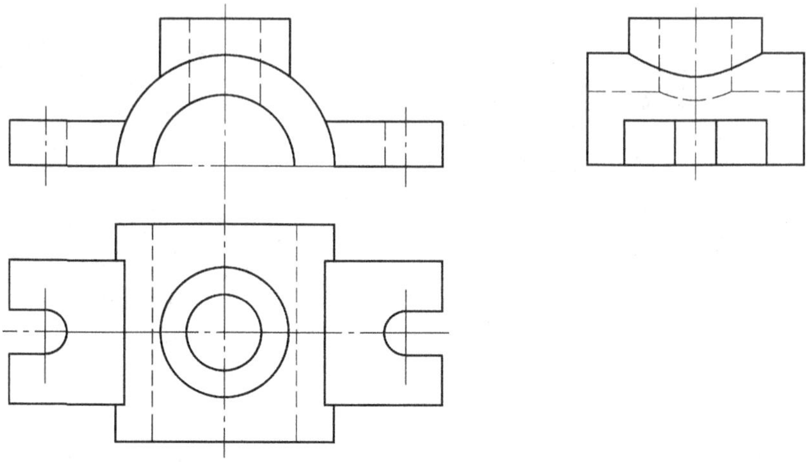

图 6-31 擦去辅助作图线

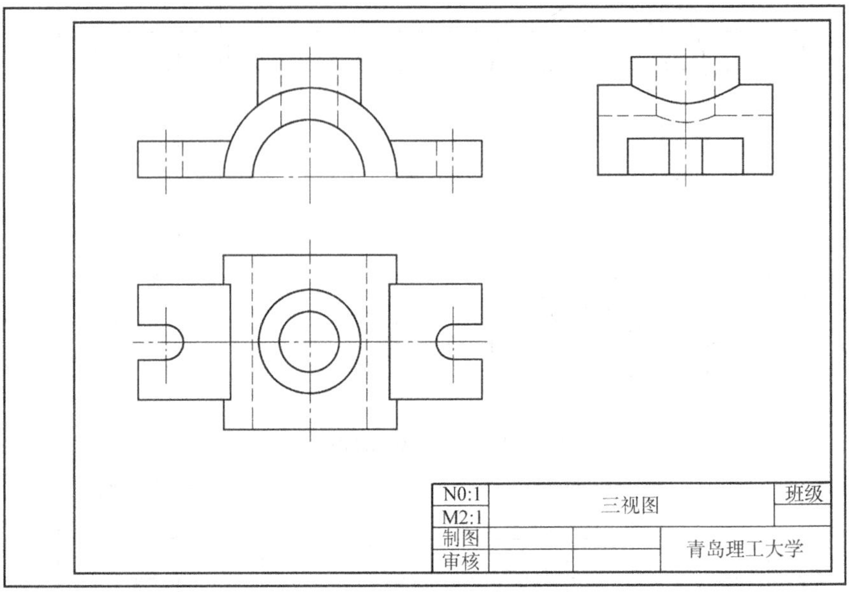

图 6-32　完成全图

6.7　操作练习

根据图 6-33 ~ 图 6-38 所示的组合体立体图，绘制其三视图（不标注尺寸）。

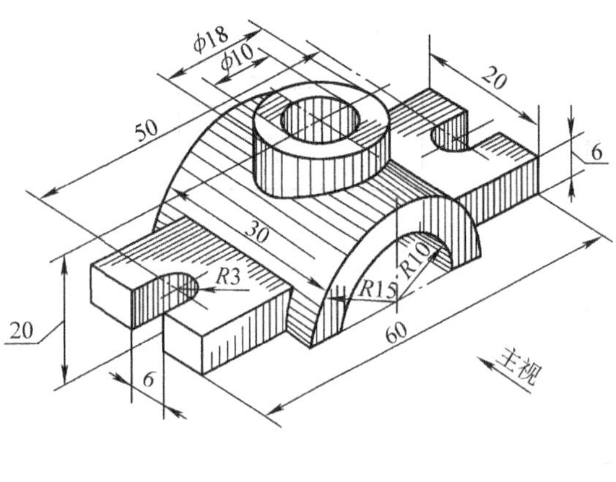

图 6-33　组合体 1

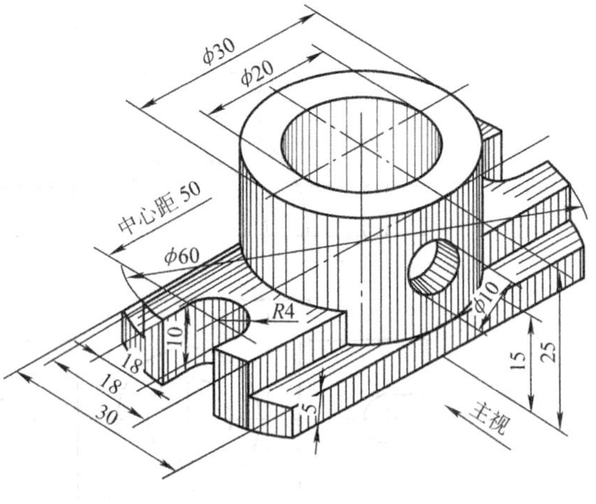

图 6-34　组合体 2

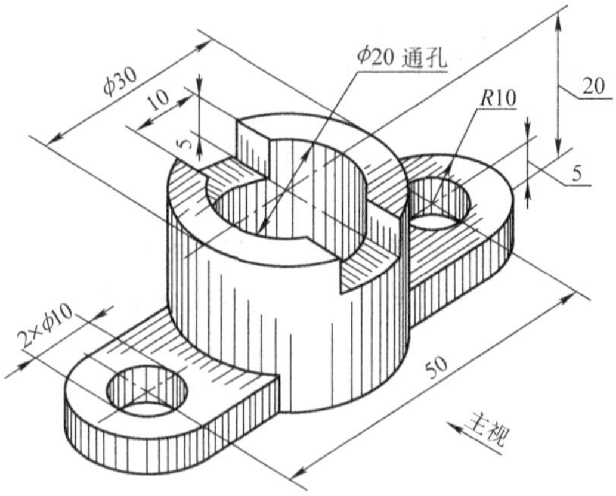

图 6-35　组合体 3

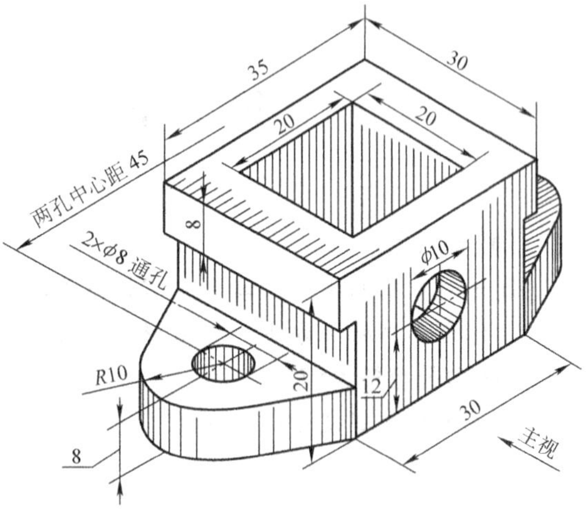

图 6-36　组合体 4

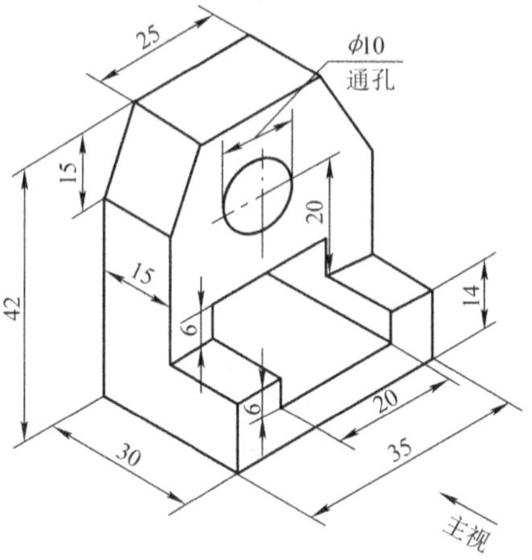

图 6-37　组合体 5

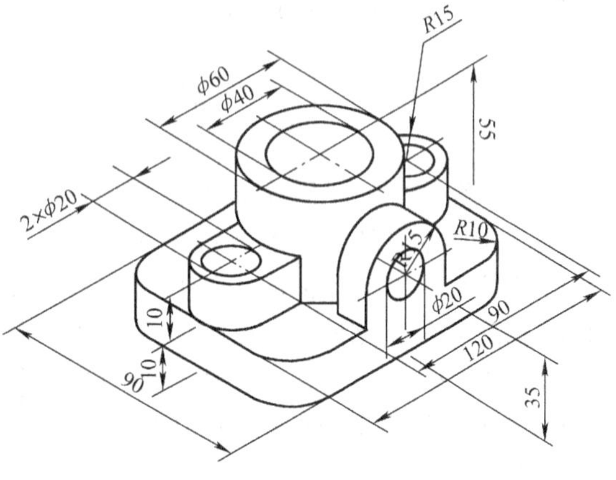

图 6-38　组合体 6

第 7 章　标注尺寸与编辑

【教学目标】

通过对本章的学习，读者应掌握设置和修改尺寸标注样式的方法，利用已经设置的标注样式，结合各种标注方法，对图形进行标注；掌握多重引线、尺寸公差和形位公差的标注。

【教学重点与难点】

● 设置长度型尺寸标注样式

● 设置圆型尺寸标注样式

● 设置角度型尺寸标注样式

● 编辑尺寸标注

● 引线、尺寸公差和形位公差的标注

尺寸是工程图中不可缺少的一项内容，工程图中的图形只用来表示工程形体的形状，而工程形体的大小是靠尺寸来说明的，所以工程图中的尺寸必须标注的正确、完整、清晰、合理。

工程图中尺寸包括：尺寸界线、尺寸线、尺寸起止符号、尺寸数字 4 个要素，如图 7-1 所示。

工程图中的尺寸标注必须符合制图标准。目前各国制图标准有许多不同之处，我国各行业制图标准中对尺寸标注的要求也不完全相同。AutoCAD 是一个通用的绘图软件包，它允许用户根据需要自行创建尺寸标注样式。所以在 AutoCAD 中标注尺寸，首先应根据制图标准创建所需要的尺寸标注样式，尺寸标注样式控制尺寸四要素（尺寸界限、尺寸线、尺寸起止符号、尺寸数字）的外观与方式，因此，本章将直接叙述如何使用“尺寸标注样式管理器”对话框来创建和修改尺寸标注样式以及怎样进行尺寸标注。

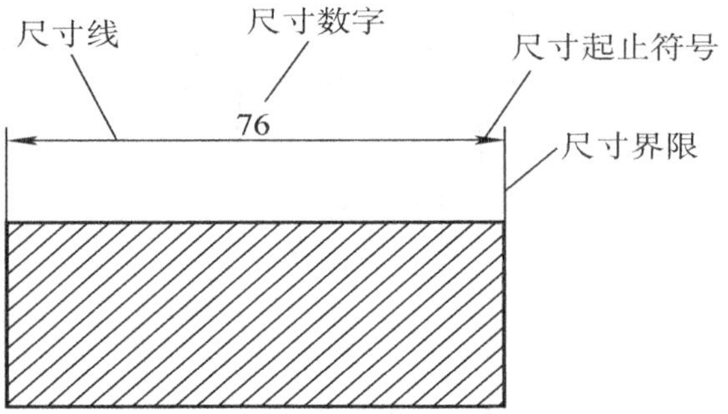

图 7-1　尺寸标注 4 个要素

7.1　创建尺寸标注样式

创建了尺寸标注样式后，就能很容易地进行尺寸标注。AutoCAD 可标注直线尺寸、角度尺寸、直径尺寸、半径尺寸及公差等。例如要对图 7-2 所示的矩形长度进行标注，可通过选取矩形的两个对角的端点，即给出尺寸界线的第“1”起点和第“2”起点，如不改变内测尺寸值，再指定决定尺寸线位置的第“3”点，即可完成标注。

尺寸标注样式的创建，是由一组尺寸变量的合理设置来实现的。

1. 执行途径

1）工具栏：“标注”/ 按钮

2）下拉菜单选取：“标注”/“样式”

3）命令：DIMSTYLE

2. 操作说明

“标注”工具栏是进行尺寸标注时，输入命令的最快捷方式，所以在绘制工程图和进行尺寸标注时，应将该工具栏弹出放在绘图区旁。弹出工具栏的方法是将鼠标指在任一工具栏上，单击鼠标右键，出现工具栏选项，单击所需工具栏即可，如图 7-3 所示。

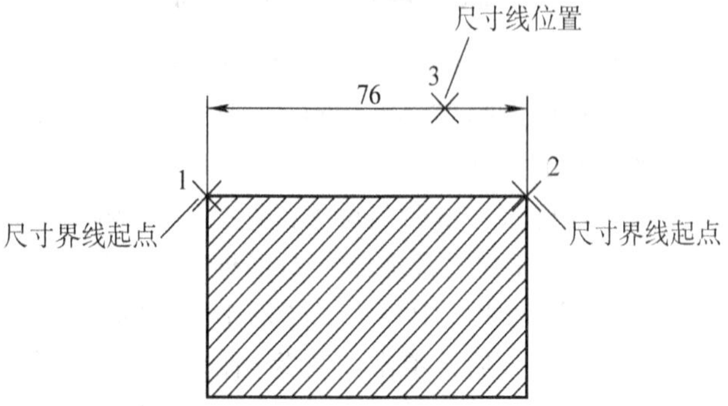

图 7-2 矩形长度的标注

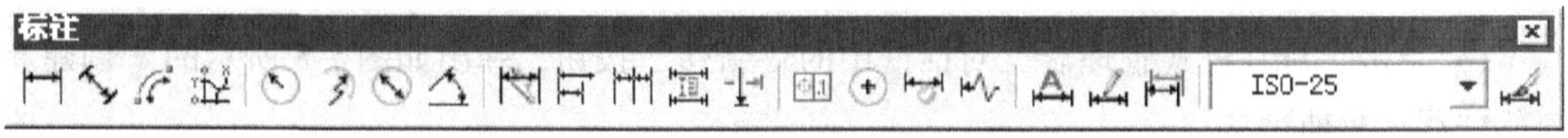

图 7-3 “标注”工具栏

输入“DIMSTYLE”命令后，AutoCAD 弹出“标注样式管理器”对话框，如图 7-4 所示。

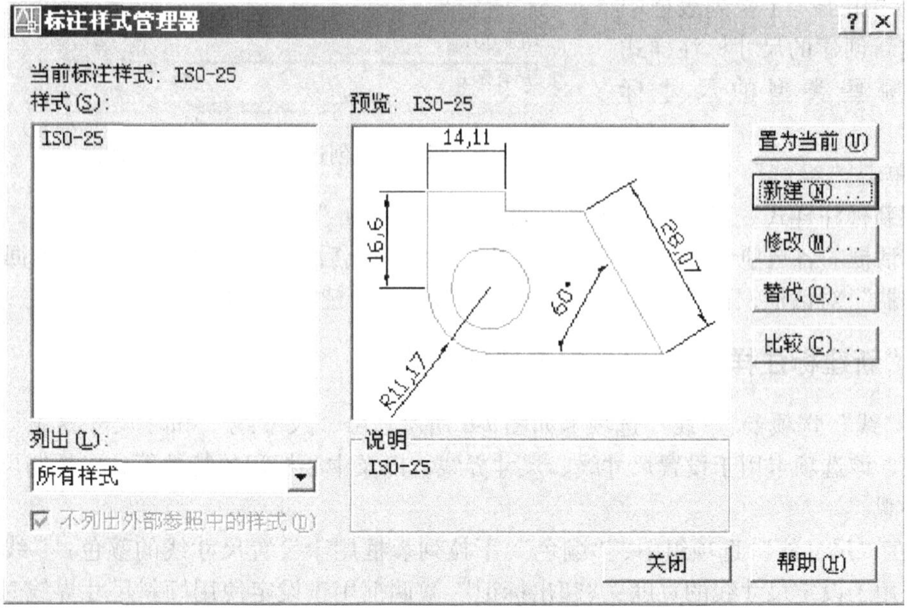

图 7-4 “标注样式管理器”对话框

7.1.1 “标注样式管理器”对话框简介

1）创建新的尺寸标注样式就应首先理解“尺寸标注样式管理器”对话框中各标签的含义。“标注样式管理器”对话框的主要功能包括：预览尺寸标注样式、创建新的尺寸标注样式、修改已有的尺寸标注样式、设置一个尺寸标注样式的替代、设置当前的尺寸标注样式、比较尺寸标注样式、重命名尺寸标注样式和删除尺寸标注样式等。

2）在“标注样式管理器”对话框中，“当前标注样式”区域用于显示当前的尺寸标注样式。“样式”列表框中显示了图形中所有的尺寸标注样式，用户在“样式”列表框中选择了合适的标注样式后，单击“置为当前" 按钮，则可将选择的样式置为当前。

3）单击“新建" 按钮，弹出“新建标注样式”对话框；单击“修改”按钮，弹出“修改标注样式”对话框，此对话框用于修改当前尺寸标注样式的设置；单击“替代”按钮，弹出“替代当前样式”对话框，在该对话框中，用户可以设置临时的尺寸标注样式，用来替代当前尺寸标注样式的相应设置。

7.1.2 “创新标注样式" 对话框简介

1）单击“标注样式管理器”对话框中的“新建”按钮，弹出如图 7-5 所示的“创建新标注样式”对话框。

2）在“新样式名”文本框中可以设置新创建的尺寸标注样式的名称；在“基础样式”下拉列表框中可以选择新创建的尺寸标注样式将以哪个已有的样式为模板；在“用于”下拉列表框中可以指定新创建的尺寸标注样式将用于哪些类型的尺寸标注。

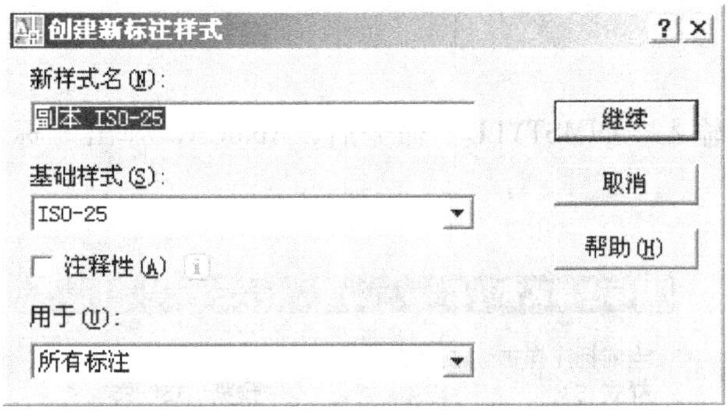

图 7-5 “创建新标注样式 ”对话框

3）单击“继续”按钮将关闭“创建新标注样式”对话框，并弹出如图 7-6 所示的“新建标注样式”对话框，用户可以在该对话框的各选项卡中设置相应的参数，设置完成后单击“确定”按钮，返回“标注样式管理器”对话框，在“样式”列表框中可以看到新建的标注样式。

7.1.3 “新建标注样式 ”对话框各选项卡简介

（1）“线”选项卡 “线”选项卡如图 7-6 所示，由“尺寸线”和“尺寸界线”两个选项组组成，该选项卡用于设置尺寸线、尺寸界线，以及中心标记的特性等，以控制尺寸标注的几何外观。

1）在“尺寸线”选项组中，“颜色”下拉列表框用于设置尺寸线的颜色；“线宽”下拉列表框用于设定尺寸线的宽度；“超出标记”微调框用于设定使用倾斜尺寸界线时，尺寸线超过尺寸界线的距离；“基线间距”微调框用于设定使用基线标注时，各尺寸线间的距离；“隐藏”及其复选框用于控制尺寸线的显示；“尺寸线 1”复选框用于控制第 1 条尺寸线的显示；“尺寸线 2”复选框用于控制第 2 条尺寸线的显示。

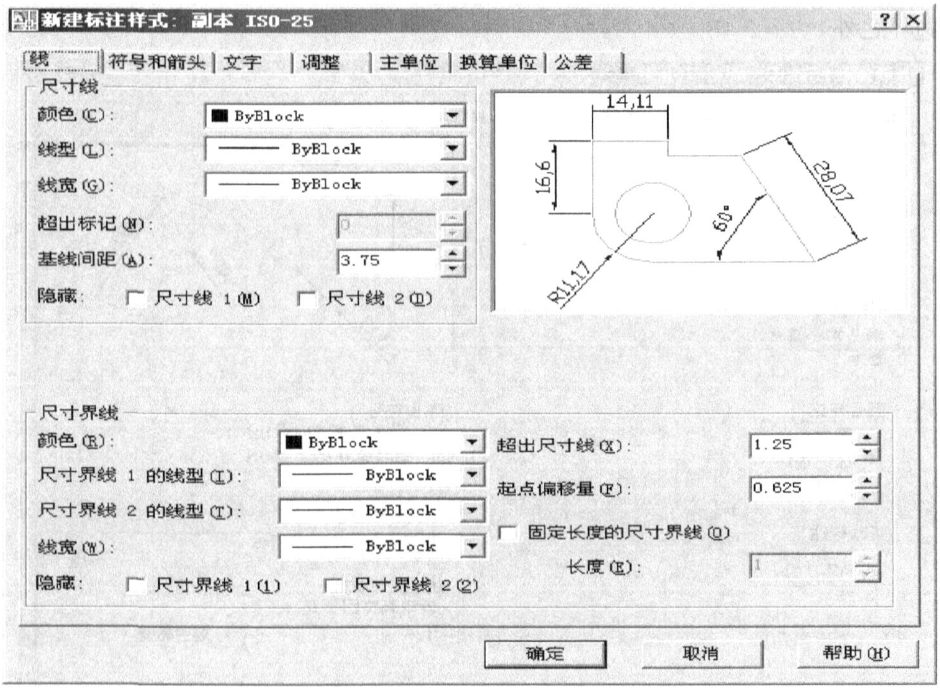

图 7-6 “新建标注样式”对话框

2）在“尺寸界线”选项组中，“颜色”下拉列表框用于设置尺寸界线的颜色；“线宽”下拉列表框用于设定尺寸界线的宽度；“超出尺寸线”微调框用于设定尺寸界线超过尺寸线的距离；“起点偏移量”微调框用于设置尺寸界线相对于尺寸界线起点的偏移距离；“隐藏”及其复选框用于设置尺寸界线的显示；“尺寸界线 1”复选框用于控制第 1 条尺寸界线的显示；“尺寸界线 2”复选框用于控制第 2 条尺寸界线的显示；“固定长度的尺寸界线”复选框可以在“标注样式”对话框中为尺寸界线指定固定的长度。

（2）“符号和箭头”选项卡 “符号和箭头”选项卡如图 7-7 所示，由“箭头”、“圆心标记”、“弧长符号”和“半径标注折弯”等选项组组成。

1）在“箭头”选项组中，“箭头”下拉列表框用于选定表示尺寸线端点的箭头的外观形式；“第一个”下拉列表框和“第二个”下拉列表框列出了常见的箭头形式；“引线”下拉列表框中列出了尺寸线引线部分的形式；“箭头大小”微调框用于设定箭头相对其他尺寸标注元素的大小。

2）“圆心标记”选项组用于控制当标注半径和直径尺寸时，中心线和中心标记的外观。“标记”选项将在圆心处放置一个与“大小”微调框中的值相同的圆心标记；“直线”选项将在圆心处放置一个与“大小”微调框中的值相同的中心线标记；“无”选项将在圆心处不放置中心线和圆心标记；“大小”微调框用于设置圆心标记或中心线的大小。

3）“弧长符号”选项组用于控制弧长符号的放置位置，弧长符号放在标注文字的前面或上方。

4）“半径标注折弯”选项组可以使用户利用折弯来标注半径（如果圆弧或圆的圆心位于图形边界之外）。

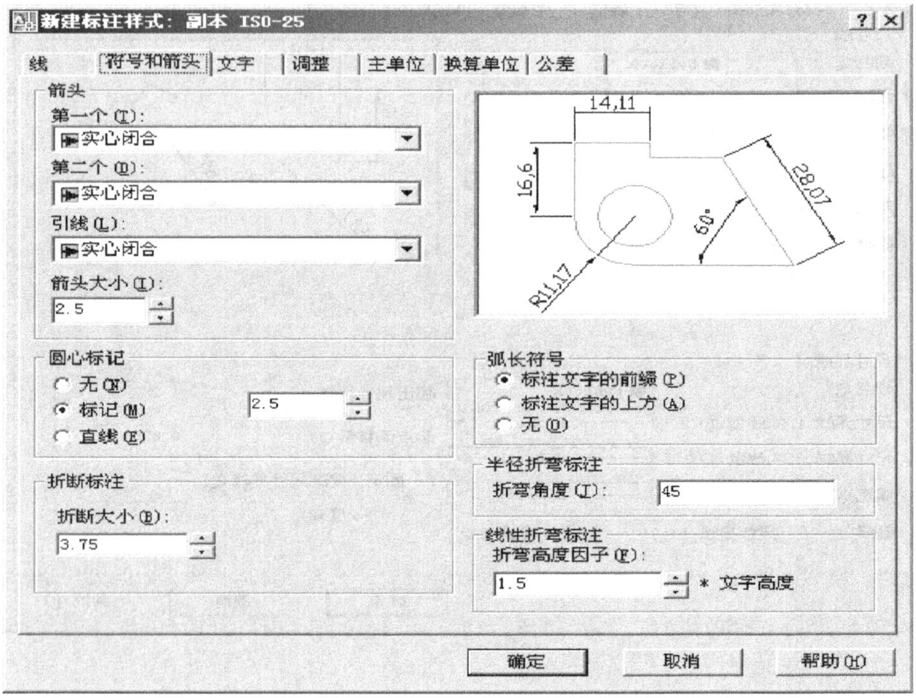

图 7-7 “符号和箭头”选项卡

（3）“文字”选项卡 “文字”选项卡如图 7-8 所示，由“文字外观”、“文字位置”和“文字对齐”3 个选项组组成，用于设置标注文字的格式、位置及对齐方式等特性。

1）“文字外观”选项组中，可设置标注文字的格式和大小。“文字样式”下拉列表框用于设置标注文字所用的样式，单击后面的按钮圈，弹出“文字样式”对话框，该对话框的用法在前面已经讲解过，这里不再赘述；“文字颜色”下拉列表框用于设置标注文字的颜色；“文字高度”微调框用于设置当前标注文字样式的高度；“分数高度比例”微调框用于设置分数尺寸文本的相对字高度系数；“绘制文字边框”复选框用于控制是否在标注文字四周画一个框。

2）“文字位置”选项组中可设置标注文字的位置。“垂直”下拉列表框用于设置标注文字沿尺寸线在垂直方向上的对齐方式；“水平”下拉列表框用于设置标注文字沿尺寸线和尺寸界线在水平方向上的对齐方式；“从尺寸线偏移”微调框用于设置文字与尺寸线的间距。

3）“文字对齐”选项组中可设置标注文字的方向。“水平”单选按钮表示标注文字沿水平线放置；“与尺寸线对齐”单选按钮表示标注文字沿尺寸线方向放置；“ISO 标准”单选按钮表示当标注文字在尺寸界线之间时，沿尺寸线的方向放置，当标注文字在尺寸界线外侧时，则水平放置标注文字。

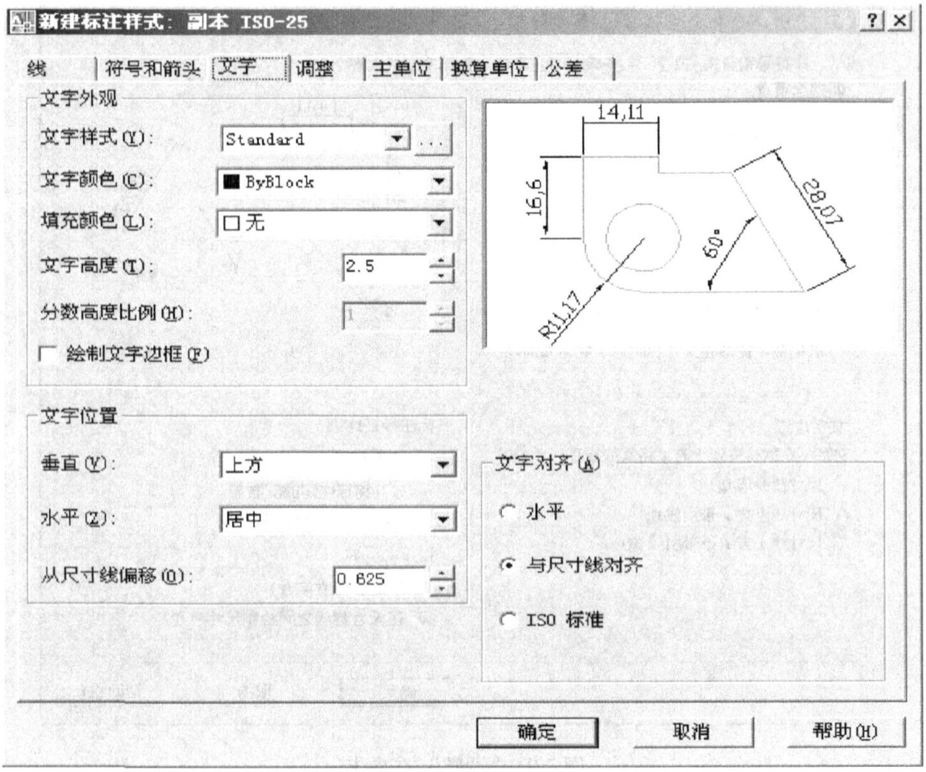

图 7-8 “文字”选项卡

（4）“调整”选项卡 “调整”选项卡如图 7-9 所示，其主要用来调整各尺寸要素之间的相对位置，分为“调整选项”、“文字位置”、“标注特征比例”、“优化”4 个选项区。

1）“调整选项”区：用来确定在何处绘制箭头和尺寸数字，包括以下 5 个单选按钮和 1 个开关，其从上至下依次是：

①“文字或箭头（最佳效果）”单选按钮：该选项将根据两尺寸界线间的距离，以适当方式放置尺寸数字与箭头，其相当于以下方式的综合。

②“箭头”单选按钮：该选项将导致，如果空间允许，就将尺寸数字与箭头都放在尺寸界线内；如果尺寸数字与箭头两者仅够放一种，那就将尺寸箭头放在尺寸界线内，尺寸数字放在尺寸界线外；但若尺寸箭头也不足以放在尺寸界线内，那么尺寸数字与箭头就都放在尺寸界线外。

③“文字”单选按钮：该选项将导致，如果空间允许，就将尺寸数字与箭头都放在尺寸界线内；如果箭头与尺寸数字两者仅够放一种，那就将尺寸数字放在尺寸界线内，箭头放在尺寸界线外；但若尺寸数字也不足以放在尺寸界线内，那么尺寸数字与箭头就都放在尺寸界线外。

④“文字和箭头”单选按钮：该选项将导致，如果空间允许，就将尺寸数字与箭头都放在尺寸界线之内，否则都放在尺寸界线之外。

⑤“文字始终保持在尺寸界线之间”单选按钮：该选项将导致，任何情况下都将尺寸数字放在两尺寸界线之中。“若不能放在尺寸界线内头”开关开该开，关将导致，如果空间

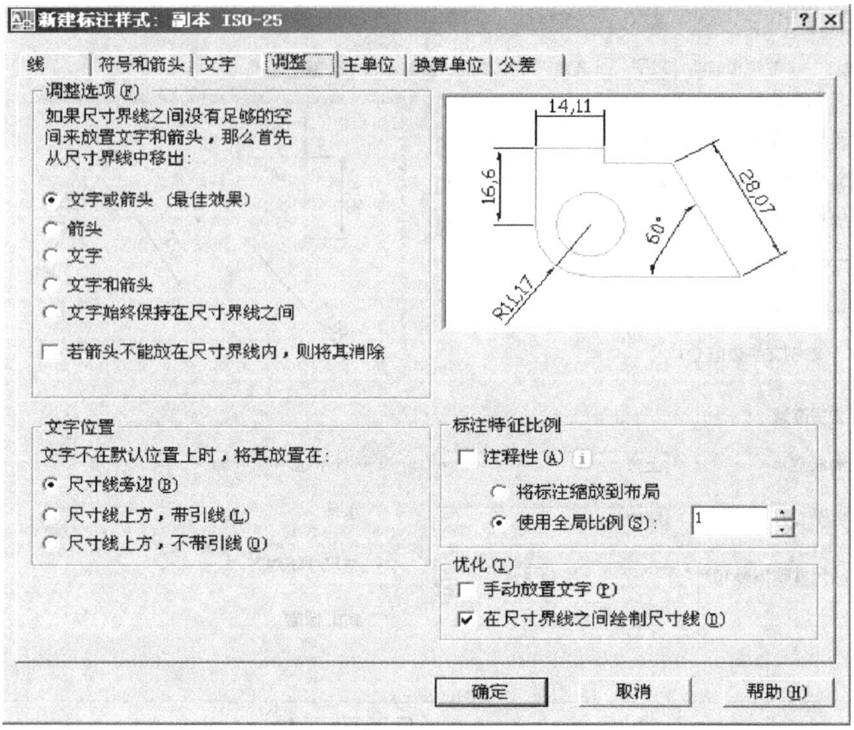

图 7-9 “调整”选项卡

不够，就省略箭头。

2）“文字位置”区共有 3 个单选按钮，其从上至下依次是：

①“尺寸线旁边”单选按钮：该选项控制当尺寸数字不在默认位置时，在尺寸线旁放置尺寸数字。

②“尺寸线上方，带引线”单选按钮：该选项控制当尺寸数字不在默认位置时，若尺寸数字与箭头都不足以放到尺寸界线内，可移动鼠标绘出一条引线标注尺寸数字。

③“尺寸线上方，不带引线”单选按钮：该选项控制当尺寸数字不在默认位置时，若尺寸数字与箭头都不足以放到尺寸界线内，承引线模式，但不画出引线。

3）“标注特征比例”区该区：共有 2 个操作项，其从上至下依次是：

①“使用全局比例”单选按钮：用来设定整体比例系数，以此控制各尺寸要素，即该尺寸标注样式中，所有尺寸四要素的大小及偏移量的尺寸标注变量都会乘上整体比例系数。整体比例的默认值为“1”，其可以在右边的文字编辑框中指定。

②“将标注缩放到布局”单选按钮：控制是在图纸空间还是在当前的模型空间视窗上使用整体比例系数。

4）“优化”区：共有 2 个操作项，其从上至下依次是：

①“手动放置文字”开关：若打开该开关进行尺寸标注时，AutoCAD 允许自行指定尺寸数字的位置。

②“在尺寸界线之间绘制尺寸线”开关：该开关控制尺寸箭头在尺寸界线外时，两尺寸界线间是否画线。打开该开关画线，关闭不画线。

（5）“主单位”选项卡 “主单位”选项卡如图7-10所示，用于设置主单位的格式及精度，同时还可以设置标注文字的前缀和后缀。

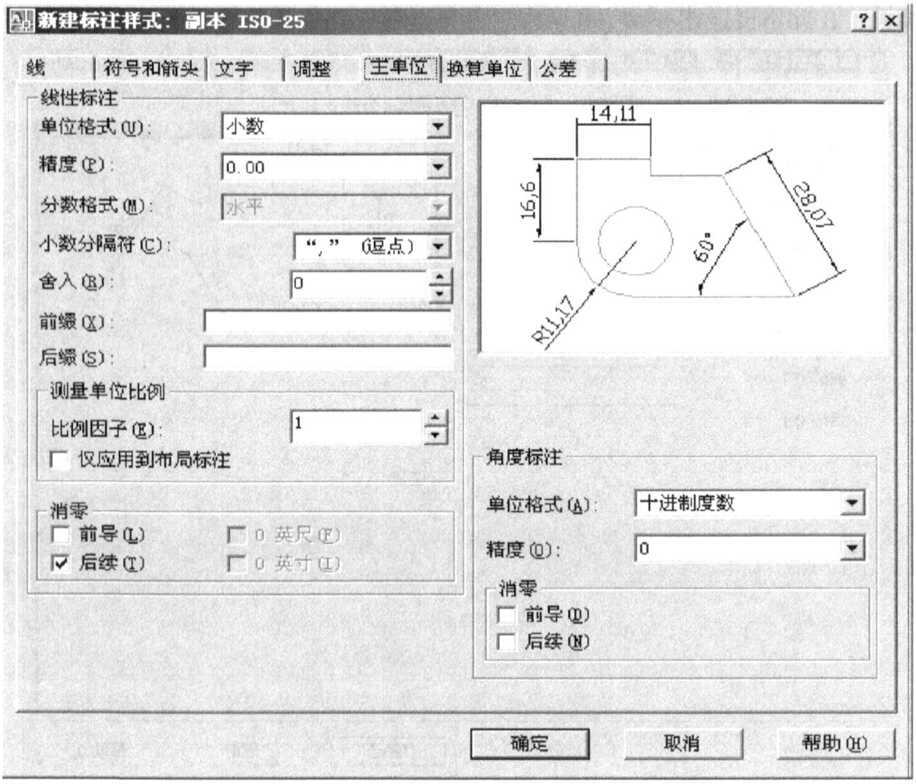

图7-10 “主单位”选项卡

1）在“线性标注”选项组中可设置线性标注单位的格式及精度。

①“单位格式”下拉列表框：用于设置所有尺寸标注类型（除了角度标注）的当前单位格式。

②“精度”下拉列表框：用于设置在十进制单位下，用多少小数位来显示标注文字。

③“分数格式”下拉列表框：用于设置分数的格式。

④“小数分隔符”下拉列表框：用于设置小数格式的分隔符号。

⑤“舍入”微调框：用于设置所有尺寸标注类型（除角度标注外）的测量值的取整的规则。

⑥“前缀”微调框：用于对标注文字加上一个前缀。

⑦“后缀”微调框：用于对标注文字加上一个后缀。

2）“测量单位比例”选项组：用于确定测量时的缩放系数，它可实现按不同比例绘图时，直接注出实际物体的大小。例如：若绘图时将尺寸缩小一倍来绘制，即绘图比例为1∶2，那么在此设置比例因子为2，AutoCAD 2008就将把测量值扩大一倍，使用真实的尺寸值进行标注。“仅应用到布局标注”开关：控制仅把比例因子用于布局中的尺寸。

3）“角度标注”选项组：用于设置角度标注的角度格式。

4）“清零”选项组：控制是否显示前导0或尾数0。

（6）“换算单位”选项卡 图 7-11 所示是“换算单位”选项卡，主要用来设置换算尺寸单位的格式和精度，并设置尺寸数字的前缀和后缀，各操作项与“主单位”标签的同类项基本相同，在此不再详述。

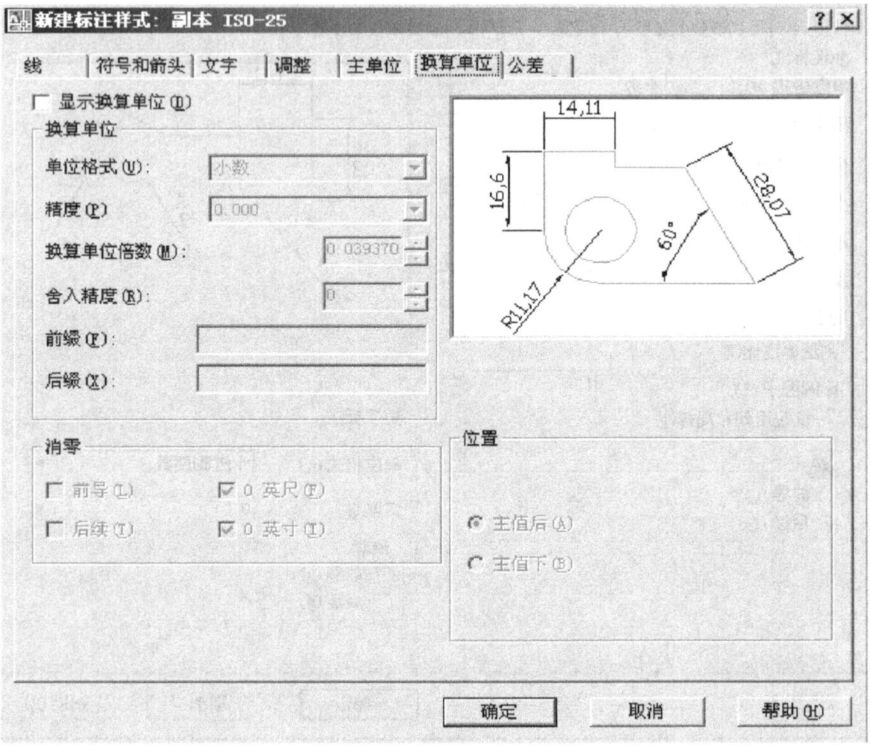

图 7-11 “换算单位”选项卡

（7）“公差”选项卡 图 7-12 所示是“公差”选项卡，主要用来控制尺寸公差标注形式、公差值大小及公差数字的高度及位置等。该对话框主要应用部分是左边区域，该区主要有 8 个操作项，从上至下依次是：

1）“方式”下拉列表框：用来指定公差标注方式，其中包括 5 个选项：“无”选项，表示无公差标注；“对称”选项：表示上下偏差同值标注；“不对称”选项：表示上下偏差不同值标注；“上下限”选项：表示用最大、最小极限值标注；“基本”选项：表示尺寸数字加一矩形框。

2）“精度”下拉列表框：用来指定公差值小数点后保留的位数。

3）“上偏差”文字编辑框：用来输入尺寸的上偏差值。

4）“下偏差”文字编辑框：用来输入尺寸的下偏差值。

5）“高度比例”文字编辑框：用来设定尺寸公差数字的高度，该高度是由尺寸公差数字字高与基本尺寸数字高度的比值来确定的。例如：“0.7”这个值使尺寸公差数字高是基本尺寸数字高度的 0.7 倍。

6）“垂直位置”下拉列表框：用来控制尺寸公差相对于基本尺寸的位置，其包括 3 项：“上”选项：尺寸公差数字顶部与基本尺寸顶部对齐；“中”选项：尺寸公差数字中部与基本尺寸中部对齐；“下”选项：尺寸公差数字底部与基本尺寸底部对齐。

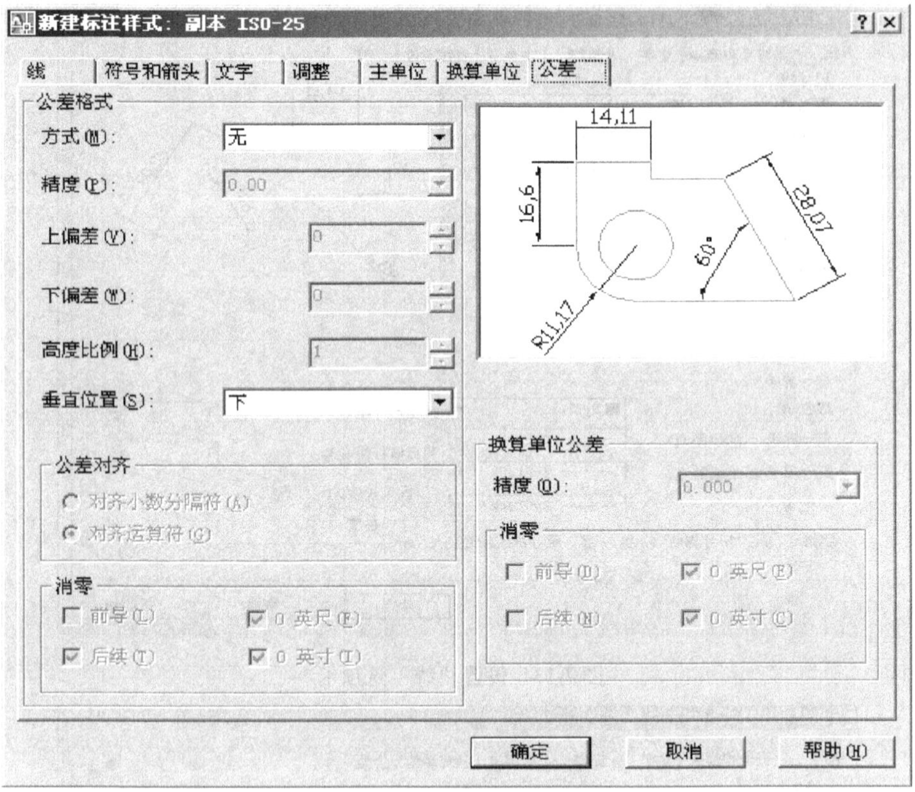

图 7-12 “公差”选项卡

7）“前导”开关：用来控制是否对尺寸公差值中的前导“0”加以显示。

8）“后续”开关：用来控制是否对尺寸公差值中的后续“0”加以显示。

7.1.4 设置三种常用尺寸标注样式

在绘制的工程图中，通常有多种标注尺寸的形式，要提高绘图速度，应把绘图中所采用的尺寸标注形式都一一创建为尺寸标注样式，这样在绘图中标注尺寸时，只需调用所需尺寸标注样式，而避免了尺寸变量的反复设置，且便于修改。

工程图中常用三种尺寸标注样式：直线型尺寸标注样式、圆型尺寸标注样式、角度型尺寸标注样式。以下介绍如何创建这三种常用尺寸标注样式。

1. 直线型尺寸标注样式

单击“标注样式”  按钮，在弹出的“标注样式管理器”对话框中单击“新建”按钮，在弹出的“创建新标注样式”对话框中给所设置的标注样式起名，单击“继续”按钮，在弹出的“新建标注样式”对话框中，各选项卡设置如下：

1）“线”选项卡：设置“基线间距”为 8；“超出尺寸线”为 3；“起点偏移量”为 0，其余默认，如图 7-13 所示。

2）“符号和箭头”选项卡：设置“箭头大小”为 3；其余选项默认，如图 7-14 所示。

3）“文字”选项卡：设置“文字高度”为 4；“从尺寸线偏移”为 1；选中“与尺寸线

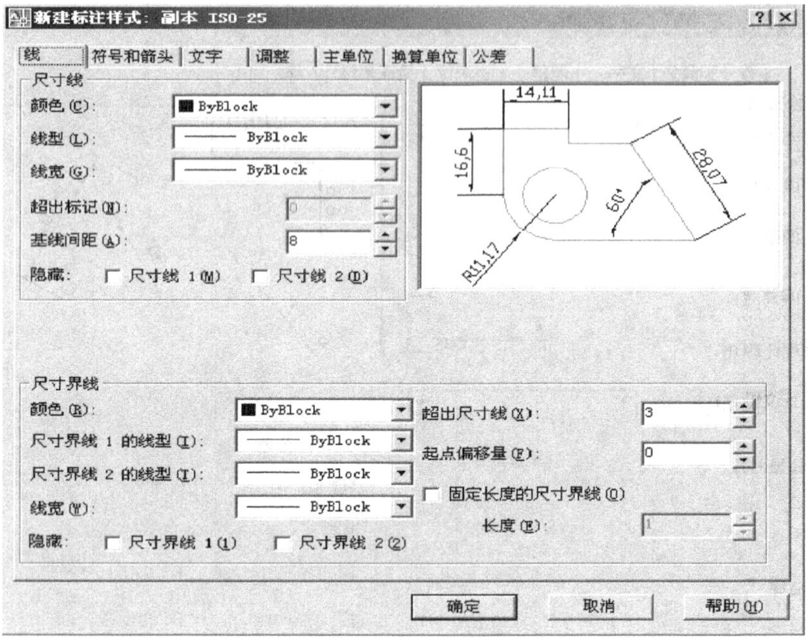

图 7-13　设置“线”选项卡

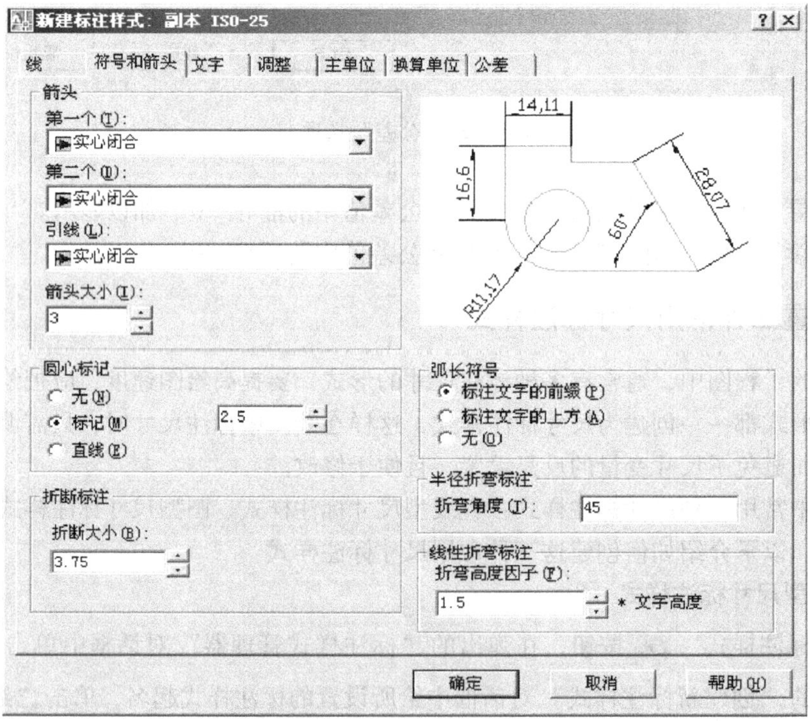

图 7-14　设置“符号和箭头”选项卡

对齐”，其余默认，如图 7-15 所示。

4）“调整”选项卡：选项默认。

5）“主单位”选项卡：设置“精度”为 0；“比例因子”为与绘图比例相反，其余默认，如图 7-16 所示。

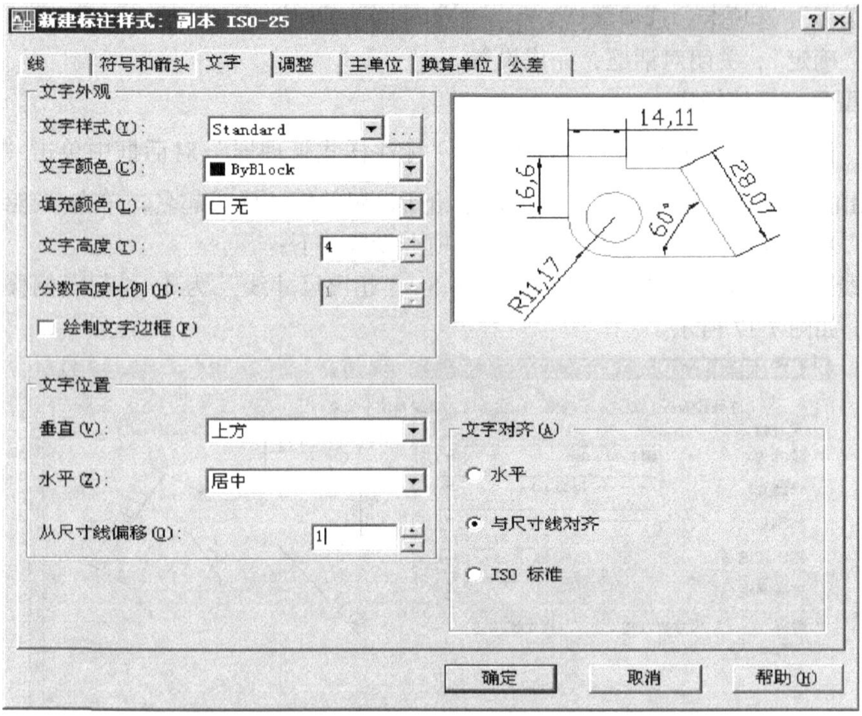

图 7-15　设置“文字”选项卡

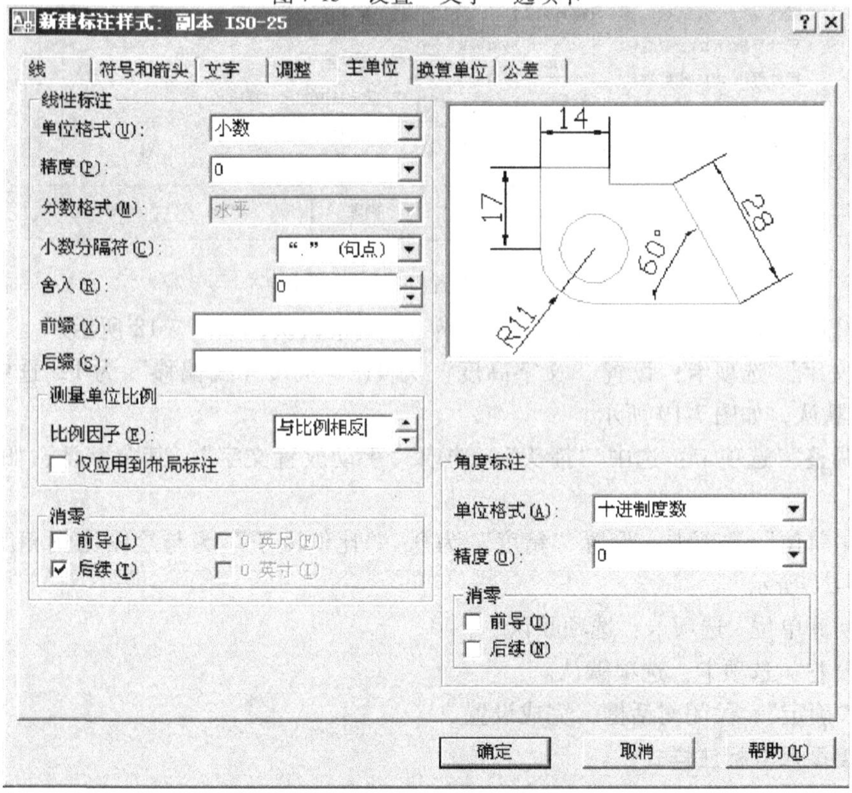

图 7-16　设置“主单位”选项卡

6）“换算单位”选项卡：选项默认。

7）“公差”选项卡：选项默认。

单击“确定”，关闭对话框，完成设置。

2. 圆型尺寸标注样式

单击“标注样式”按钮，在弹出的“标注样式管理器”对话框中单击“新建”按钮，在弹出的“创建新标注样式”对话框中给所设置的标注样式起名，单击“继续”按钮，在弹出的“新建标注样式”对话框中，各选项卡设置如下：

1）“线”选项卡：设置“基线间距”为8；“超出尺寸线”为3；“起点偏移量”为0，其余默认，如图7-17所示。

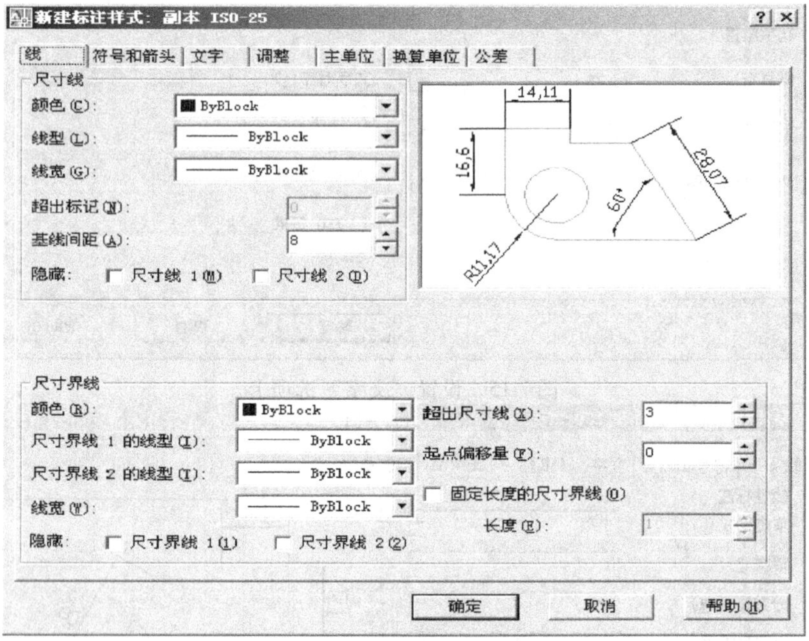

图7-17 设置“线”选项卡

2）“符号和箭头”：设置“箭头大小”为3，其余默认，如图7-18所示。

3）“文字”选项卡：设置“文字高度”为4；“从尺寸线偏移”为1；选中“ISO标准”，其余默认，如图7-19所示。

4）“调整”选项卡：选中“箭头”；选取“手动放置文字”，其余默认，如图7-20所示。

5）“主单位”选项卡：设置“精度”为0；“比例因子”为与绘图比例相反，其余默认，如图7-21所示。

6）“换算单位”选项卡：选项默认。

7）“公差”选项卡：选项默认。

单击“确定”，关闭对话框，完成设置。

3. 角度型尺寸标注样式

单击“标注样式”按钮，在弹出的“标注样式管理器”对话框中单击“新建”按

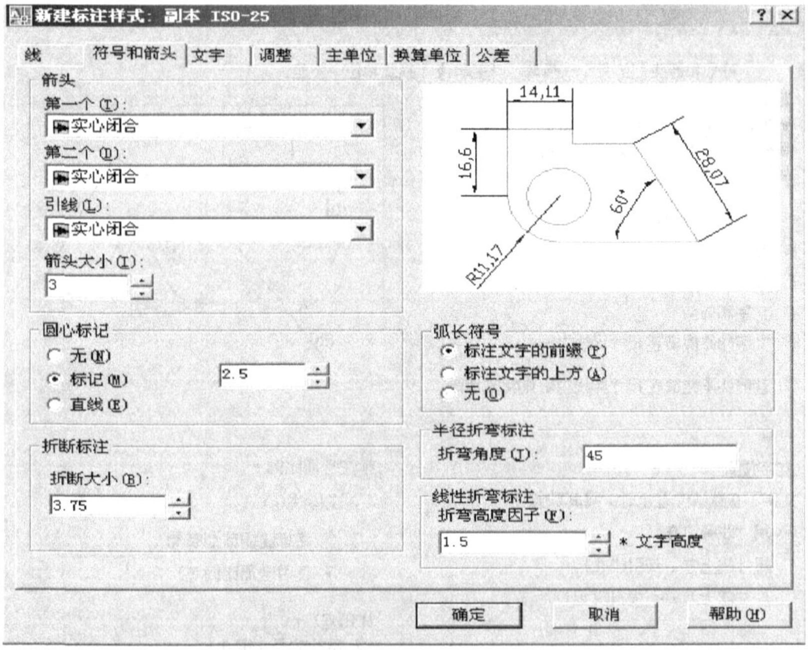

图 7-18　设置“符号和箭头”选项卡

钮，在弹出的“创建新标注样式”对话框中给所设置的标注样式起名，单击“继续”按钮，在弹出的“新建标注样式”对话框中各选项卡设置如下：

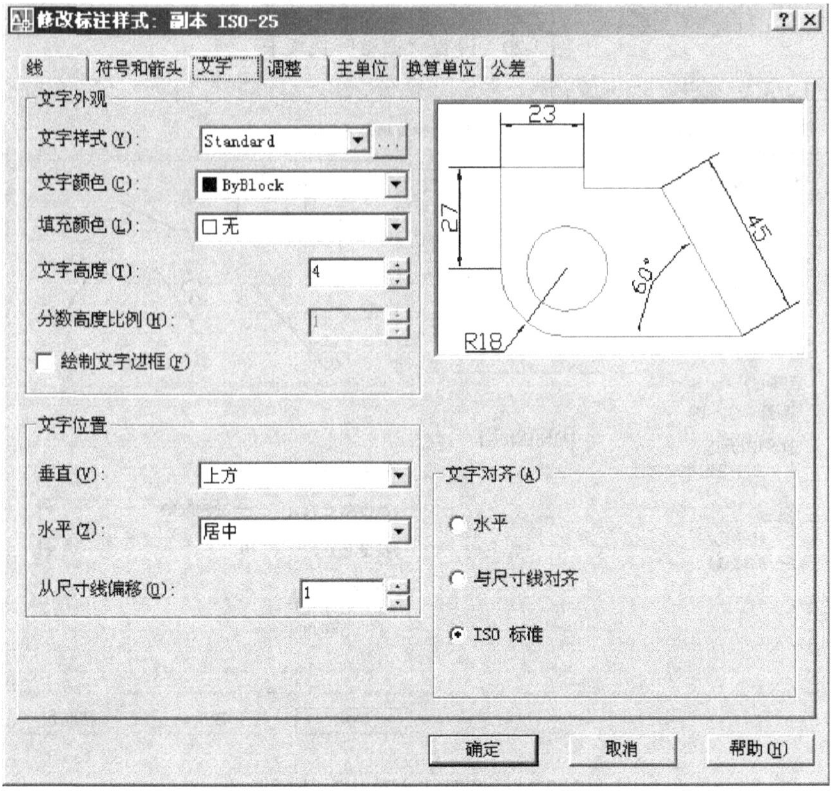

图 7-19　设置“文字”选项卡

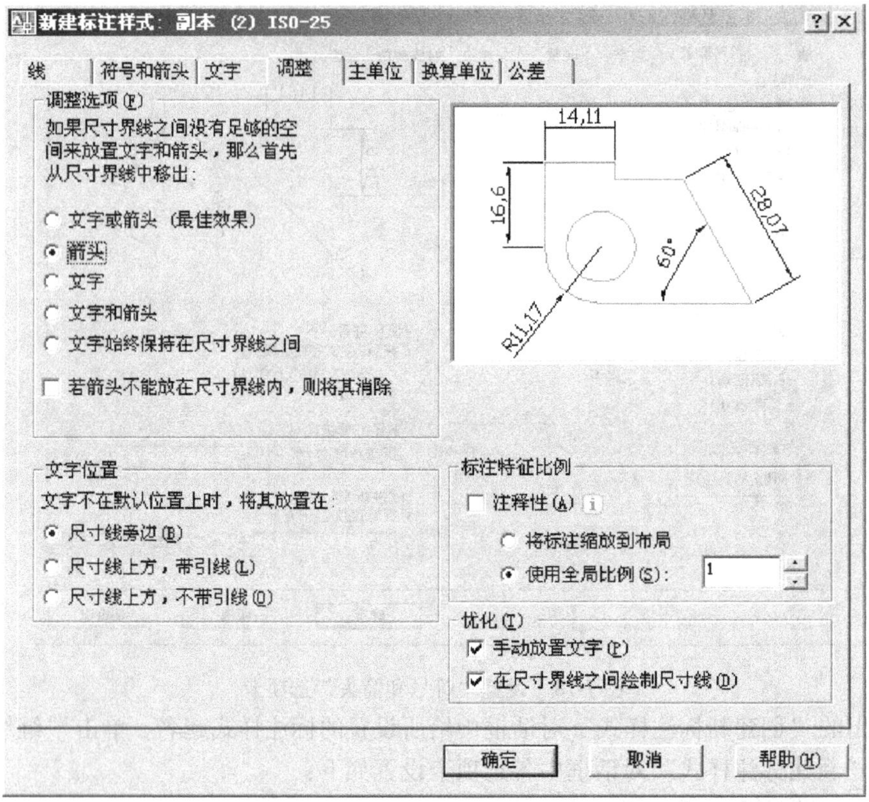

图 7-20　设置“调整”选项卡

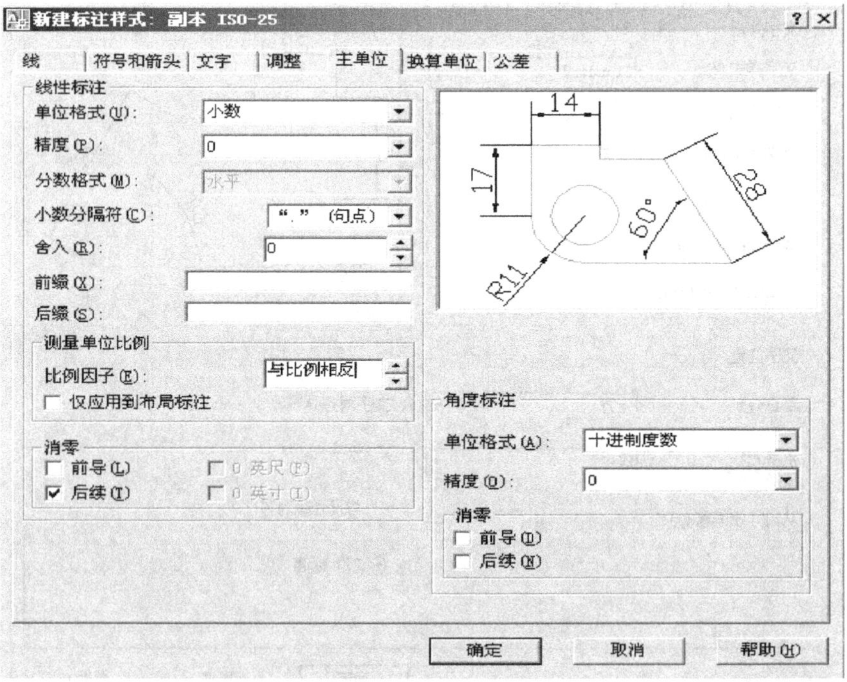

图 7-21　设置“主单位”选项卡

1）“线”选项卡：设置“基线间距”为8；“超出尺寸线”为3；“起点偏移量”为0，其余默认，如图7-22所示。

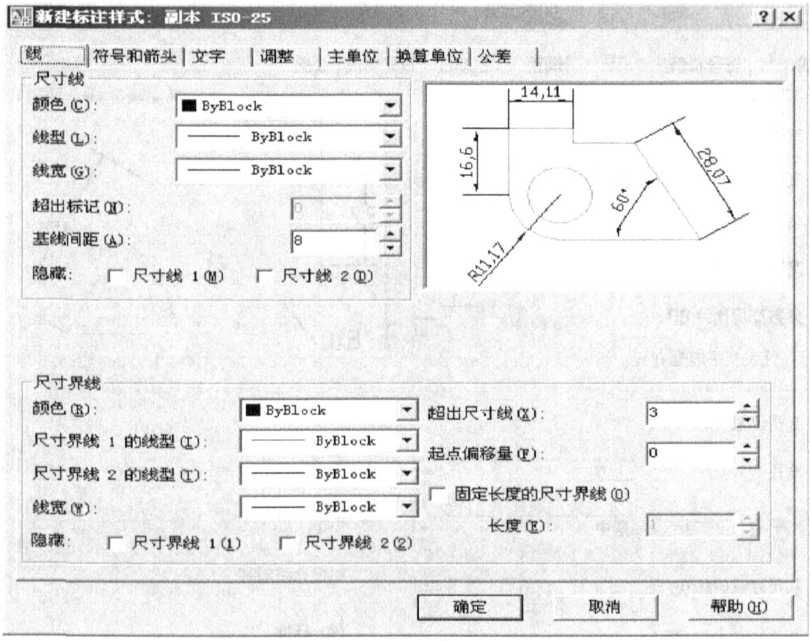

图7-22　设置“线”选项卡

2）“符号和箭头”选项卡：设置“箭头大小”为3，其余默认，如图7-23所示。

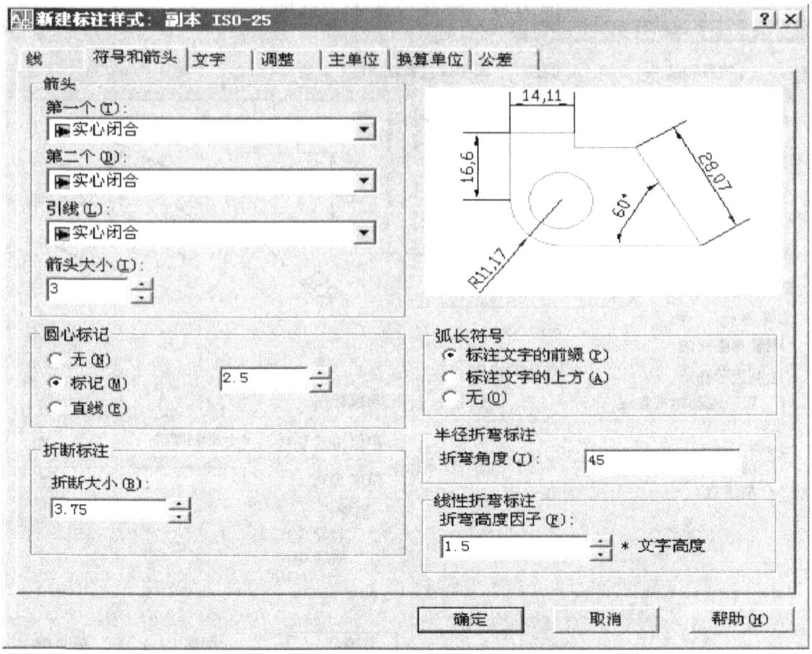

图7-23　设置“符号和箭头”选项卡

3）“文字”选项卡：设置“文字高度”为4；“从尺寸线偏移”为1；选中“水平”，其余默认，如图7-24所示。

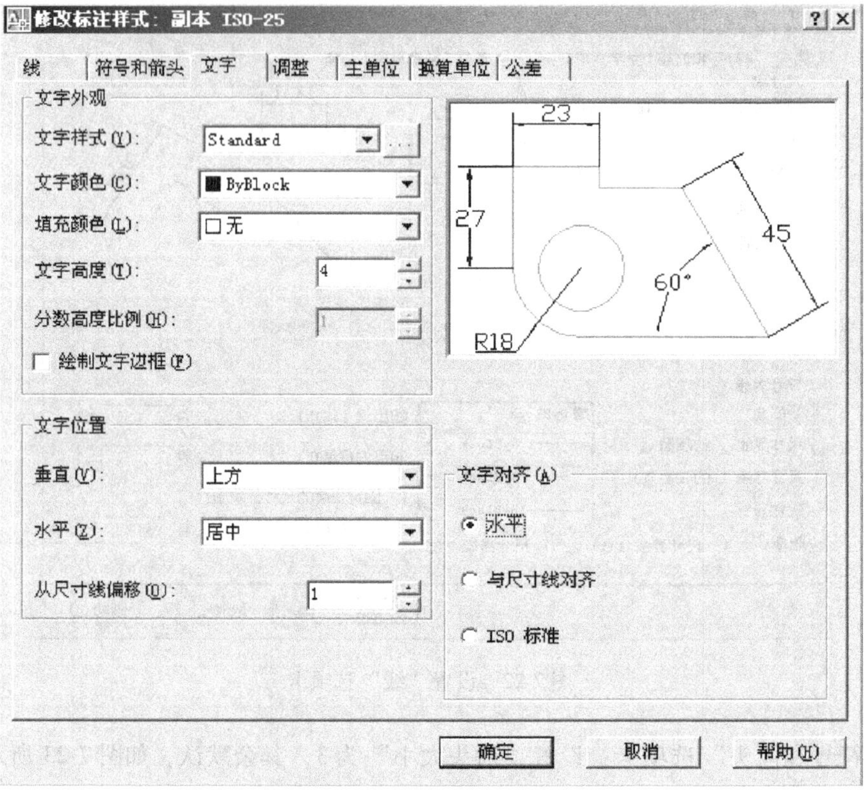

图7-24　设置“文字”选项卡

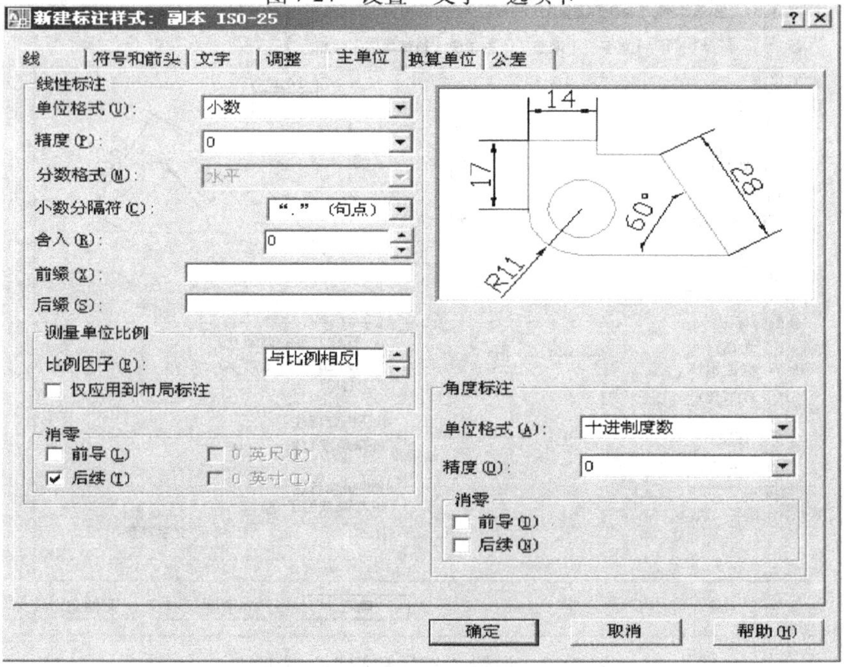

图7-25　设置“主单位”选项卡

4）“调整”选项卡：选项默认。

5）“主单位”选项卡：设置“精度”为0；“比例因子”为与绘图比例相反，其余默认，如图7-25所示。

6）“换算单位”选项卡：选项默认。

7）公差”选项卡：选项默认。

单击“确定”，关闭对话框，完成设置。

7.2 修改和替代标注样式

已设置的尺寸标注样式也可以修改和替代。

在“标注样式管理器”对话框的“样式”下列表框中，选择需要修改的标注样式，然后单击“修改”按钮，弹出“修改标注样式”对话框，可以在该对话框中对该样式的参数进行修改。

同样的，在“标注样式管理器”对话框的“样式”下列表框中，选择需要替代的标注样式，单击“替代”按钮，弹出“替代当前样式”对话框，用户可以在该对话框中设置临时的尺寸标注样式，以替代当前尺寸标注样式的相应设置。

从本质上来讲，“新建标注样式”和“修改标注样式”以及“替代当前样式”是一致的，用户学会了“新建标注样式”对话框的设置，也就学会了其他两个对话框的设置，这里不再赘述。

7.3 尺寸标注

7.3.1 直线型尺寸标注

直线型尺寸是工程制图中最常见的尺寸，包括水平尺寸、垂直尺寸、对齐尺寸、基线标注和连续标注等。下面将分别介绍这几种尺寸的标注方法。

1. 线性标注

（1）执行途径

1）工具栏：“标注”/“线性标注”按钮

2）下拉菜单：“标注”/“线性标注”

3）命令：DIMLINEAR

（2）操作说明　输入命令后，命令行提示如下：

指定第一条尺寸界线起点或 < 选择对象 >：选取一点作为第一条尺寸界限的起点。

指定第二条尺寸界线起点或 < 选择对象 >：选取一点作为第二条尺寸界限的起点。

指定尺寸线位置或［多行文字(M)/文字(T)/角度(A)/水平(H)/垂直(V)/旋转(R)］：移动光标指定尺寸线位置，也可设置其他选项。

标注文字：系统自动提示数字信息。

标注效果如图7-1所示。

2. 对齐标注

对齐尺寸标注，可以标注某一条倾斜线段的实际长度。

(1) 执行途径

1) 工具栏："标注"/"对齐标注"按钮

2) 下拉菜单："标注"/"对齐"

3) 命令：DIMALLGNEAD

(2) 操作说明　输入命令后，命令行提示与操作和"线性标注"类似，不再赘述。标注效果如图 7-26 所示。

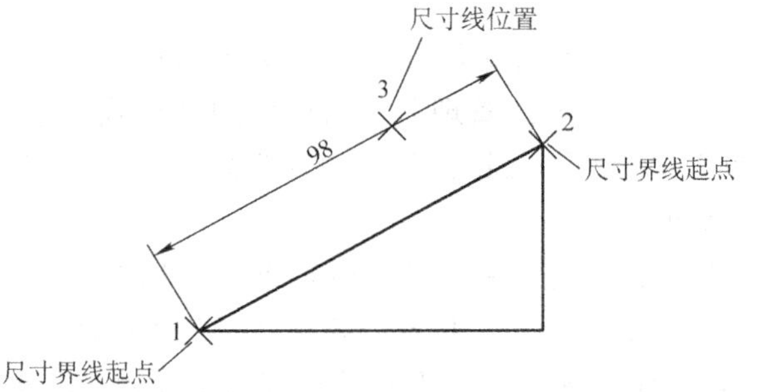

图 7-26　对齐标注

3. 基线标注

在工程制图中，往往以某一面（或线）作为基准，其他尺寸都以该基准进行定位或画线，这就是基线标注。基线标注需要以事先完成的线性标注为基础。

(1) 执行途径

1) 工具栏："标注"/"基线"按钮

2) 下拉菜单："标注]"/"基线标注"

3) 命令：DIMBASELINE

(2) 操作说明　输入命令后，命令行提示如下：

指定第二条尺寸界线起点或［放弃(U)/选择(S)］<选择>：选取第二条尺寸界线起点。

标注文字：系统自动提示数字信息。

系统继续提示指定第二条尺寸界线起点，直到结束。

标注效果如图 7-27 所示。

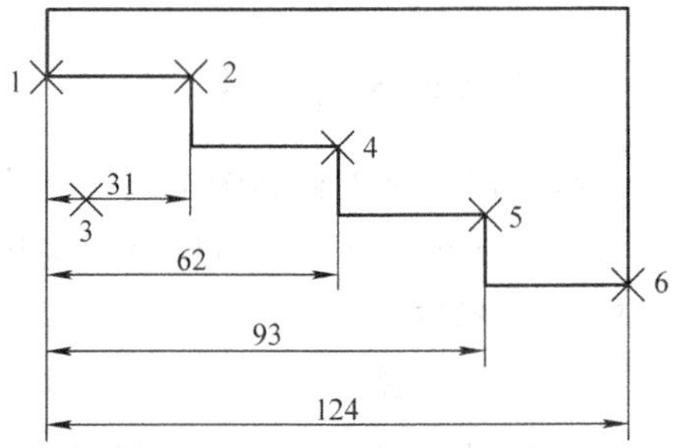

图 7-27　基线标注

4. 连续标注

连续标注是首尾相连的多个标注，前一尺寸的第二条尺寸界线就是后一尺寸的第一条尺寸界线。

(1) 执行途径

1) 工具栏："标注"/"连续标注"按钮

2) 下拉菜单："标注"/"连续标注"

3) 命令：DIMCONTINUE

(2) 操作说明　输入命令后，命令行提示与"基线标注"类似，不再赘述。

标注效果如图 7-28 所示。

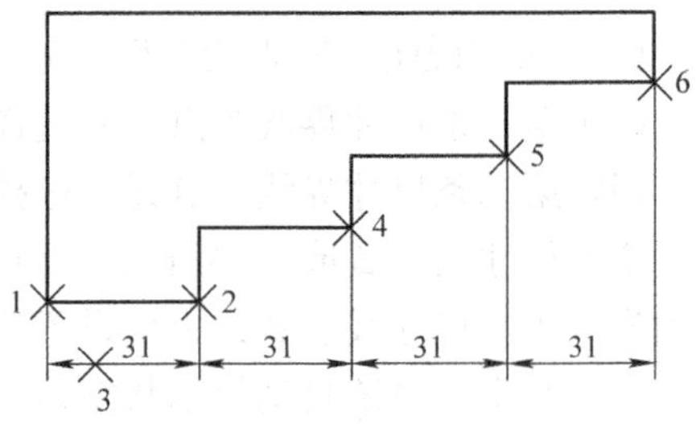

图 7-28　连续标注

5. 标注间距

使用“标注间距”命令可以自动调整平行的线性标注和角度标注之间的间距，或根据指定的间距值进行调整。

（1）执行途径

1）工具栏：“标注”／“标注间距”按钮

2）下拉菜单：“标注”／“标注间距”

3）命令：DIMSPACE

（2）操作说明　输入命令后，命令行提示：

选择基准标注：指定作为基准的尺寸标注。

选择要产生间距的标注：指定要控制间距的尺寸标注。

选择要产生间距的标注：可以连续选择，回车结束选择。

输入值或[自动(A)]<自动>：输入间距的数值。

默认状态是自动，即按照当前尺寸样式设定的间距。

标注效果如图 7-29 所示。

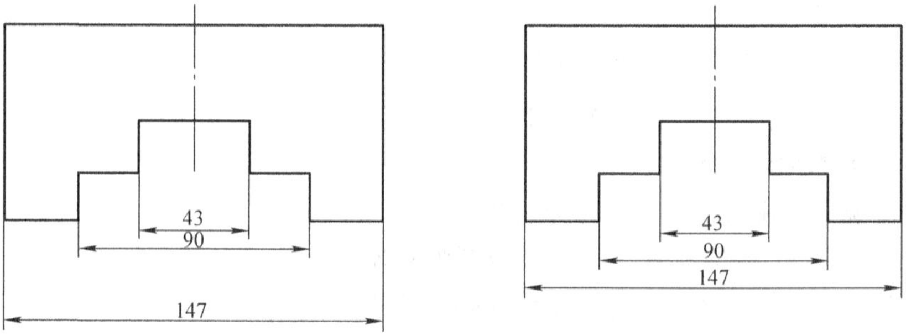

a)　　　　b)

图 7-29　标注间距

a）选择标注间距之前　b）选择标注间距之后

（3）特别提示　“标注间距”命令除了调整尺寸线间距，还可以通过输入间距值为 0，使尺寸线相互对齐。由于“标注间距”命令能够调整尺寸线的间距或对齐尺寸线，因而无需重新创建标注或使用夹点逐条对齐并重新定位尺寸线。

7.3.2　圆型尺寸标注

圆型尺寸是工程制图中另一种比较常见的尺寸，常用于轴类、盘类零件尺寸的标注，包括标注半径尺寸、标注直径尺寸和标注折弯半径尺寸。下面将分别介绍这两种尺寸的标注方法。

1. 半径标注

（1）执行途径

1）工具栏：“标注”／“半径”按钮

2）下拉菜单：“标注”／“半径标注”

3）命令：DIMRADIUS

（2）操作说明　输入命令后，命令行提示如下：

选择圆弧或圆：选择要标注半径的圆或圆弧对象。

指定尺寸线位置或[多行文字(M)/文字(T)/角度(A)]：移动光标至合适位置单击鼠标。

标注文字：系统自动提示数字信息。

标注效果如图 7-29 所示。

2. 直径标注

（1）执行途径

1）工具栏："标注"/"直径"按钮

2）下拉菜单："标注"/"直径标注"

命令：DIMDIAMETER

（2）操作说明　输入命令后，命令行提示与半径标注类似，不再赘述。

3. 折弯半径标注

（1）执行途径

1）工具栏："标注"/"折弯"按钮

2）下拉菜单："标注"/"折弯标注"

3）命令：DIMJOGGED

（2）操作说明　输入命令后，命令行提示：

选择圆弧或圆：选择要标注半径的圆或圆弧对象。

指定中心位置替代：鼠标确定尺寸线的起点位置。

标注文字：系统自动提示数字信息。

指定尺寸线位置或[多行文字(M)/文字(T)/角度(A)]：鼠标确定尺寸线的位置。

指定折弯位置：鼠标确定折弯的位置。

标注效果如图 7-30 所示。

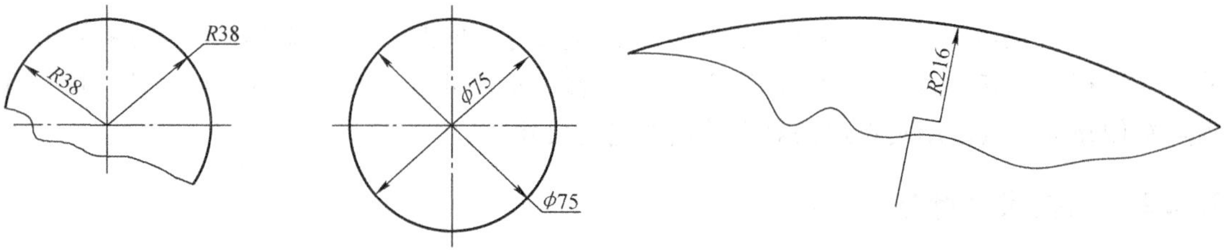

图 7-30　圆型尺寸标注

7.3.3　角度型尺寸标注

角度尺寸标注用于标注两条直线或 3 个点之间的角度。要测量圆的两条半径之间的角度，可以选择此圆，然后指定角度端点。对于其他对象，则需要先选择对象，然后指定标注位置。

1. 执行途径

1）工具栏：“标注”/“角度标注”按钮

2）下拉菜单：“标注”/“角度”

3）命令：DIMANGULAR

2. 操作说明

输入命令后，命令行提示如下：

选择圆弧、圆、直线或<指定顶点>：选择标注角度尺寸对象，选择小圆弧

指定标注弧线位置或[多行文字(M)/文字(T)/角度(A)]：移动光标至合适位置单击。

标注文字：系统自动提示数字信息。标注效果如图 7-31 所示。

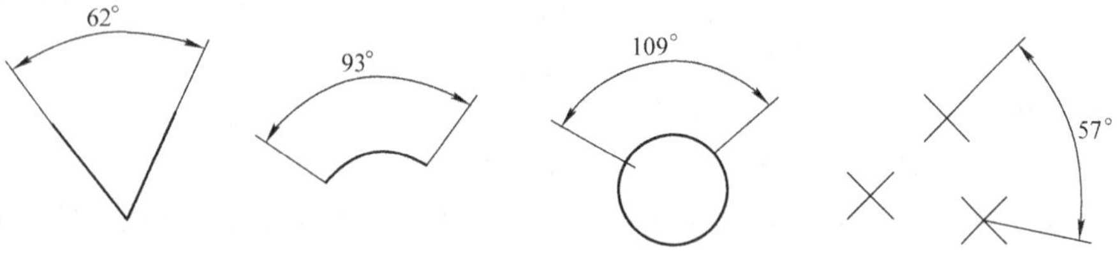

图 7-31 角度标注

7.4 编辑尺寸标注

编辑尺寸标注包括：旋转现有文字或用新文字替换现有文字。可以将文字移动到新位置或返回其初始位置，也可以将标注文字沿尺寸线移动到左、右、中心或尺寸界线之内或之外的任意位置。

7.4.1 编辑标注

该命令用来进行修改已有尺寸标注的文本内容和文本放置方向。

1. 执行途径

1）工具栏：“标注”/“编辑标注”按钮

2）命令：DIMEDIT

2. 操作说明

输入命令后，命令行提示如下：

输入标注类型[默认(H)/新建(N)/旋转(R)/倾斜(O)]<默认>：

此提示中有 4 个选项，各选项含义如下：

1）“默认”（H）选项：此选项用于将尺寸文本按 DDIM 所定义的默认位置、方向重新置放。

2）“新建”（N）选项：此选项用于更新所选择的尺寸标注的尺寸文本。

3）“旋转”（R）选项：此选项用于旋转所选择的尺寸文本。

4）“倾斜”（O）选项：此选项用于倾斜标注，即编辑线性尺寸标注，使其尺寸界线倾

斜一个角度，不再与尺寸线相垂直，常用于标注锥形图形。

7.4.2 编辑标注文字

该命令用来修改已有尺寸标注的放置位置。

1. 执行途径

1）工具栏："标注"/"编辑标注"按钮

2）命令：DIMTEDIT

2. 操作说明

输入命令后，命令行提示如下：

选择标注：选定要修改位置的尺寸。

指定标注文字的新位置或［左（L）/右（R）/中心（C）/默认（H）/角度（A）］：

1）"左（L）"选项：此选项用于将尺寸文本按尺寸线左端置放。

2）"右（R）"选项：此选项用于将尺寸文本按尺寸线右端置放。

3）"中心（C）"选项：此选项用于将尺寸文本按尺寸线中心置放。

4）"默认（H）"选项：此选项用于将尺寸文本按 DDIM 所定义的默认位置置放。

5）"角度（A）"选项：此选项用于将尺寸文本按一定角度置放。

7.4.3 尺寸标注更新

该命令用来进行替换所选择的尺寸标注的样式。

1. 执行途径

1）工具栏："标注"/"标注更新"按钮

2）命令：DIMSTYLE

2. 操作说明

在执行该命令前，先将需要的尺寸样式设为当前的样式。

输入命令后，命令行提示如下。

选择对象：选择要修改样式的尺寸标注。

选择对象：回车。

命令结束后，所选择的尺寸样式变为当前的样式。

7.5 标注公差

公差标注分为尺寸公差标注和形位公差标注两种形式，这两种公差标注形式需要通过不同的途径实现。

7.5.1 标注尺寸公差

标注尺寸公差有两种不同的方法，下面分别叙述：

（1）使用"特性"命令进行标注 选定一种标注样式进行尺寸标注，然后选中该尺寸，单击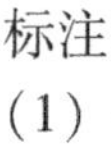按钮，弹出"特性"对话框，如图 7-32 所示。在该对话框中，选定公差形式、公

差精度、公差高度，填入上偏差、下偏差；最后，关闭该对话框，按“Esc”键一次。

（2）使用“分解”命令进行标注　选定一种标注样式进行尺寸标注，然后选中该尺寸，单击　按钮，分解该尺寸块，再双击该尺寸数字，弹出“文字格式”对话框，如图 7-33 所示。在该对话框中，输入上偏差、下偏差，在上偏差和下偏差之间输入“^”，选中上偏差、下偏差，单击“分式”按钮，使其变成上下两部分，其间没有横线。

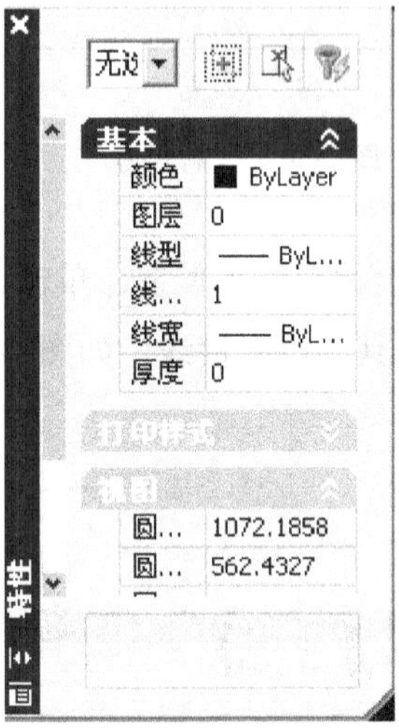

图 7-32　“特性”对话框

（3）应用示例　下面以图 7-34 所示的尺寸公差为例，说明操作步骤。

操作步骤如下：

1）选定一种标注样式进行尺寸标注，如图 7-35 所示。

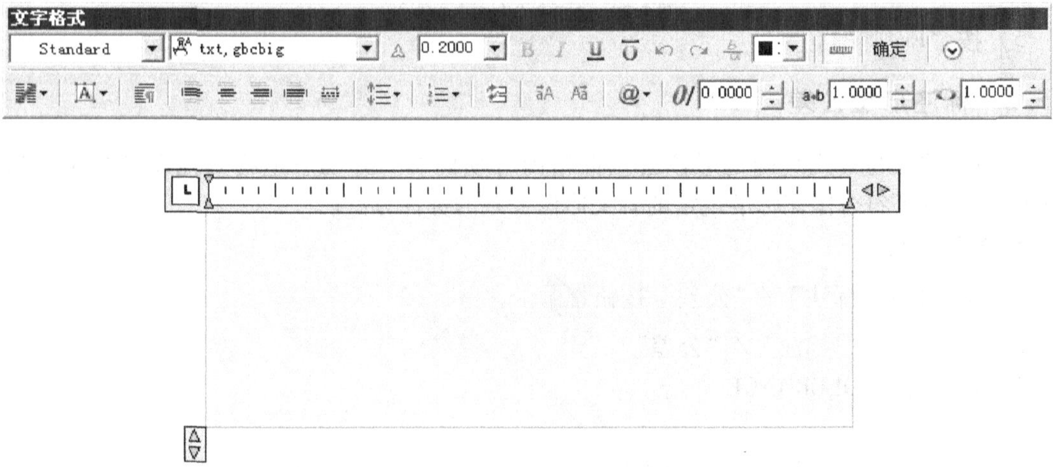

图 7-33　“文字编辑”对话框

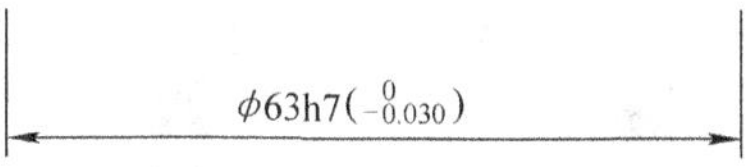

图 7-34　尺寸公差标注

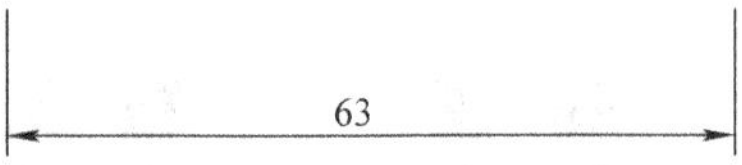

图 7-35　标注尺寸

2）然后选中该尺寸，单击　按钮，分解该尺寸块，如图 7-36 所示。

3）再双击该尺寸数字，弹出“文字格式”对话框，在该对话框中，输入上偏差、下偏差，在上偏差和下偏差之间输入“^”，如图 7-37 所示。

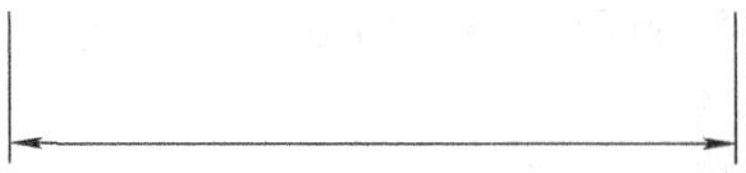

图 7-36　分解尺寸

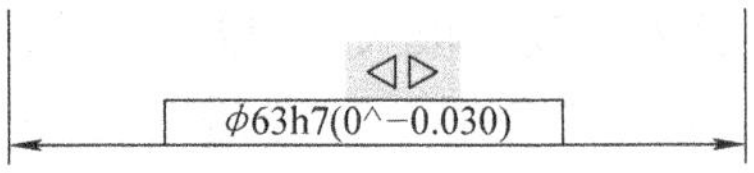

图 7-37　双击该尺寸数字

4）选中上偏差、下偏差，单击“文字格式”对话框中的“分式”按钮，使其变成上下两部分，其间没有横线，如图 7-38 和图 7-39 所示。

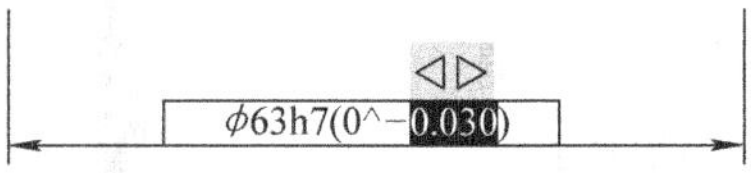

图 7-38　选中上偏差、下偏差

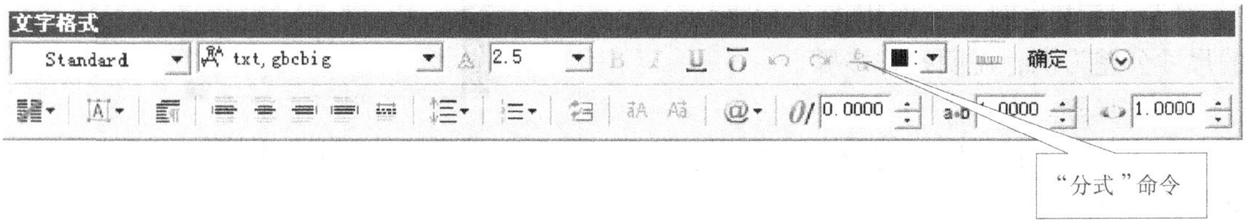

图 7-39　执行“分式”命令

5）按“Esc”键。

7.5.2　标注形位公差

形位公差注写方式是确定形位公差框格内各项内容，并动态地将其拖动到指定位置。AutoCAD 提供了符合国家标准规定的有关形位公差的标注方法。

1. 执行途径

1）工具栏：“标注”/“公差”按钮

2）下拉菜单：“标注”/“公差”

3）命令行：TOLERANCE

2. 操作说明

执行上述命令后，AutoCAD 自动弹出“形位公差”对话框，如图 7-40 所示。

1）在“形位公差”对话框中，单击“符号”方框时，AutoCAD 又自动弹出“符号”

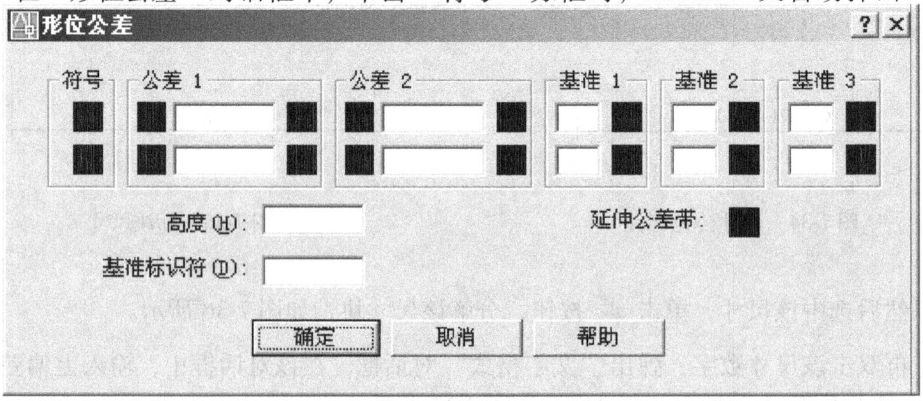

图 7-40　“形位公差”对话框

对话框，如图7-41所示。

2）在“符号”对话框中，用光标单击一个符号，AutoCAD自动回到“形位公差”对话框。

3）在“形位公差”对话框中的“公差1”栏内，可单击出符号并填写公差值。

4）在“形位公差”对话框中的“公差2”栏内，可单击出符号并填写公差值。

5）在“形位公差”对话框中的“基准1”、“基准2”、“基准3”栏内，分别填写相应的基准部位符号。

6）设置完各项参数后，单击“确定”按钮，系统提示：

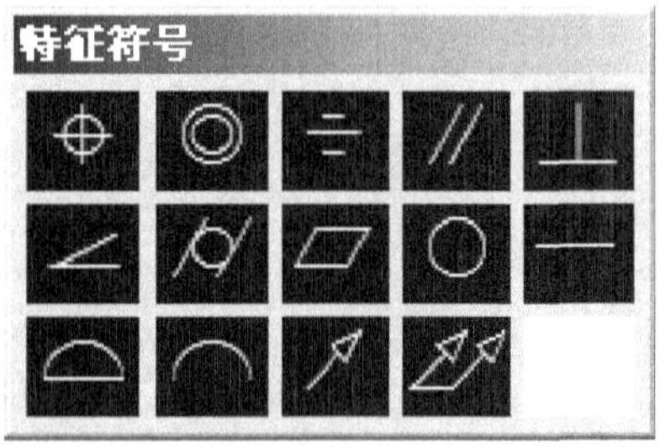

图7-41 “符号”对话框

输入公差位置：拖动形位公差框格到所需位置或输入形位公差标注位置坐标，如图7-42所示。

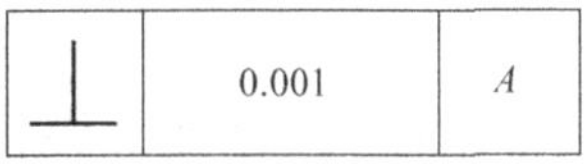

图7-42 形位公差框格

3. 特别提示

也可以创建带有引线的形位公差，操作步骤如下：

1）在命令提示下，输入LEADER。

2）指定引线的起点。

3）指定引线的第二点。

4）按两次“Enter”键，以显示" 注释" 选项。

5）输入T（公差），然后创建形位公差特征控制框，特征控制框将附着到引线的端点。

7.6 多重引线标注

引线标注方式使引线与说明的文字一起标注。引线对象是一条线或样条曲线，其一端带有箭头，也可无箭头。另一端带有多行文字对象或块。在某些情况下，有一条短水平线（又称为基线）将文字或块和特征控制框连接到引线上。多重引线标注是CAD 2008的新功能。

7.6.1 创建多重引线样式

多重引线样式可以控制引线的外观，指定基线、引线、箭头和内容的格式。用户可以使用默认多重引线样式STANDARD，也可以创建自己的多重引线样式。

1. 执行途径

1）工具栏：“样式”/“多重引线样式”按钮 

2）下拉菜单：“格式”/“多重引线样式”

3）命令行：MLEADERSTYLE

2. 操作说明

1）在" 多重引线" 工具栏上，单击“多重引线样式”，AutoCAD自动弹出“多重引线样式管理器”对话框，如图7-43所示。

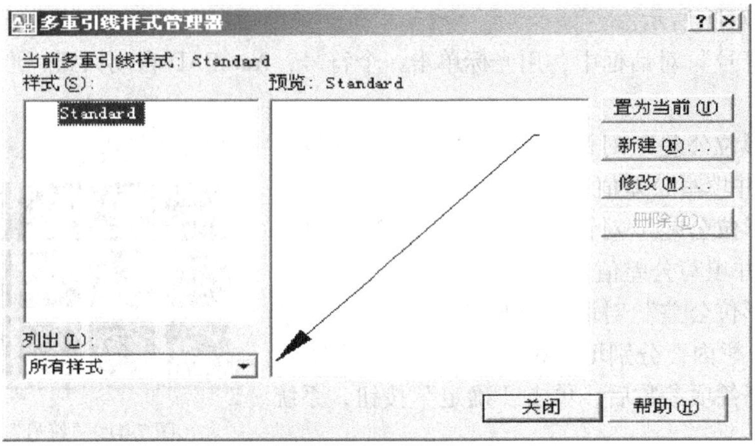

图 7-43 “多重引线样式管理器”对话框

2）在多重引线样式管理器中，单击“新建”按钮，出现“创建新多重引线样式”对话框，如图 7-44 所示，设定新多重引线样式的名称。

3）单击“继续”按钮，出现“修改多重引线样式”对话框，如图 7-45 所示。在“修改多重引线样式”对话框里，设置不同的参数，单击“确定”按钮，保存修改的参数，即得到新的多重引线样式。

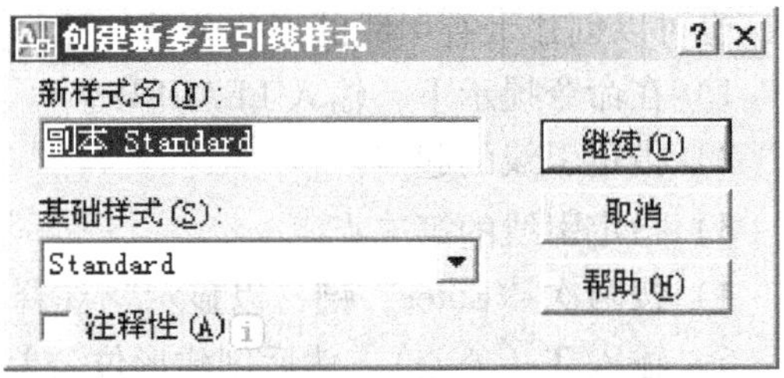

图 7-44 “创建新的多重引线样式”对话框中

3. “修改多重引线样式”对话框简介

“修改多重引线样式”对话框下面有三个选项卡，分别是“引线格式”、“引线结构”、“内容”，下面分别介绍其含义：

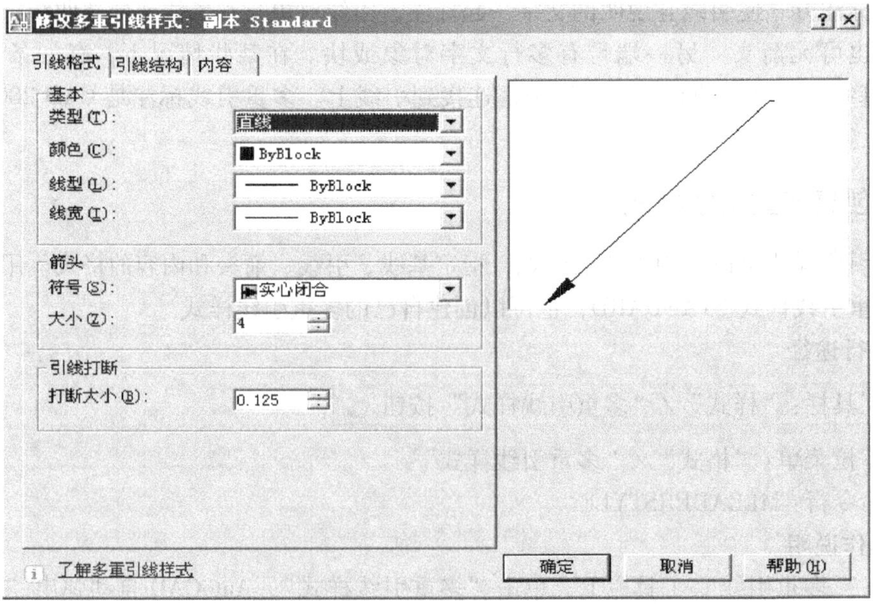

图 7-45 “修改多重引线样式”对话框

（1）“引线格式”选项卡　“引线格式”选项卡如图 7-45 所示，各选项解释如下：

1）类型：确定基线的类型，可以选择直线基线、样条曲线基线或无基线。

2）颜色：确定基线的颜色。

3）线型：确定基线的线型。

4）线宽：确定基线的线宽。

5）箭头：指定多重引线箭头的符号和尺寸。

（2）“引线结构”选项卡　“引线结构”选项卡如图 7-46 所示，各选项解释如下：

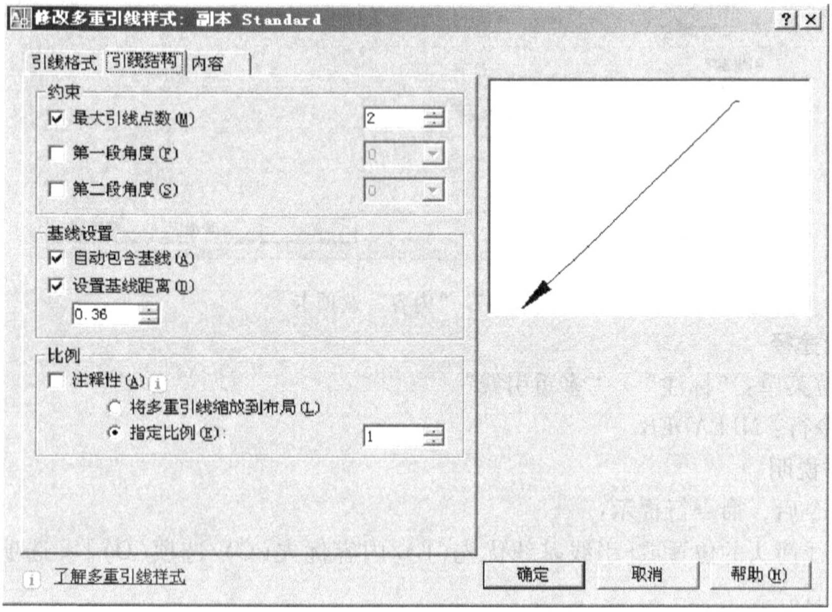

图 7-46　“引线结构”选项卡

1）最大引线点数：指定多重引线基线的点的最大数目。

2）第一段角度和第二段角度：指定基线中第一个点和第二个点的角度。

3）自动包含基线：将水平基线附着到多重引线内容。

4）设置基线距离：确定多重引线基线的固定距离。

（3）“内容”选项卡　“内容”选项卡如图 7-47 所示，各选项解释如下：

1）默认文字：设置多重引线内容的默认文字，可在此处插入字段。

2）文字样式：指定属性文字的预定义样式，显示当前加载的文字样式。

3）文字角度：指定多重引线文字的旋转角度。

4）文字颜色：指定多重引线文字的颜色。

5）文字高度：将文字的高度设置为将在图纸空间显示的高度。

6）文字加框：使用文本框对多重引线文字内容加框。

7）基线间距：指定基线和多重引线文字之间的距离。

7.6.2　标注多重引线

使用该命令，可以选择默认的或新创建的多重引线样式进行标注。

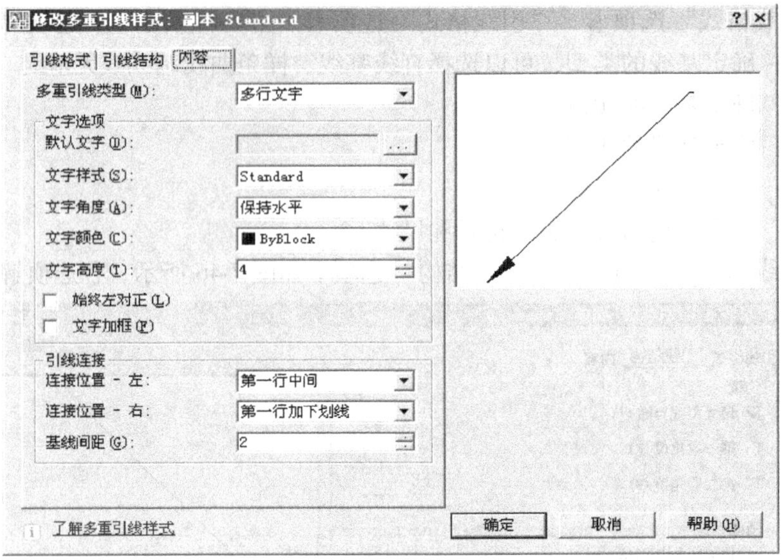

图 7-47 “内容”选项卡

1. 执行途径

1）下拉菜单：“标注”／“多重引线”

2）命令行：MLEADER

2. 操作说明

执行命令后，命令行提示：

指定引线箭头的位置或[引线基线优先(L)/内容优先(C)/选项(O)]<选项>:指定引线箭头的位置。

指定引线基线的位置：指定引线基线的位置。

在随之出现的文字格式编辑框输入文本，单击“确定”按钮，结束命令。

3. 应用举例

标注如_2X45°所示的注解。

操作步骤如下：

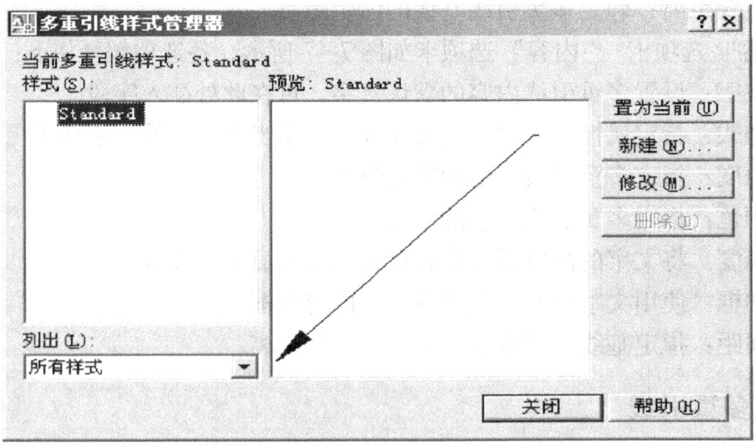

图 7-48 “多重引线样式管理器”对话框

1）在“多重引线”工具栏上，单击“多重引线样式”，AutoCAD 自动弹出“多重引线样式管理器”对话框，如图 7-48 所示。

2）在“多重引线样式管理器”中，单击“新建”，出现“创建新的多重引线样式”对话框，如图 7-49 所示，指定新多重引线样式的名称，单击“继续”按钮。

3）单击“继续”按钮，出现“修改多重引线样式”对话框，在“内容”选向卡中，选中第一行加下划线，如图 7-50 所示。

4）单击“确定”按钮，退出对话框。

5）选择一种定义的多重引线样式为当前样式，单击“标注”菜单的“多重引线样式”标注。

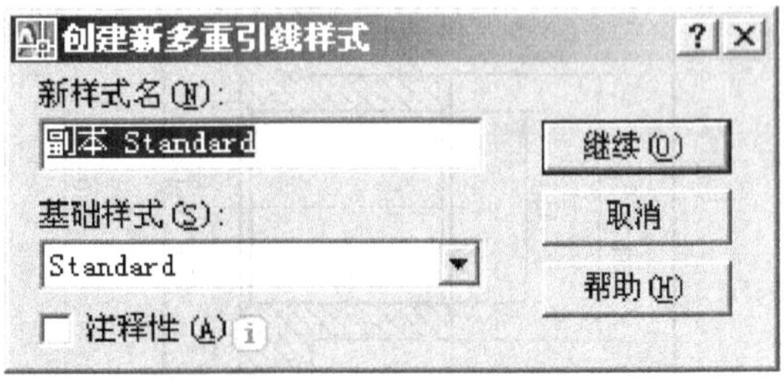

图 7-49 “创建新的多重引线样式”对话框

6）确定引线第一点。

7）确定引线第二点，出现“文字编辑”对话框，输入注解 *C*2，单击“确定”按钮。

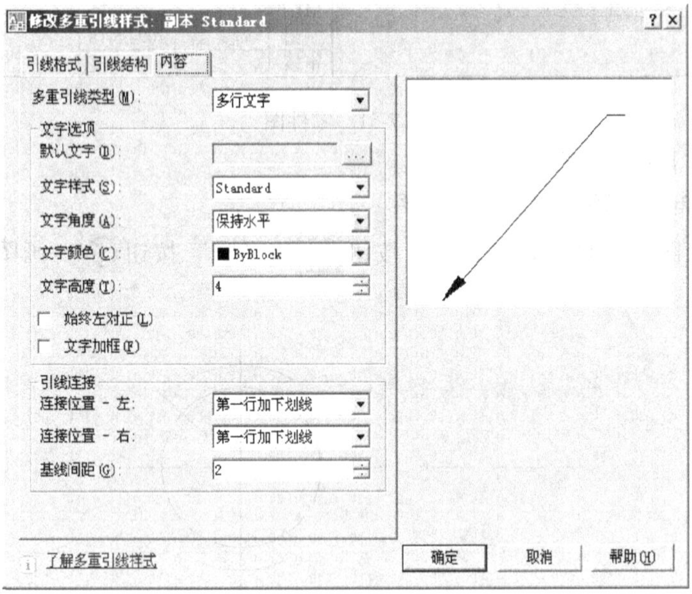

图 7-50 “内容”选项卡

7.7 上机指导（绘制零件图）

例题：绘制如图 7-51 所示零件图。

操作步骤：

1）设置 4 种线型图层，分别是粗实线图层、细实线图层、虚线图层和点画线图层。

2）设置两种文字样式，分别是 5 号字样式和 7 号字样式（步骤见第 6 章 6.1 的介绍）。

3）设置 3 种尺寸标注样式，分别为长度型标注样式、圆型标注样式和角度型标注样式

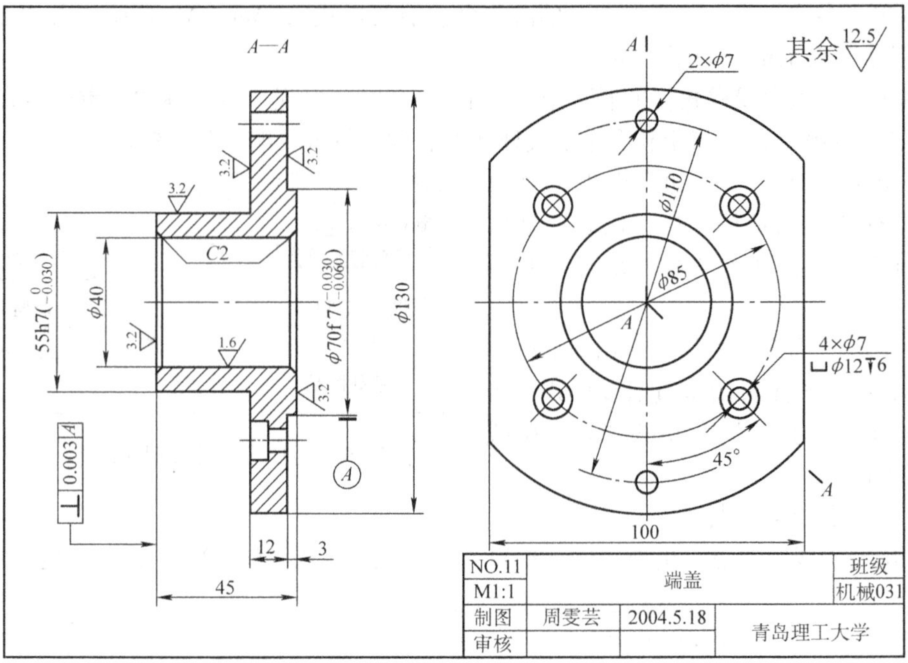

图 7-51　零件图

（步骤见第 7 章 7. 1. 4 的介绍）。

4）画 A4 图框和标题栏，并填写文字。

5）单击“绘图”工具栏的“直线”按钮和“圆”按钮，画图形的中心线，如图 7-52 所示。

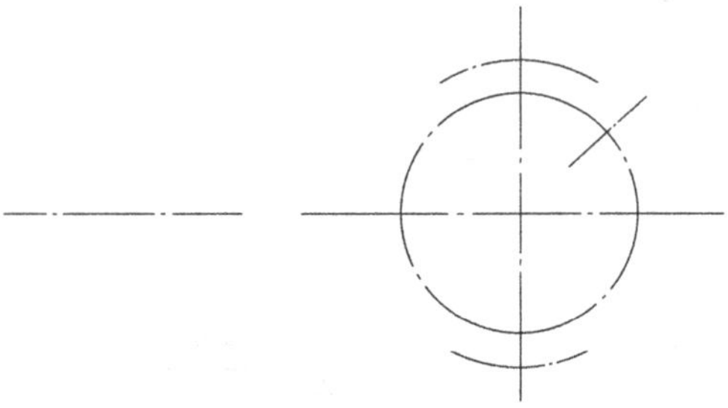

图 7-52　画点画线

6）单击“绘图”工具栏的“圆”按钮，画大小不同的三个圆，如图 7-53 所示。

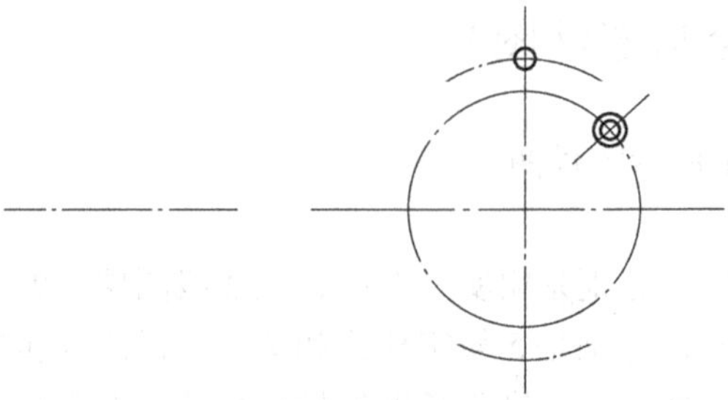

图 7-53　画圆

7）单击“修改”工具栏的“阵列”按钮，用环形阵列方式画 4 个均布圆，如图 7-54 所示。

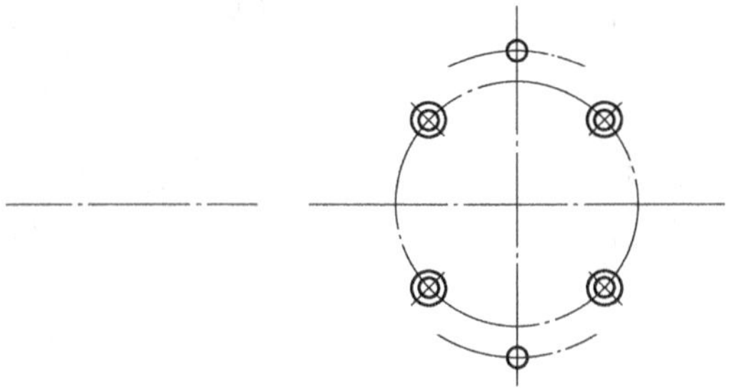

图 7-54　“阵列”4 个均布圆

8）单击“绘图”工具栏的“圆”按钮画圆，如图 7-55 所示。

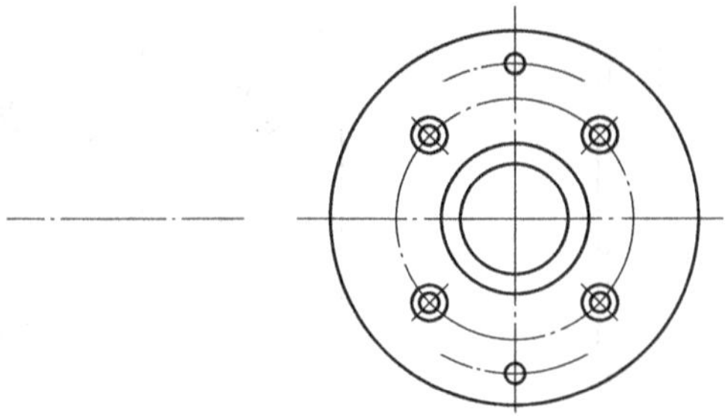

图 7-55　画圆

9）单击“修改”工具栏的“偏移”和“修剪”按钮进行修剪，得到修剪图形（左视图），如图 7-56 所示。

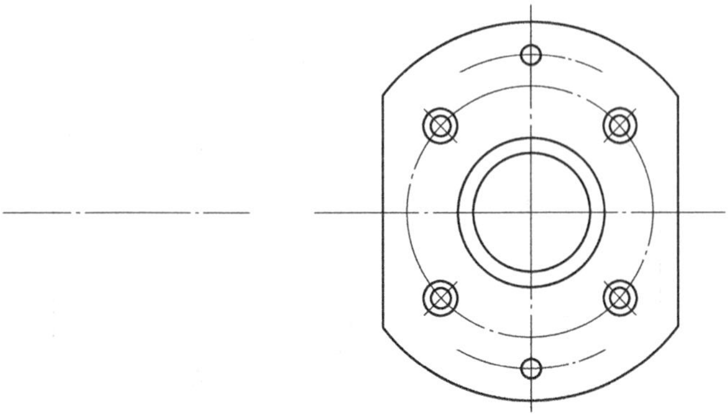

图 7-56　修剪图形

10）单击“修改”工具栏的“偏移”按钮，画主视图的轮廓线，如图 7-57 所示。

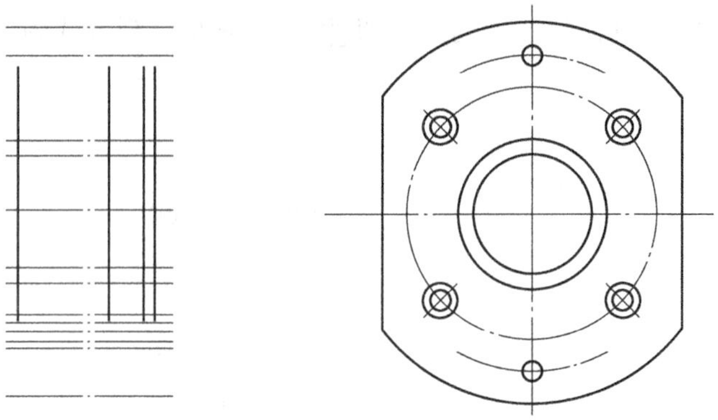

图 7-57　画主视图的轮廓线

11）单击“修改”工具栏的“修剪” 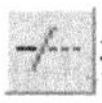 按钮进行修剪，得到如图 7-58 所示主视图。

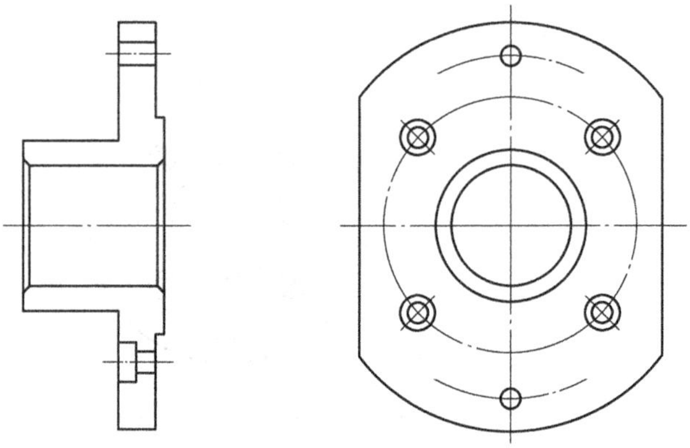

图 7-58　剪切多余线

12）单击“绘图”工具栏的“图案填充”按钮  进行填充，如图 7-59 所示。

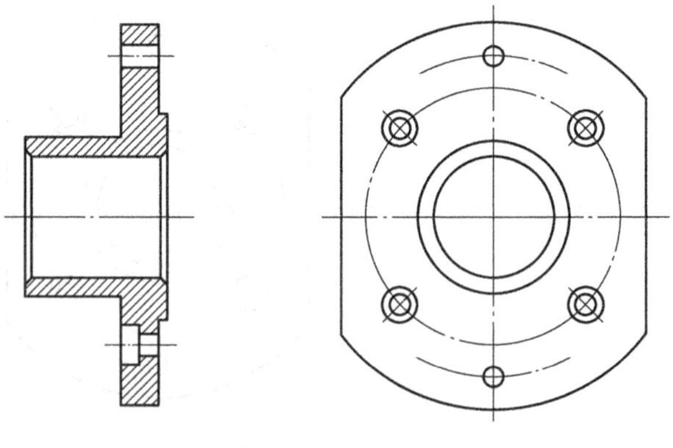

图 7-59　填充剖面线

13）标注符号，如图 7-60 所示。

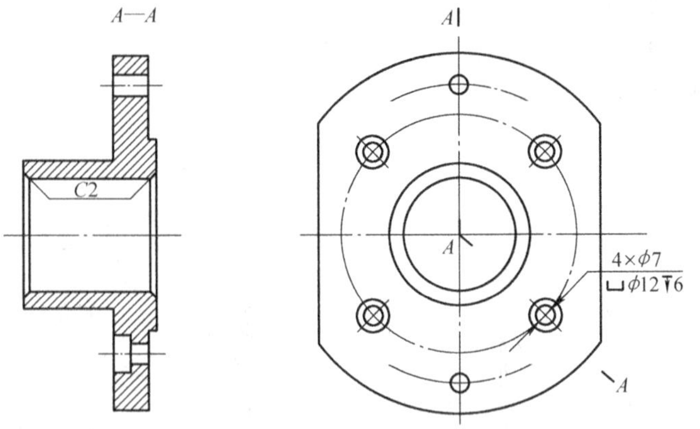

图 7-60　标注符号

14）标注表面粗糙度，如图 7-61 所示。

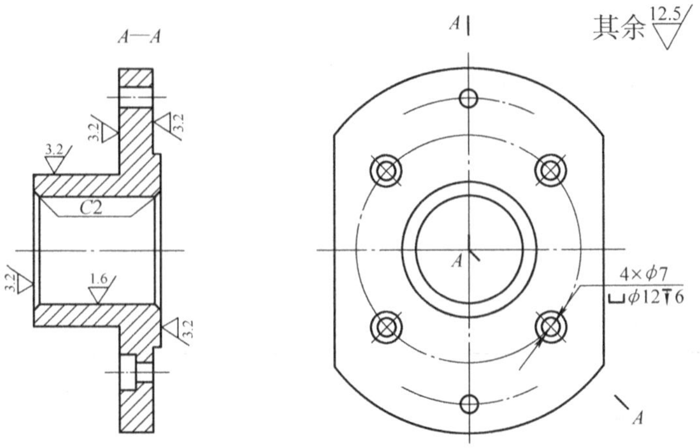

图 7-61　标注粗糙度

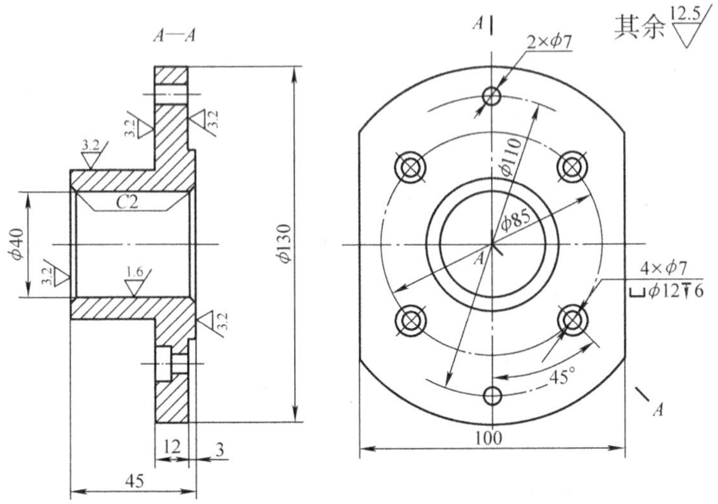

图 7-62　标注尺寸

15）标注尺寸，如图 7-62 所示。

16）标注尺寸公差和形位公差，如图 7-63 所示。

17）完成全图，如图 7-51 所示。

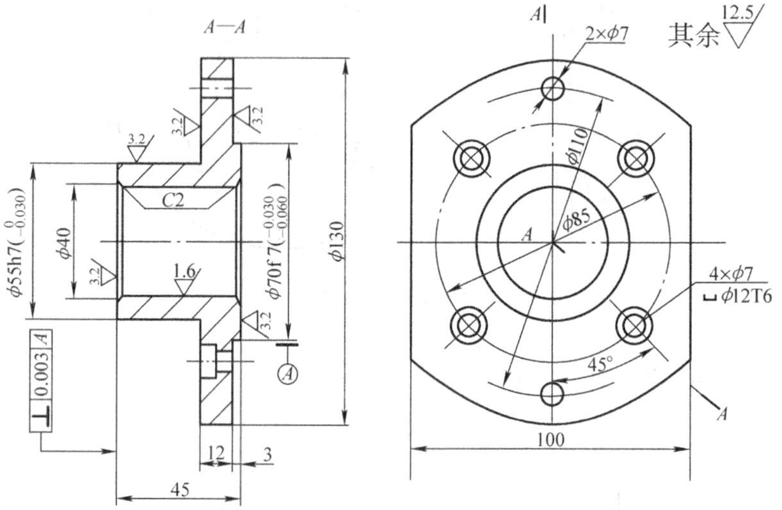

图 7-63　标注公差

7.8　操作练习

绘制如图 7-64 ~ 图 7-68 所示的零件图。

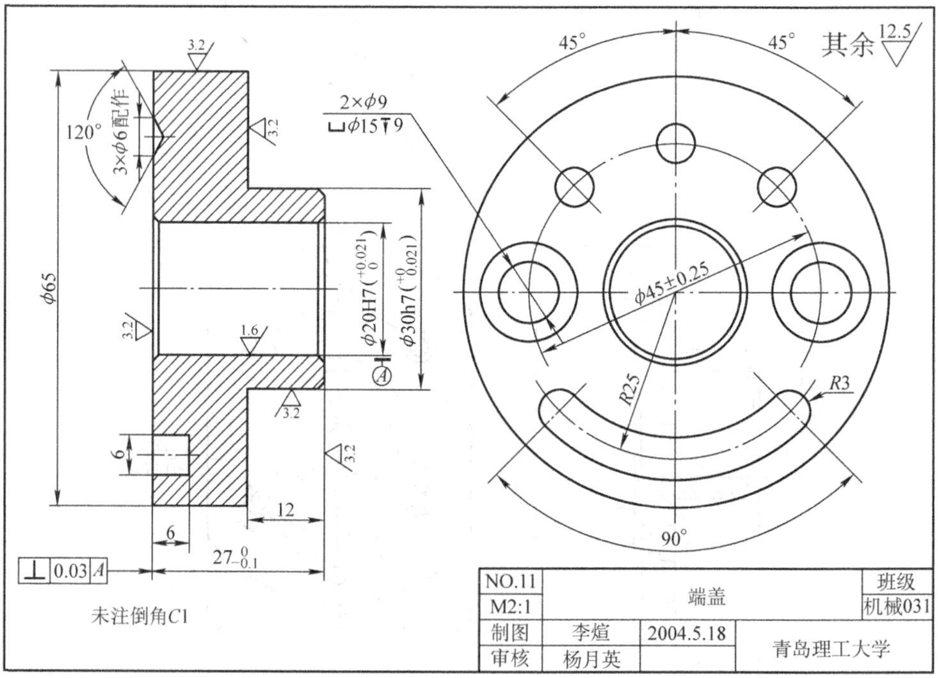

图 7-64　零件图 1

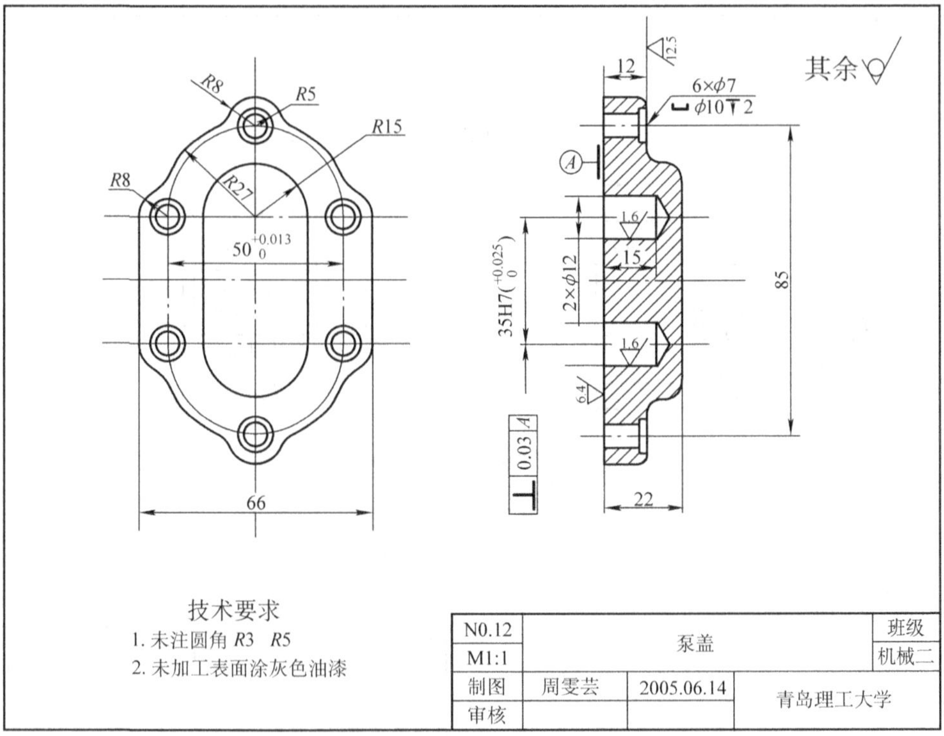

图 7-65 零件图 2

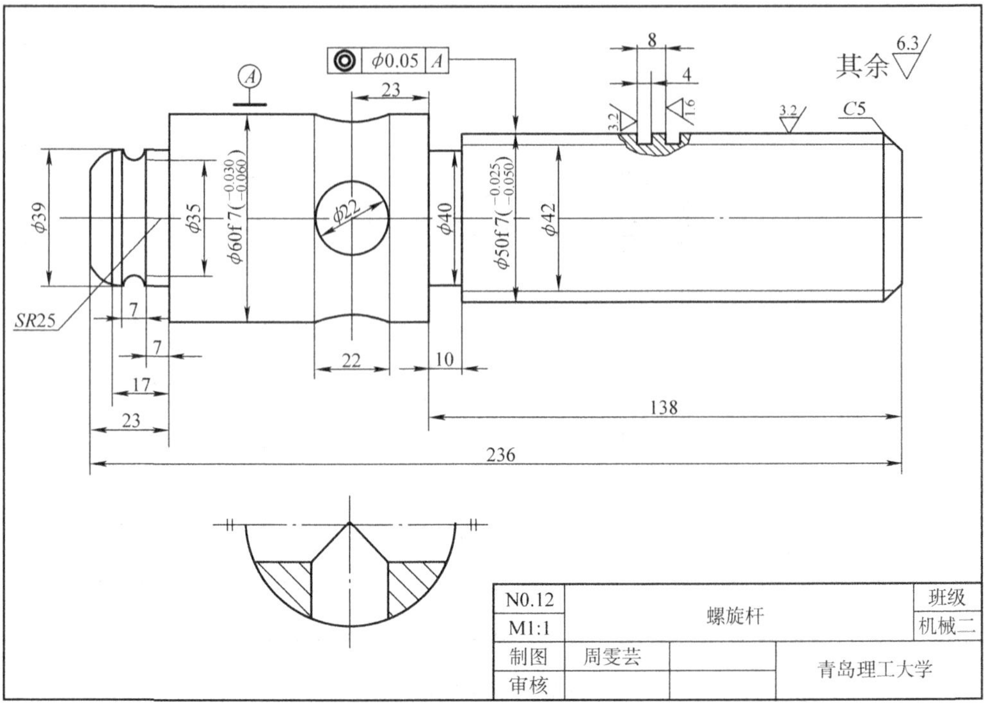

图 7-66 零件图 3

其余 6.3

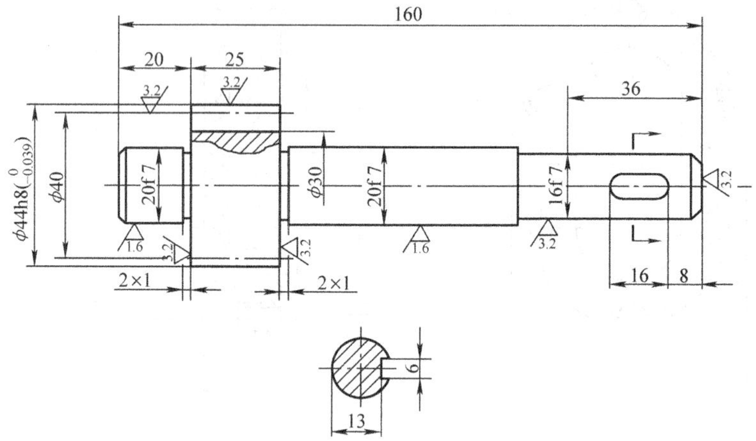

技术要求

1. 调质 220～250HBW。

2. 表面处理：发蓝。

3. 未注倒角C2。

N0.11	轴		班级
M1:1			机械031
制图	刘佳	2004.5.17	青岛理工大学
审核	杨阳		

图 7-67　零件图 4

其余 6.3

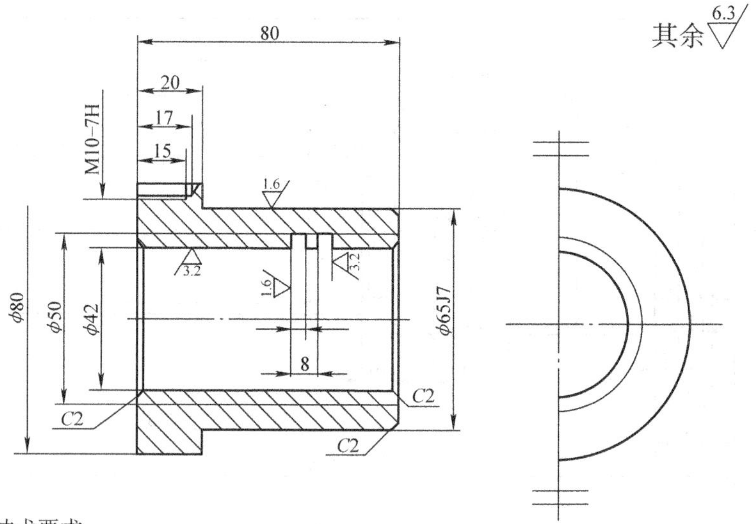

技术要求

未注圆角 *R*1

N0.11	螺套		班级
M1:1			机械031
制图	李煊	2004.5.17	青岛理工大学
审核			

图 7-68　零件图 5

第 8 章　利用图块和属性进行绘图

［教学目标］

通过对本章的学习，读者应学会创建图块和插入图块的基本方法，并能够对图块添加属性。

［教学重点与难点］

- 创建图块
- 保存图块
- 插入图块
- 在图块中添加属性

图块（简称块）是 AutoCAD 为用户提供的在图形中管理对象的重要功能之一，属性是块的文本信息。本单元主要介绍有关块和属性的性质、概念、设置及具体的操作等内容。

8.1　图块的用途和性质

8.1.1　图块的用途

图块功能可把设计绘图人员从某些重复性的绘图中解脱出来，可大大提高绘图效率。块的具体功用如下：

（1）便于图形的修改　绘制好的工程图样有时要进行修改，如果进行逐个修改就要花费较多时间。利用图块修改的一致性，所插入的相同图块可一起修改，这样便节省了逐个修改的时间。

（2）节省磁盘空间　当一组图形在图中重复出现时，会占据较多的磁盘空间，若把这组图形定义成块并存入磁盘，则对块的每次插入，AutoCAD 仅需记住块的插入点坐标、块名、比例和转角，从而可以节省内存空间。

（3）建立图形库　把经常使用的图形定义成块，并建立一个图库，当绘图时，可以将块从图库中调出使用，避免许多重复性的工作。

（4）加入属性　若要在图中加入一些文本信息，这些文本信息可以在每次插入块时改变，并且可以像普通文本那样显示出来或隐藏起来，这样的文本信息被称为属性。用户还可以从图中提取属性值并为其他数据库提供资源。

8.1.2　图块的性质

（1）图块的嵌套　图块可以嵌套，即一个块中可以包含对其他块的引用。块可以多层嵌套，系统对每个块的嵌套层数没有限制。例如，在机械设计中，用户将螺栓定义为块，螺栓联接引用了块，如果螺栓联接在设计绘图中也经常用到，那么也可以将其定义成块，块中含有块，即是块的嵌套。

（2）图块与图层、线型、颜色的关系

1）可以把不同图层上的颜色和线型各不相同的对象定义为图块，可以在图块中保持对象的图层、颜色和线型信息。每次插入块时，块中每个对象的图层、颜色和线型的属性将不会变化。

2）如果图块的组成对象在0图层，并且对象的颜色和线型设置为随层，当把此块插入到当前图层时，AutoCAD将指定该块的颜色和线型与当前图层的特性相同，也就是说，当前图层的特性将替代任何明确指定给此块的颜色或线型等特性。

3）如果组成图块的对象的颜色或线型设置为随块，当插入此块时，组成块的对象的颜色和线型将设置为系统的当前值。如果当前图层的颜色和线型没有明确指定，块的颜色和线型将由该图层的特性来指定。

（3）图库修改的一致性　在绘制某个产品的成套工程图时，通常把零件建成零件图库，然后利用块插入的方法将零件插到某些部件装配图或总装配图中。如果某些零件图做了修改，那么与之有关的装配图会自动修改，这就是AutoCAD提供的图库修改的一致性。

8.2 创建图块和保存图块

8.2.1 创建图块

在创建图块之前，先绘制图形，然后将绘制的图形对象定义成图块。

1. 执行途径

1）工具栏：“绘图”“创建块”按钮

2）下拉菜单：“绘图”/“块”/“创建”

3）命令：BLOCK、BMAKE

2. 操作说明

单击“绘图”工具栏的“创建块”按钮，弹出一个“块定义”对话框，如图8-1所示。

（1）“块定义”对话框简介　在“块定义”对话框中，用户需要设置“名称”下拉列表框、“基点”选项组、“对象”选项组，其他选项采用默认设置即可。

1）“名称”下拉列表框用于输入当前要创建的图块的名称。

2）“基点”选项组用于确定插入点的位置，此处定义的插入点是该块将来插入的基准点，也是块在插入过程中旋转或缩放的基点。用户可以通过在“X”文本框、“Y”文本框和“Z”文本框中直接输入坐标值或单击“拾取点”按钮，切换到绘图区，在图形中直接指定。

3）“对象”选项组用于指定包括在新块中的对象，选中“保留”单选按钮，表示定义图块后，构成图块的图形实体将保留在绘图区，不转换为块；选中“转换为块”单选按钮，表示定义图块后，构成图块的图形实体也转换为块；选中“删除”单选按钮，表示定义图块后，构成图块的图形实体将被删除。用户可以通过单击“选择对象”按钮，切换到绘图区选择要创建为块的图形实体。

4）“设置”选项组包括“块单位”、“说明”、“超级链接”三项，“块单位”下拉列表框用于设置 AutoCAD 设计中心拖动块时的缩放单位；“说明”框内，用户可以为块输入描述性的文字解释；“超级链接”选项，将来用户可以通过此链接来浏览其他文件或者访问 Web 网站。单击“超级链接”按钮后，系统弹出“插入超级链接”对话框。

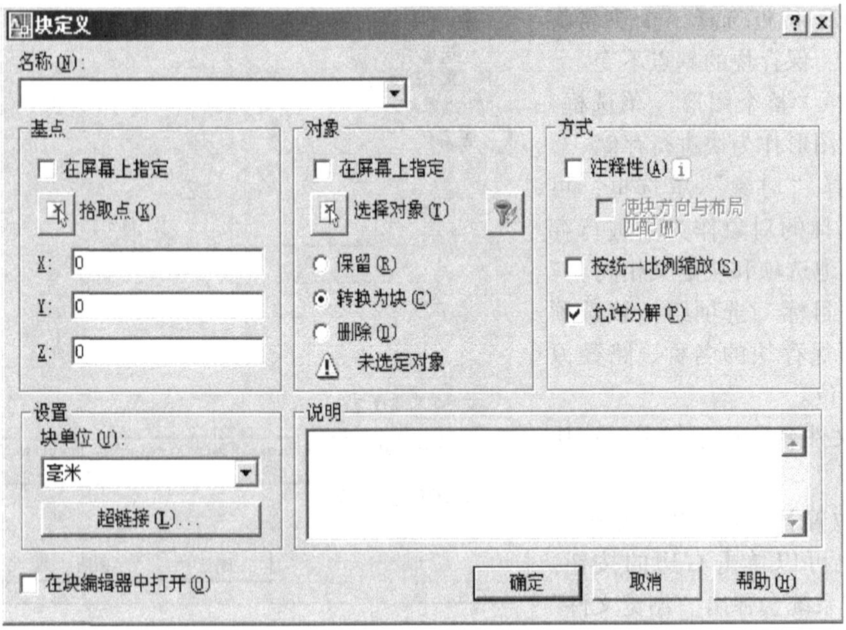

图 8-1 “块定义”对话框

（2）创建图块步骤

1）在“名称”对话框中输入块名。

2）在“基点”选项组中单击“拾取点”按钮。

3）选择插入基点。

4）在“选择”选项组中单击“选择对象”按钮。

5）利用框选选择要定义成块的对象。

6）单击“确定”按钮，即可将所选对象定义成块。

3. 特别提示

按上述方法定义的块只存在于当前图形中，执行新建图形操作或关机后，该块即消失。若要保留定义的块，需执行“WBLOCK”命令，详见后述。

8.2.2 保存图块

若要保留定义的块，需执行“WBLOCK”命令，执行该命令，可将当前指定的图形或已定义过的块作为一个独立的图形文件存盘。

1. 执行途径

命令：WBLOCK

2. 操作说明

在命令提示行上输入“WBLOCK”命令或简化命令 W，弹出一个“写块”对话框，如

图 8-2 所示。

该对话框的各个选项功能如下：

（1）“源”选项组　该选项组用于指定存储块的对象及块的基点。

1）选择“块”单选框，用户可以通过此下拉框选择一个块名将块进行保存，保存块的基点不变。

2）选择“整个图形”单选框，可以将整个图形作为块进行存储。

3）选择“对象”单选框，可以将用户选择的对象作为块进行存储，另外其他选项和块定义相同。

（2）“目标”选项组　该选项组用于设置保存块的名称、路径以及插入的单位。

1）“文件名”用于指定保存块的文件名。

2）“位置”用户可以在该框中直接输入也可以单击右边的按钮。若单击按钮系统会弹出“浏览文件”对话框，利用此对话框来选择保存路径。

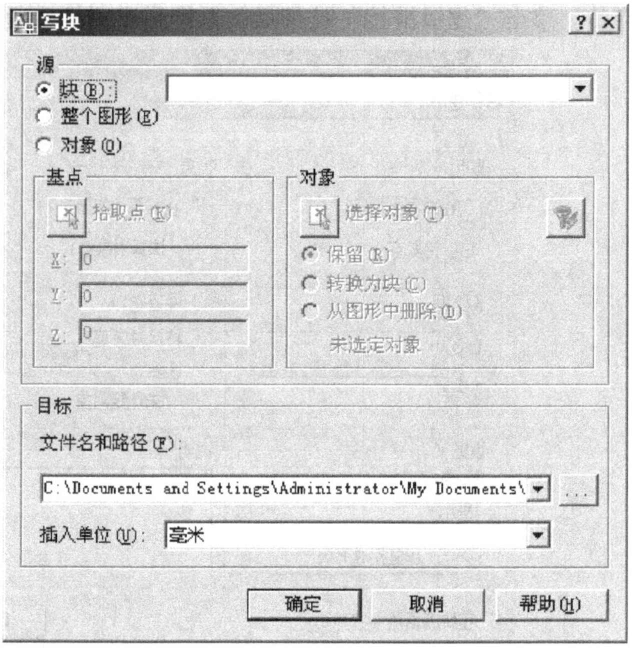

图 8-2　“写块”对话框

3）“插入单位”用户可以通过下拉列表选择从 AutoCAD 设计中心拖动块时的缩放，单击“确定”按钮，完成图块的保存。

8.3　调用图块

已定义过的块，可以使用“DDINSERT”或“INSERT”命令将块或整个图形插入到当前图形中，当插入块或图形时，需指定插入点、缩放比例和旋转角。当把整个图形插入到另一个图形时，AutoCAD 会将插入图形当作块引用处理。

1. 执行途径

1）工具栏：“绘图”“插入块”按钮

2）命令：DDINSERT、INSERT 和 MINSERT

2. 操作说明

“DDINSERT”是以对话框方式执行的插入块命令；“INSERT”是以命令行方式执行的插入块命令；“MINSERT”是以矩形阵列方式的插入块命令。

单击“绘图”工具栏中的“插入块”按钮，此时弹出一个“插入”对话框，如图 8-3 所示。

（1）“插入”对话框简介　在“插入”对话框设置相应的参数就可以插入图块，包含有“名称”下拉列表框、“插入点”选项组、“缩放比例”选项和“旋转”选项组。

1）在“名称”下拉列表框中选择已定义的需要插入到图形中的图块，或者单击“浏览”按钮，弹出如图 8-4 所示的“选择文件”对话框，找到要插入的图块，单击“打开”按钮，返回“插入”对话框进行其他参数设置。

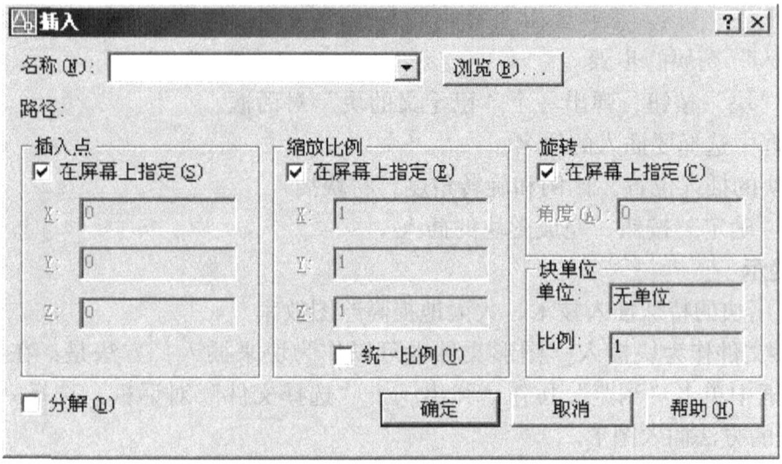

图 8-3　“插入”对话框

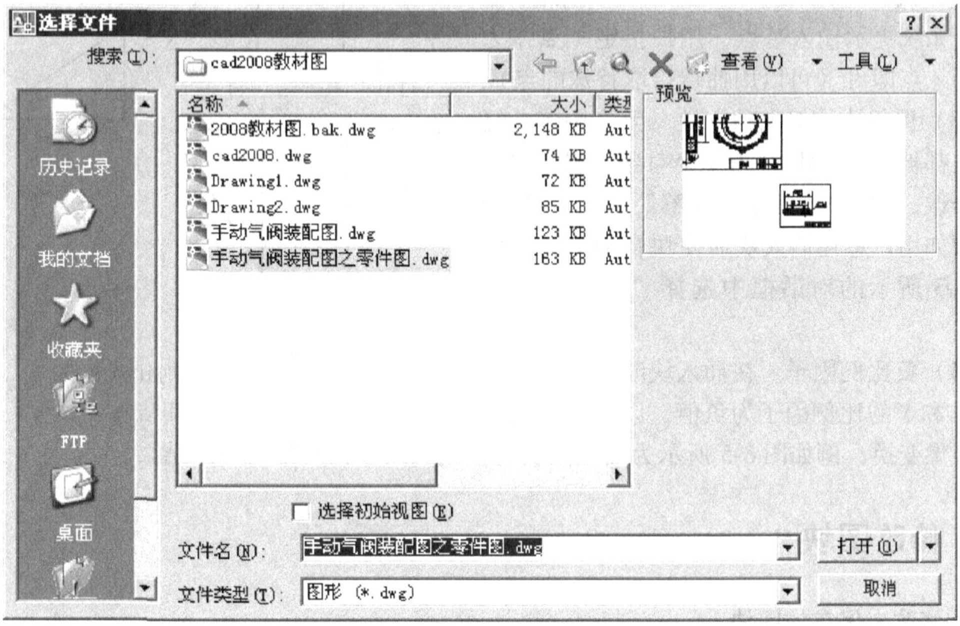

图 8-4　“选择文件”对话框

2）“插入点”选项组用于指定图块的插入位置，通常选中“在屏幕上指定”复选框，在绘图区以拾取点方式配合“对象捕捉”功能指定。

3）“缩放比例”选项组用于设置图块插入后的比例，选中“在屏幕上指定”复选框，则可以在命令行中指定缩放比例，用户也可以直接在“X”文本框、“Y”文本框和“Z”文本框中输入数值，以指定各个方向上的缩放比例。“统一比例”复选框用于设定图块在 X、

Y、Z 方向上缩放是否一致。

4）“旋转”选项组用于设定图块插入后的角度，选中“在屏幕上指定”复选框，则可以在命令行中指定旋转角度，用户也可以直接在“角度”文本框中输入数值，以指定旋转角度。

（2）“插入”图块的步骤

1）单击“块”按钮，弹出一个“已定义的块”对话框。

2）从该框中选择要插入的块名。

3）确定块的插入位置、比例和旋转角度，将块插入。

4）单击“确定”按钮，完成图块的插入。

3. 特别提示

用户可利用块的特殊插入技术，大大地提高绘图效率。

（1）图形文件作为块插入　图形文件也可以作为块来插入，方法是：在图 8-3 所示的“插入”对话框中单击“浏览”按钮，弹出一个“选择文件”对话框，选择一个图形文件，即可按块插入的方法插入图形。

（2）设置插入基点　图形文件作为块来插入时，插入基点是坐标原点（0.000，0.000，0.000），执行“绘图”/“块”/“基点”命令后，系统提示输入基点，用户指定一点作为新的插入点即可（可以用捕捉拾取特殊的点）。

（3）保留块的对象独立性　无论块多么复杂，它都被 AutoCAD 视为单个对象，想要对块进行修改，则必须先用“分解”命令将其分解。假如用户想在插入块后使块自动分解，可在图 8-3 所示的对话框中选择“分解”复选框。

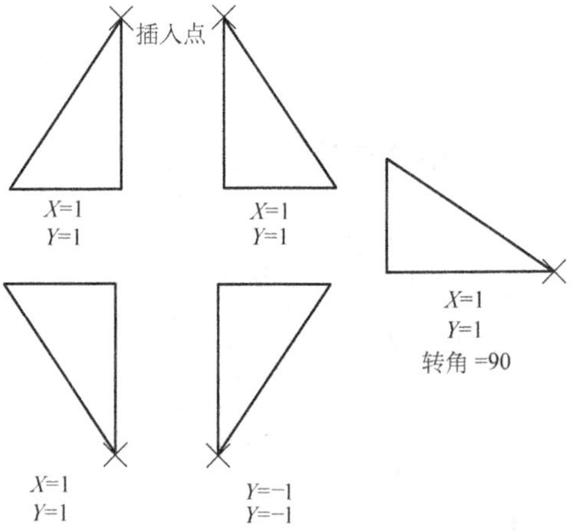

图 8-5　插入图块时比例因子正负号的应用结果

（4）负比例因子　在插入块时，用户可以指定 X 和 Y 的比例因子为负值，以使块在插入时作镜像变换，例如图 8-5 所示为插入图块时，比例因子正负号的应用结果。

8.4　修改图块

1. 修改未保存的图块

要修改未保存的图块，应先修改其图块中的任意一个，然后以同样的图块名再重新定义一次。重新定义后，系统将立即修改所有已插入的图块。

2. 修改已保存的图块

要修改已保存的图块，可用“打开”命令打开该图块文件，修改后以原来的名称保存，然后再执行一次“插入”命令，按提示确定“重新定义”后，系统将会修改所有已插入的同名图块（注意：包括其他图中的图块）。

说明：当图中已插入多个相同的图块，而且只需要修改其中一个时，切忌不要重新定义它，此时应用分解命令炸开该图块，然后直接进行修改。

3. 应用示例

下面以图 8-6 为例，介绍图块的修改。

操作步骤如下：

1）按 8 －6a 所示图形画图并用“创建块”命令做成块。

2）所作的图块用“插入块”命令插入到 8 －6b 所示的图形中。

3）用“打开”命令打开图块文件并修改成 8 －6c 所示的图形，以原来的名称保存。

4）再执行一次“插入”命令，按提示确定“重新定义”后，系统将会修改所有已插入的同名图块，如图 8-6d 所示的图形。

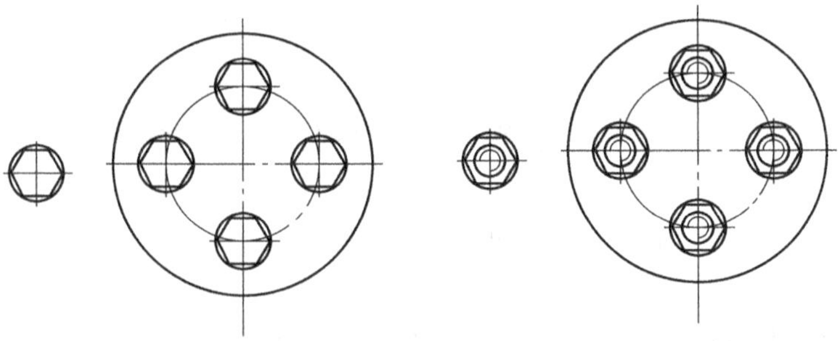

a)　　b)　　c)　　d)

图 8-6　图块的修改

a）原图块　b）插入原图块的图形　c）修改后图块　d）插入修改后图块的图形

8.5　定义带有属性的图块

8.5.1　属性的概念与特点

（1）属性的概念　在 AutoCAD 中，属性是从属于块的文本信息，它是块的组成部分，用户可以定义带有属性的块。当插入带有属性的块时，可以交互地输入块的属性，对块进行编辑时，包含在块中的属性也被编辑。

（2）属性的特点　图块的属性包括属性标记和属性值两方面内容。属性标记就是指一个具体的项目，属性值是指具体的项目情况。

8.5.2　定义图块的属性

在定义图块前，要先定义该块的属性，定义属性后，该属性以其标记名在图形中显示出来，并保存有关的信息，属性标记要放置在图形的合适位置。

1. 执行途径

1）下拉菜单：“绘图”／“块”／“定义属性”

2）命令：DDATTDEF

2. 操作说明

执行“绘图”／“块”／“定义属性”命令后，弹出一个“属性定义”对话框，如图 8-7 所示，该对话框中的各项含义如下：

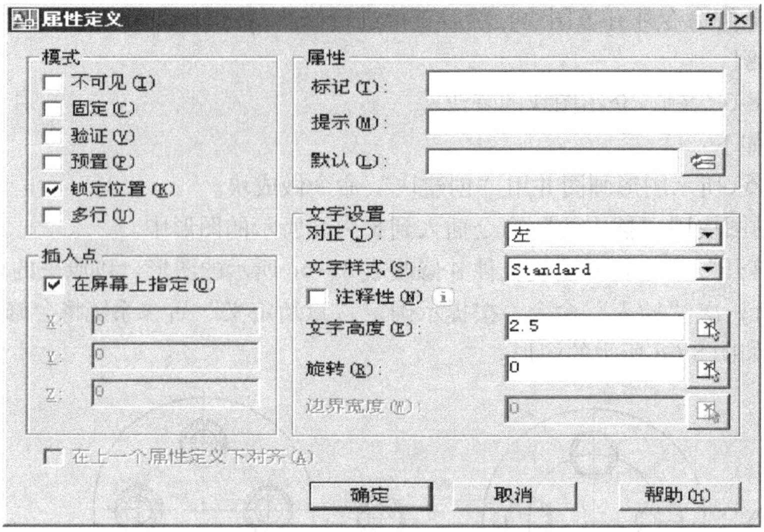

图 8-7 “属性定义”对话框

1）“模式”选项组用于设置属性模式，“不可见”复选框用于控制插入图块，输入属性值后，属性值是否在图中显示；“固定”复选框表示属性值是一个常量；“验证”复选框表示会提示输入两次属性值，以便验证属性值是否正确；“预置”复选框表示插入图块时以默认的属性值插入。

2）“属性”选项组用于设置属性的一些参数，“标记”文本框用于输入显示标记；“提示”文本框用于输入提示信息，提醒用户指定属性值；“默认”文本框用于输入默认的属性值。

3）“插入点”选项组用于指定图块属性的显示位置，选中“在屏幕上指定”复选框，则设置在绘图区指定插入点，用户也可以直接在“X”文本框、“Y”文本框和“Z”文本框中输入坐标值，以确定插入点。建议用户采用“在屏幕上指定”方式。

4）“文字设置”选项组用于设定属性值的基本参数，“对正”下拉列表框用于设定属性值的对齐方式；“文字样式”下拉列表框用于设定属性值的文字样式；“文字高度”文本框用于设定属性值的高度；“旋转”文本框用于设定属性值的旋转角度。

5）“在上一个属性定义下对齐”复选框仅在当前文件中已有属性设置时有效，选中则表示此次属性设定继承上一次属性定义的参数。

通过“属性定义”对话框，用户可以定义一个属性，但是并不能指定该属性属于哪个图块，因此用户必须通过“块定义”对话框将图块和定义的属性重新定义为一个新的图块。

3．创建带属性图块的步骤

1）画图。

2）选择下拉菜单“绘图”/“块”/“定义属性”，对所画图形添加属性。

3）单击“绘图”工具栏的“创建块”按钮，定义图块。

4）从命令行输入：WBLOCK，保存图块。

5）单击“绘图”工具栏的“插入块”按钮，插入图块。

8.5.3 插入带属性的图块

下面以图 8-8 所示表面粗糙度为例，练习带属性块的创建和插入。

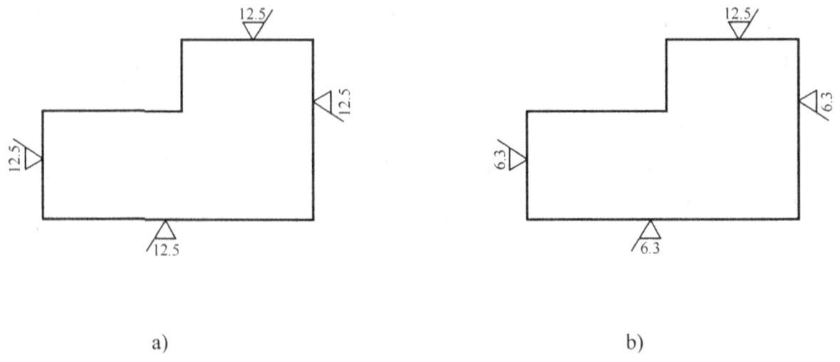

图 8-8 块属性插入与编辑实例

a）插入图块时旋转角度不同 b）定义两种图块

操作步骤如下：

1）按制图标准画出表面粗糙度符号，尺寸如图 8-9 所示。

2）选择下拉菜单“绘图”/“块”/“定义属性”，对所画图形添加属性，如图 8-10 所示。

3）定义块属性并按图示位置放到表面粗糙度符号的正上方，如图 8-11 所示。

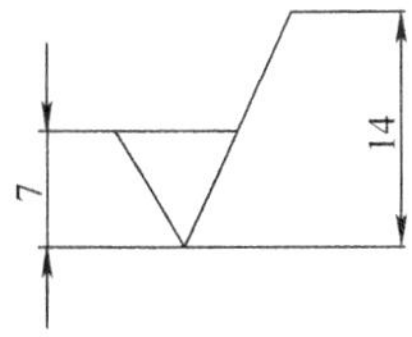

图 8-9 表面粗糙度符号

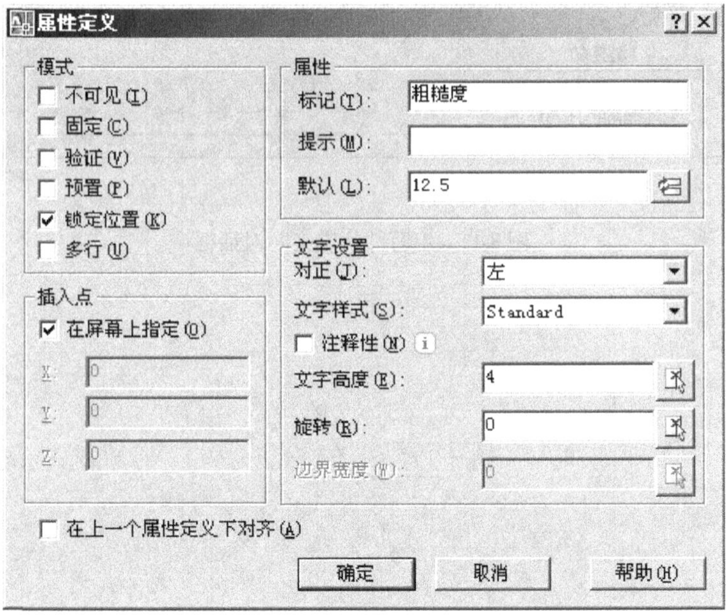

图 8-10 填写“定义块属性”对话框

4）单击“绘图”工具栏的“创建块”按钮，定义图块，如图 8-12 所示。

5）捕捉符号的底部顶点为基点（便于此后插入块时操作方便），得到带属性的图块，如图 8-13 所示。

图 8-11 确定属性位置

6）从命令行输入 WBLOCK，保存图块，如图 8-14 所示。

7）单击“绘图”工具栏的“插入块”按钮，选择刚才定义的“表面粗糙度”图块插入，如图 8-15 所示。

8）在适当的位置插入块，设置插入比例旋转角度等，同时在系统提示时输入具体的表 面粗糙度值，产生不同的标注效果。插入过程中可以充分利用捕捉命令，达到符号位置的要求。

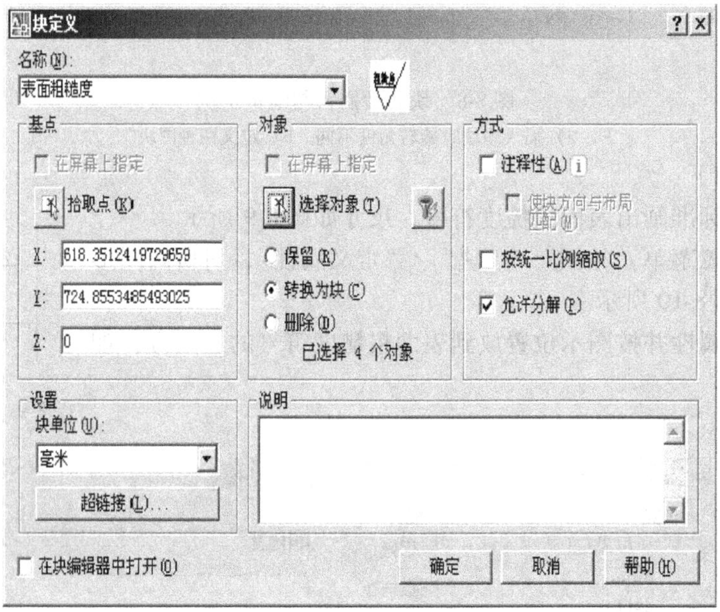

图 8-12 填写“块定义”对话框

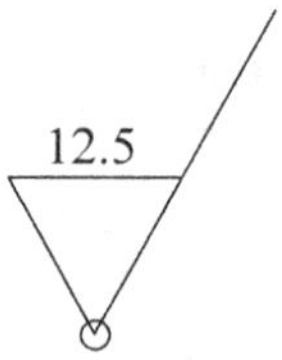

图 8-13 确定插入基点

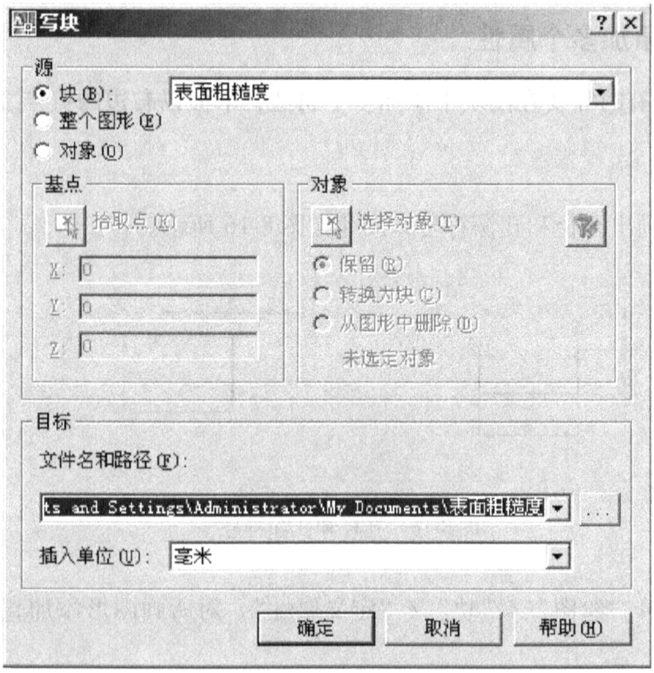

图 8-14　保存图块

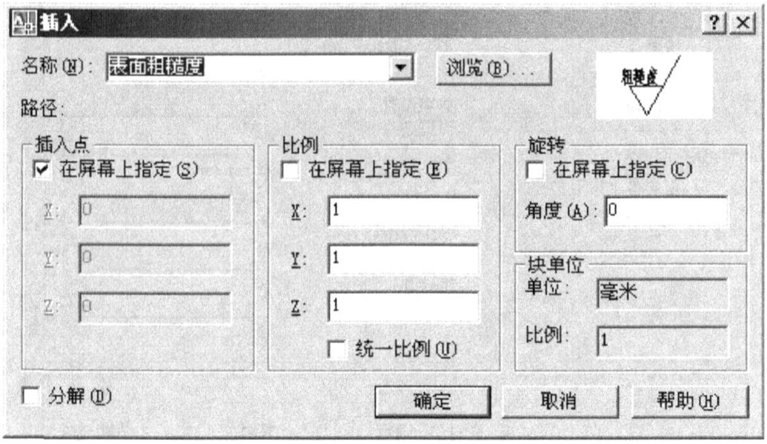

图 8-15　插入图块

9）当插入块后发现数值字头的方向不能满足制图国标要求时，如图 8-8a 中，粗糙度值为“12.5”的块，此情况可有两种解决的途径，一是另定义一种图块，如图 8-8b 所示，以达到符合要求；二是通过“增强属性编辑器”对话框中的“文字选项”卡编辑文字，同样可满足国家标准的要求，第二种方法较麻烦，不常使用，故不多言。

8.5.4 在图块中添加多个属性

在画图过程中，有时需要在图块中添加多个属性，下面以右边的符号为例，介绍其操作方法。

操作步骤如下：

1）按制图标准画出孔径和孔深符号，尺寸如图 8-16 所示。

图 8-16　孔径和孔深符号

2）选择下拉菜单“绘图”／“块”／“定义属性”，对所画图形添加直径属性，如图 8-17 所示。

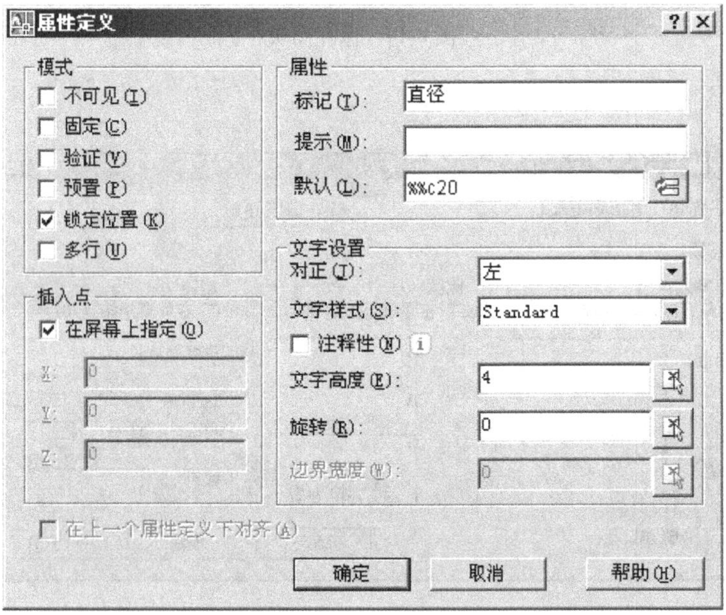

图 8-17　添加直径属性，填写“属性定义”对话框

3）选择下拉菜单“绘图”／“块”／“定义属性”，对所画图形添加深度属性，如图 8-18 所示。

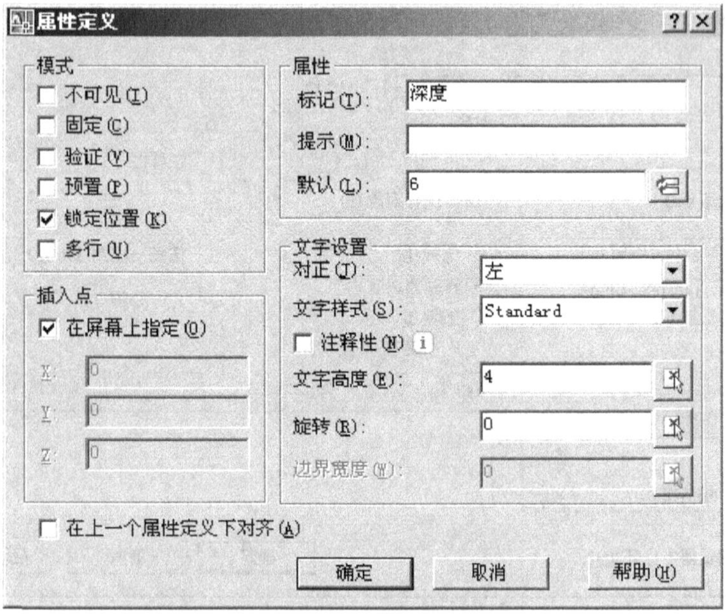

图 8-18　添加深度属性

4）定义块的属性并按图示位置放到表面粗糙度符号的正上方，如图 8-19 所示。

5）单击“确定”按钮，出现编辑属性对话框，如图 8-20 所示。

图 8-19　定义块属性的位置

6）单击“绘图”工具栏的“创建块”按钮，定义图块，如图 8-21 所示。

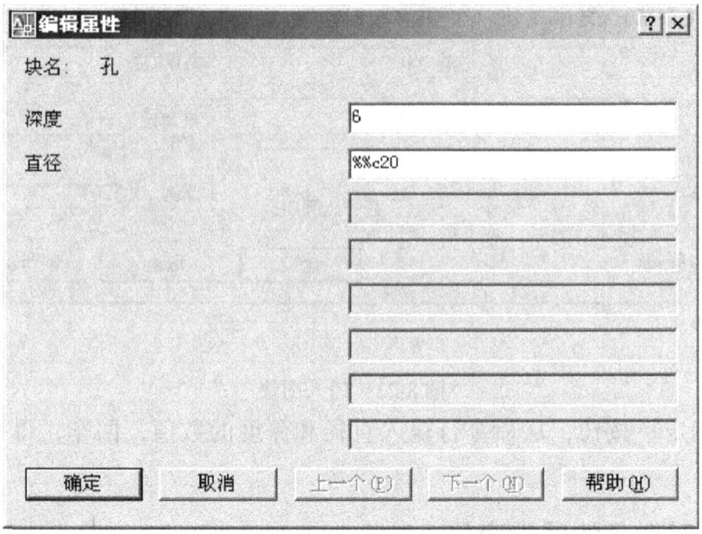

图 8-20　编辑属性对话框

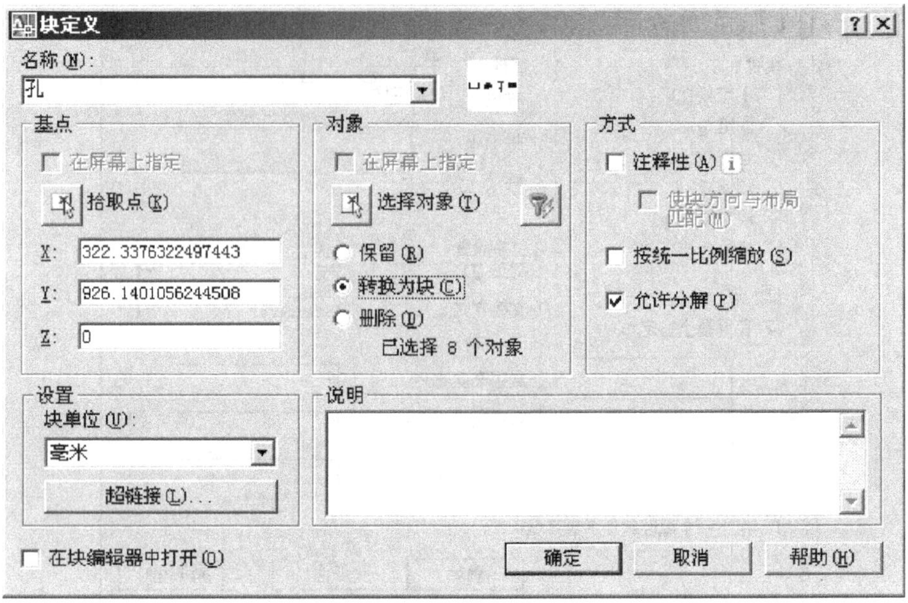

图 8-21 定义图块

7）单击“绘图”工具栏的“插入块”，选择刚才定义的“表面粗糙度”图块插入，如图 8-22 所示。

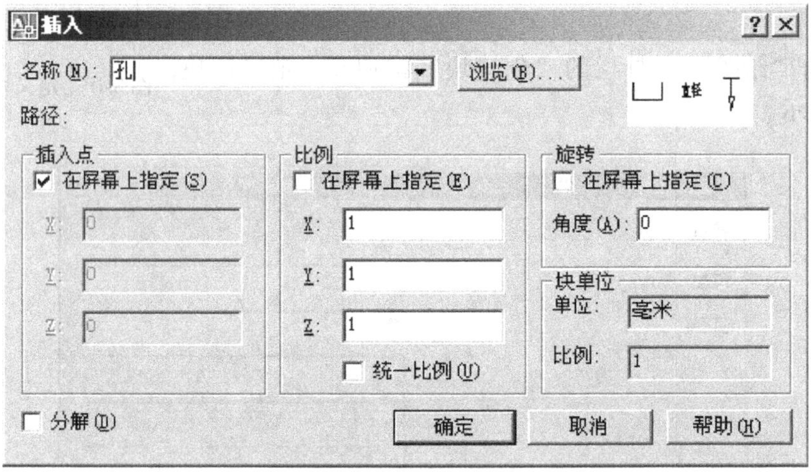

图 8-22 插入图块

8）单击“确定”按钮，从命令行输入直径和深度的数值，回车，得如图 8-23 所示图形。

8.5.5 块插入时对象的属性变化

图 8-23 完成标注

每一个对象都有诸如颜色、线型、线宽和图层等特性，当生成块时，这些特性会随对象数据一起存储于图块定义中，如果插入该块到其他图形,这些特性也跟随着块。四个方面来说明,在插入块的过程中属性变化的问题。

（1）随层属性　在颜色和线型的设置为“随层”的情况下，如果被插入的图中有同名图层，则块中各对象的颜色和线型均被图中同名图层的颜色和线型所代替；如果被插入的图中没有同名图层，则不管当前图层设置如何，块的颜色和图层总是保持原图层的设置，且插入的同时为当前图形新增相应的图层。

（2）随块属性　如果对象颜色和线型特性被设置为“随块”，则这些对象在它们被插入前没有确定的颜色和线型，插入后，如果图形中没有同名图层，则块中的对象的特性为当前图层的特性；如果有同名图层，则块中对象的颜色和线型均采用同名图层的颜色和线型。

（3）显示设置的颜色、线型和线宽设置　用户可以生成这样一种块，当它被插入时不管当前的特性设置如何，该块总有固定不变的颜色和线型。为做到这一点，可在从对象中生成块之前明确地将这些特性显示赋予对象，即为其指定明确的颜色和线型。此项操作可以通过命令或“对象特性”工具栏进行设置。

（4）0 图层上块的特殊性　“随层”和“随块”特性的 0 图层块，无论被插入到那一图层，其颜色和线型特性都使用插入图层的颜色和线型。如果 0 图层块中对象的颜色、线型和线宽是显示设置的，这些设置均被保留。

8.6　上机指导（绘制装配图）

例题：根据图 8-24 所示的千斤顶轴测和零件图 8-25 ~ 图 8-29，绘制千斤顶装配图。

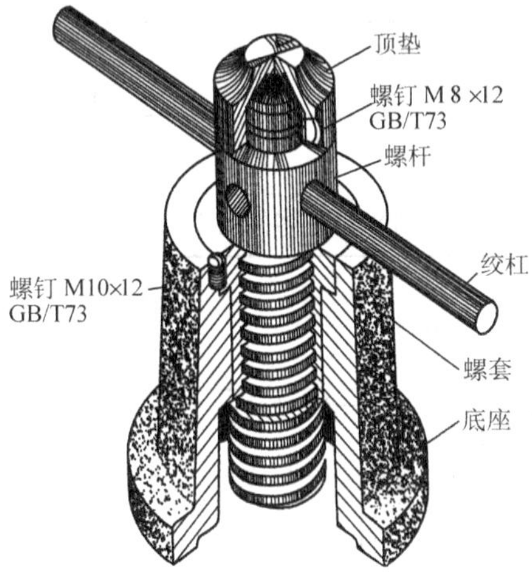

图 8-24　千斤顶轴测图

操作步骤：

1）设置图层、文字样式和尺寸标注样式。

2）分别画 7 个零件的主视图，并做成 7 个块，步骤见 8.5.3 的介绍。

3）画装配图图框 A2 以及标题栏和明细栏，如图 8-30 所示。

4）单击“绘图”工具栏的“插入块”按钮，先插入底垫，如图 8-31 所示。

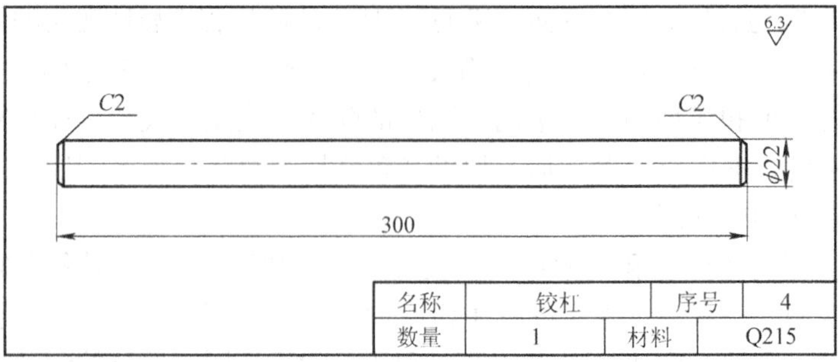

图 8-25　零件图 1

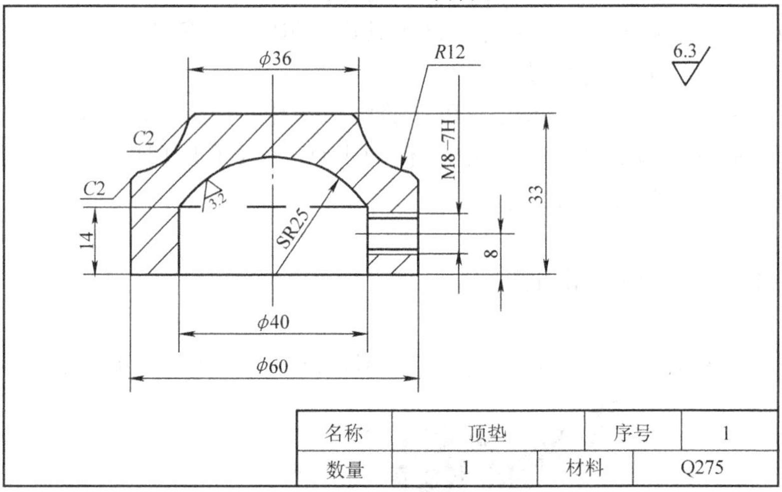

图 8-26　零件图 2

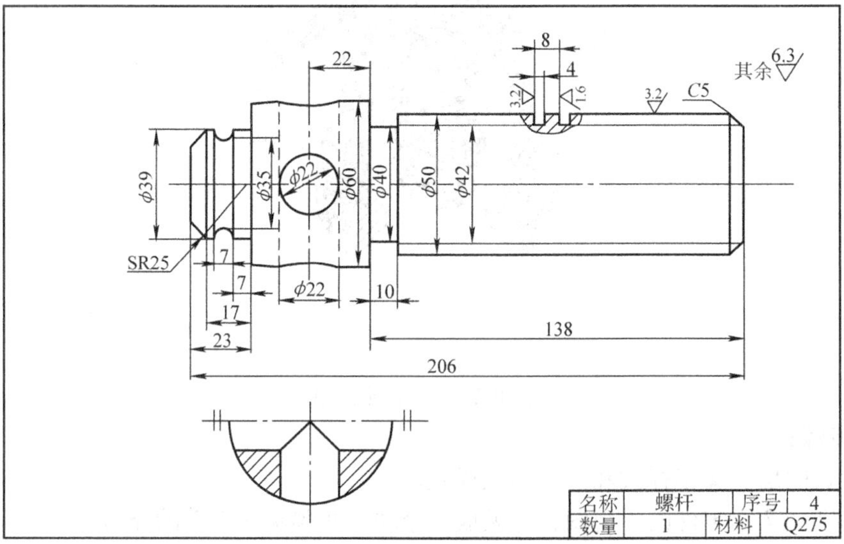

图 8-27　零件图 3

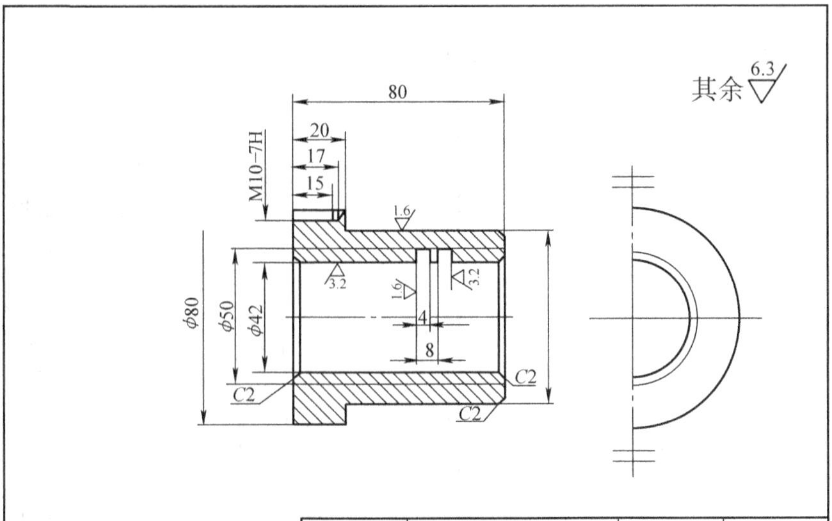

名称	螺套		序号	6
数量	1	材料		ZCuA10Fe3

图 8-28　零件图 4

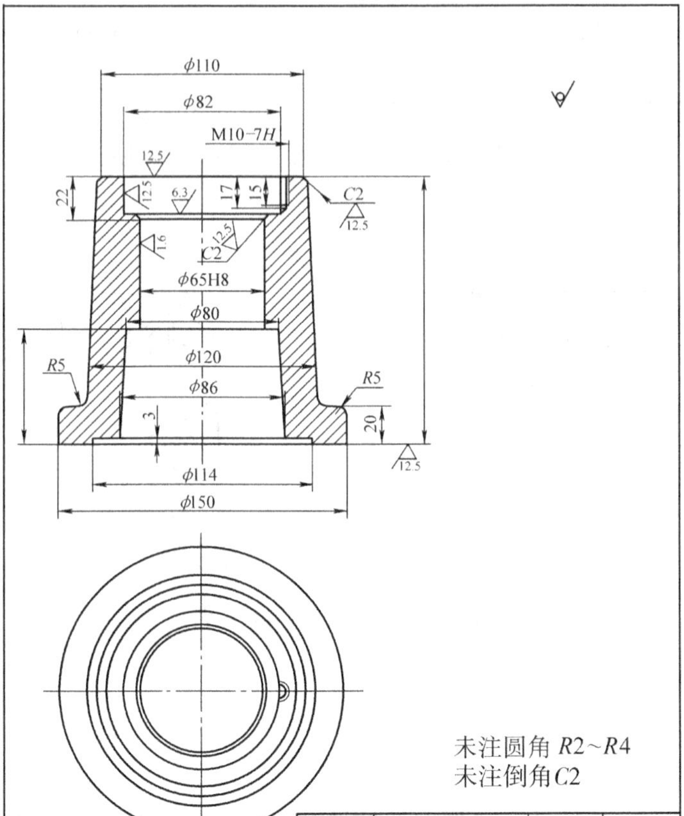

名称	底垫		序号	7
数量	1	材料		HT200

图 8-29　零件图 5

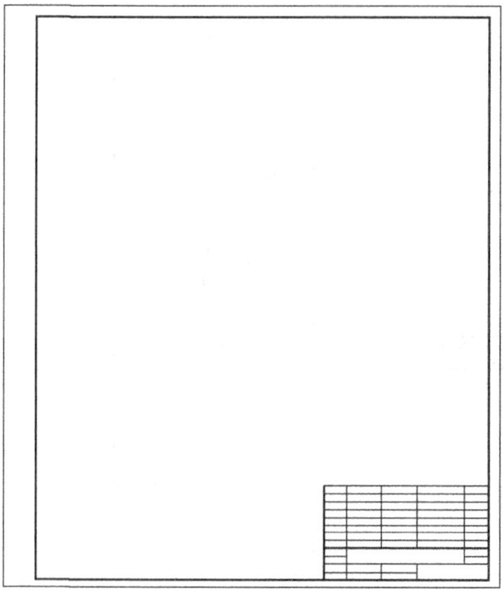

图 8-30　图框

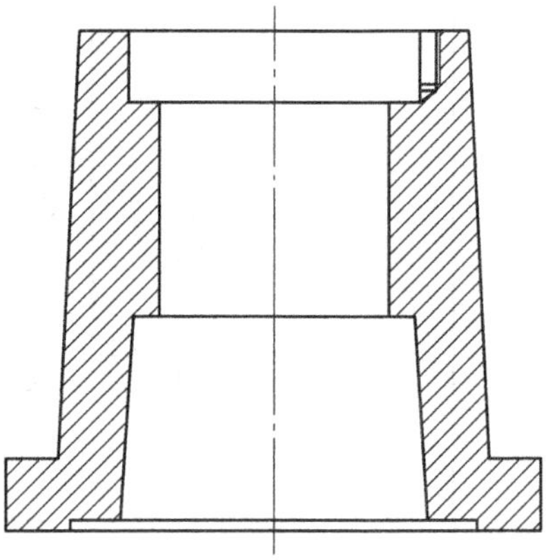

图 8-31　底垫

5）单击“绘图”工具栏的“插入块”命令，再插入螺套，如图 8-32 所示。

6）单击“修改”工具栏的“分解”按钮和“修剪”按钮，剪切多余线，如图 8-33 所示。

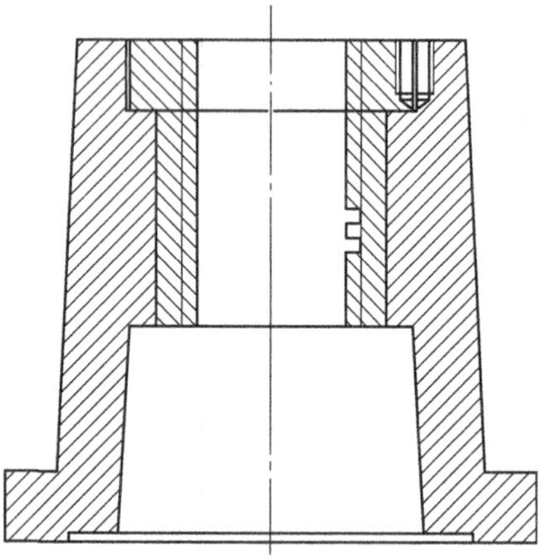

图 8-32　插入螺套

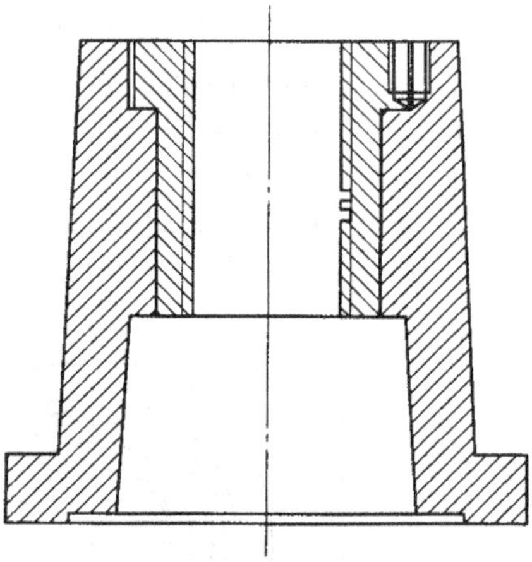

图 8-33　剪切多余线

7）单击“绘图”工具栏的“插入块”按钮，再插入螺旋杆，如图 8-34 所示。

8）单击“修改”工具栏的“分解”按钮和“修剪”按钮，剪切多余线，如图 8-35 所示。

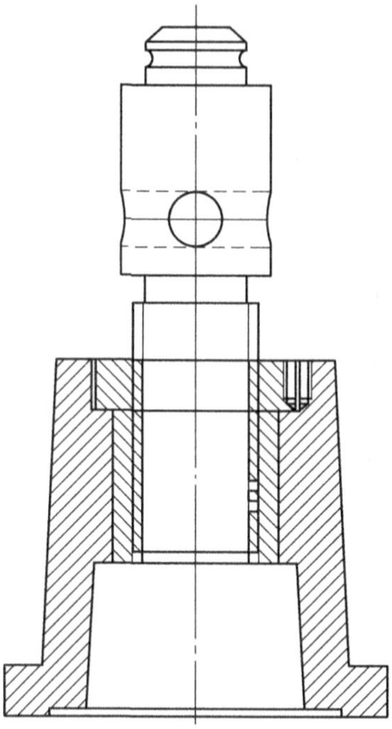

图 8-34　插入螺旋杆

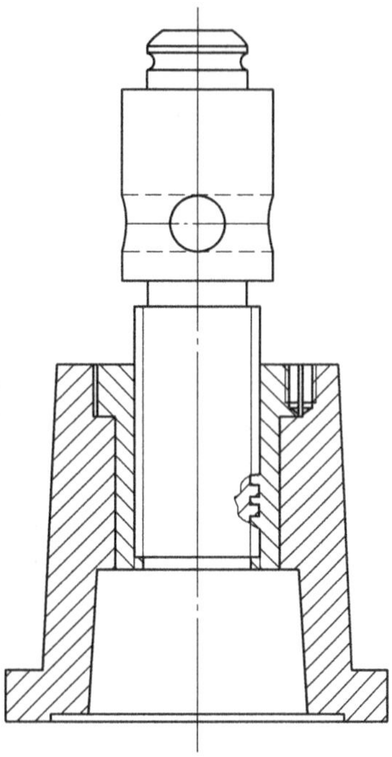

图 8-35　剪切多余线

9）单击“绘图”工具栏的“插入块”按钮，再插入绞杠，如图 8-36 所示。

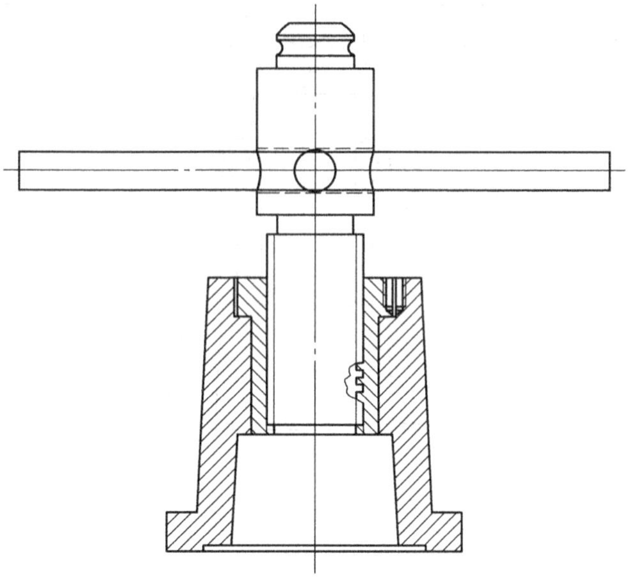

图 8-36　插入绞杠

10）用“分解”和“修剪”命令，剪切多余线，如图 8-37 所示。

11）单击“绘图”工具栏的“插入块”按钮，再插入顶垫，如图 8-38 所示。

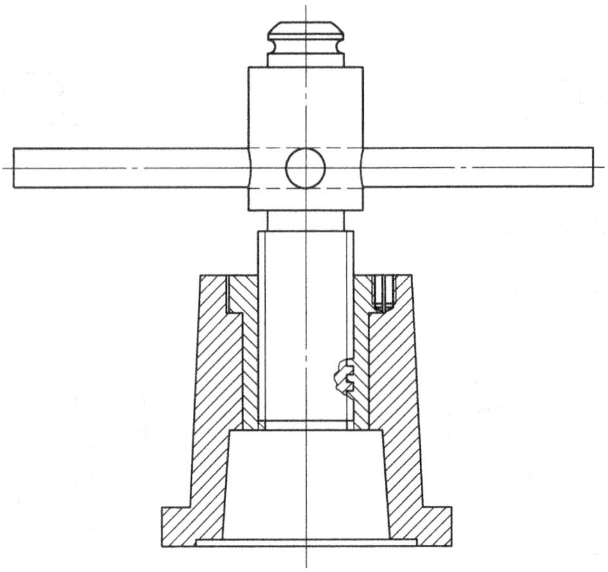

图 8-37　剪切多余线

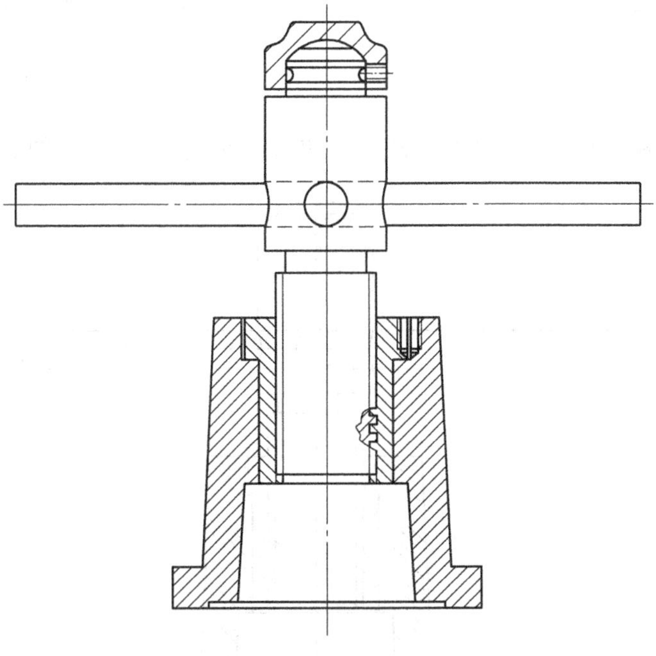

图 8-38　插入顶垫

12）单击“绘图”工具栏的“插入块”按钮，再插入上螺钉和下螺钉，如图 8-39 所示；上螺钉和下螺钉处的联接如图 8-40 和图 8-41 所示。

13）单击“修改”工具栏的“分解”按钮和“修剪”按钮，剪切多余线，完成主视图，如图 8-42 所示。

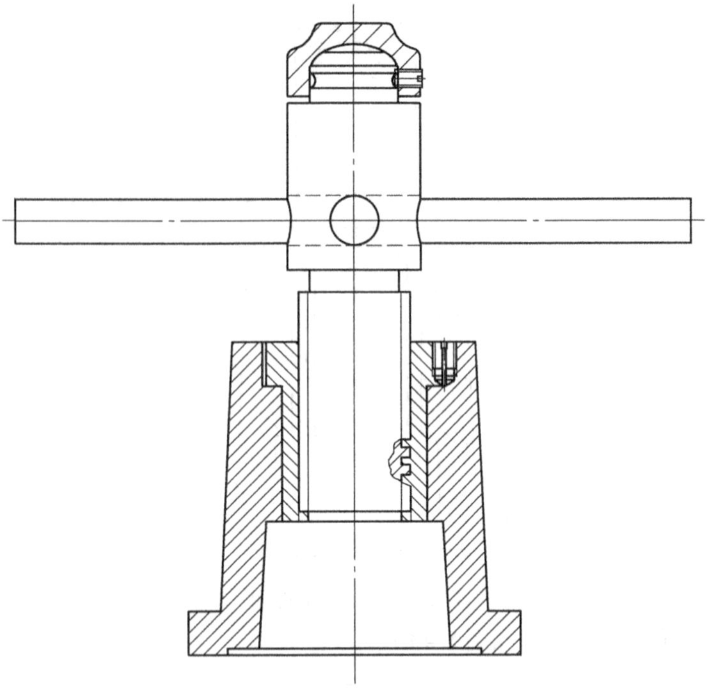

图 8-39　插入上螺钉和下螺钉

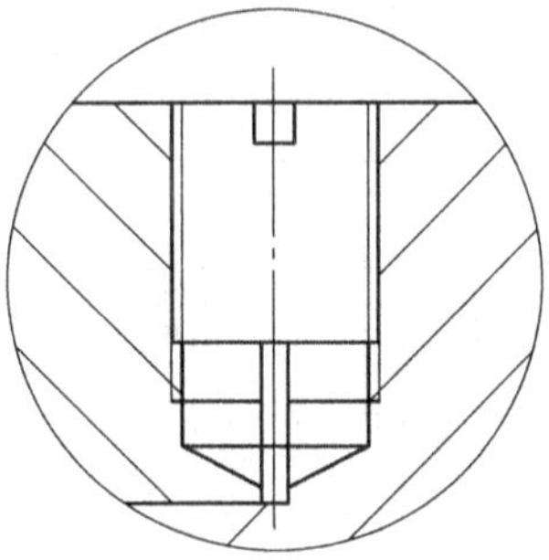

图 8-40　上螺钉

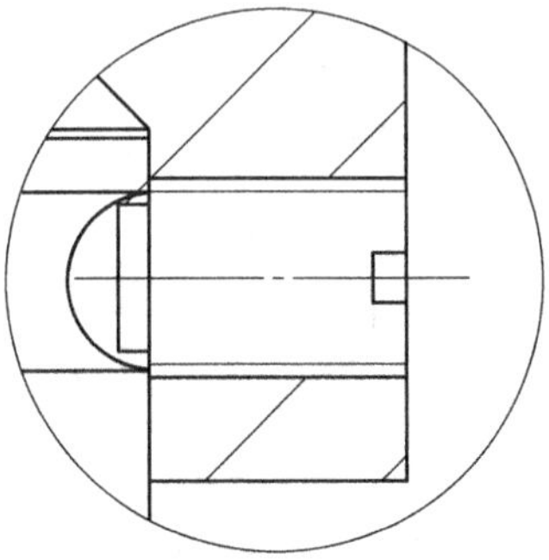

图 8-41　下螺钉

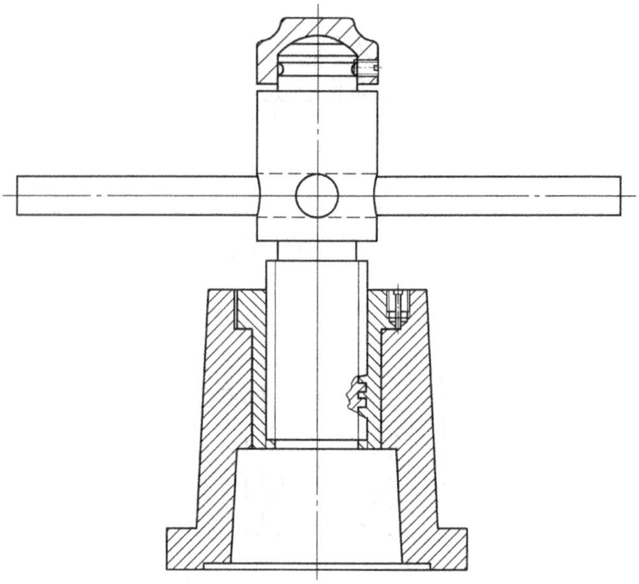

图 8-42　完成主视图

14）画千斤顶俯视图，如图 8-43 所示。

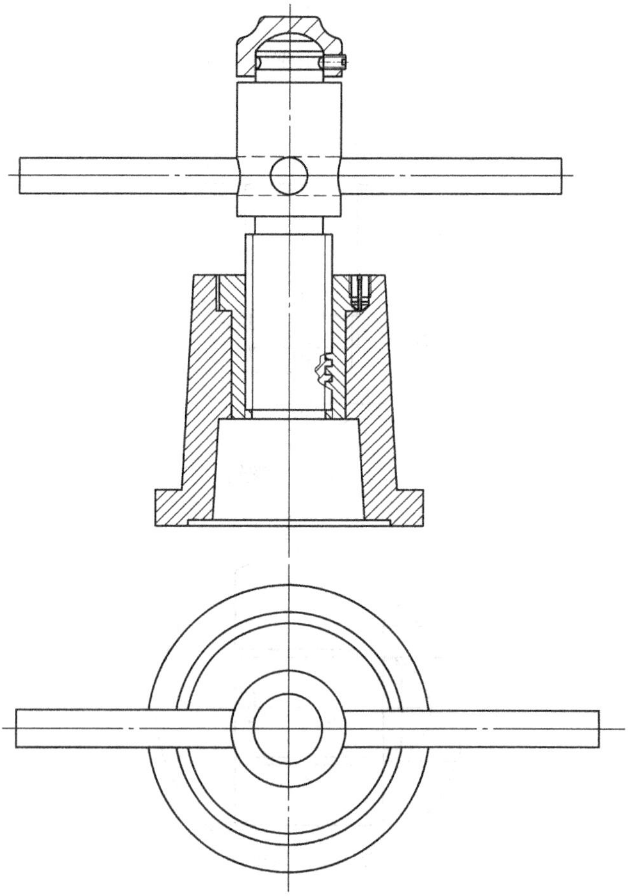

图 8-43　画俯视图

15）标注尺寸和序号，如图 8-44 所示。

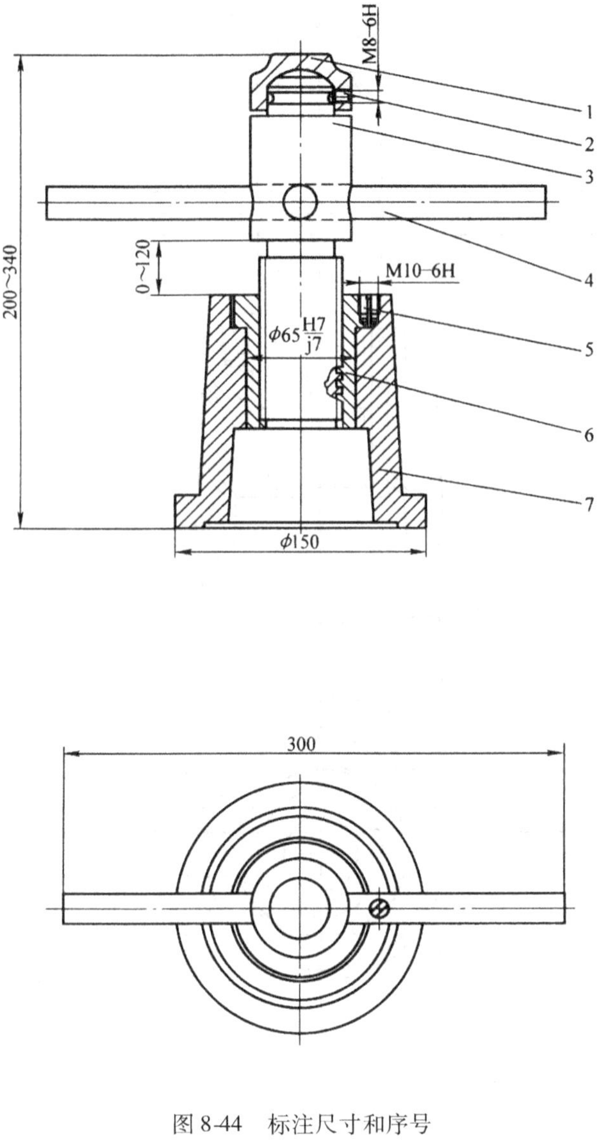

图 8-44　标注尺寸和序号

16）填写标题栏和明细栏，如图 8-45 所示。

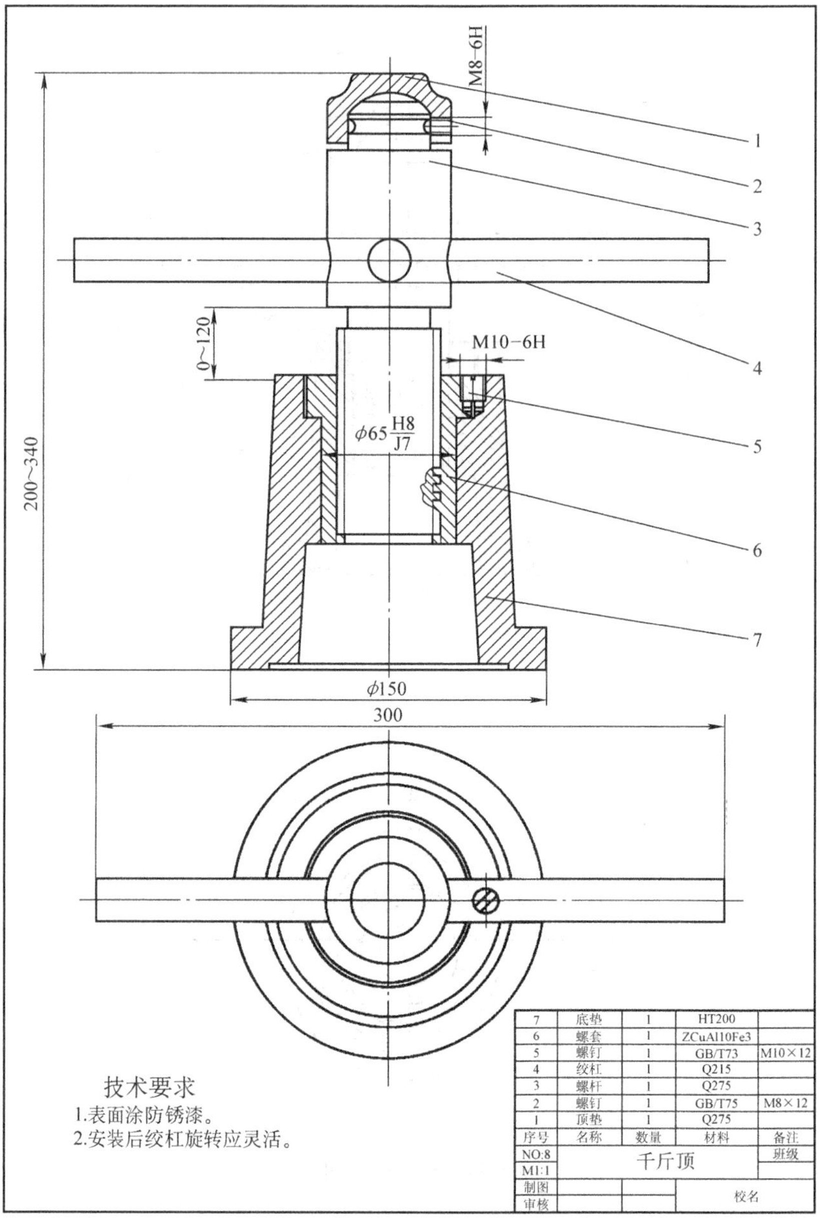

图 8-45 填写标题栏和明细栏

8.7 操作练习

1. 绘制千斤顶装配图。
2. 根据以下手动气阀零件图 8-46 ~ 图 8-51 绘制装配图。

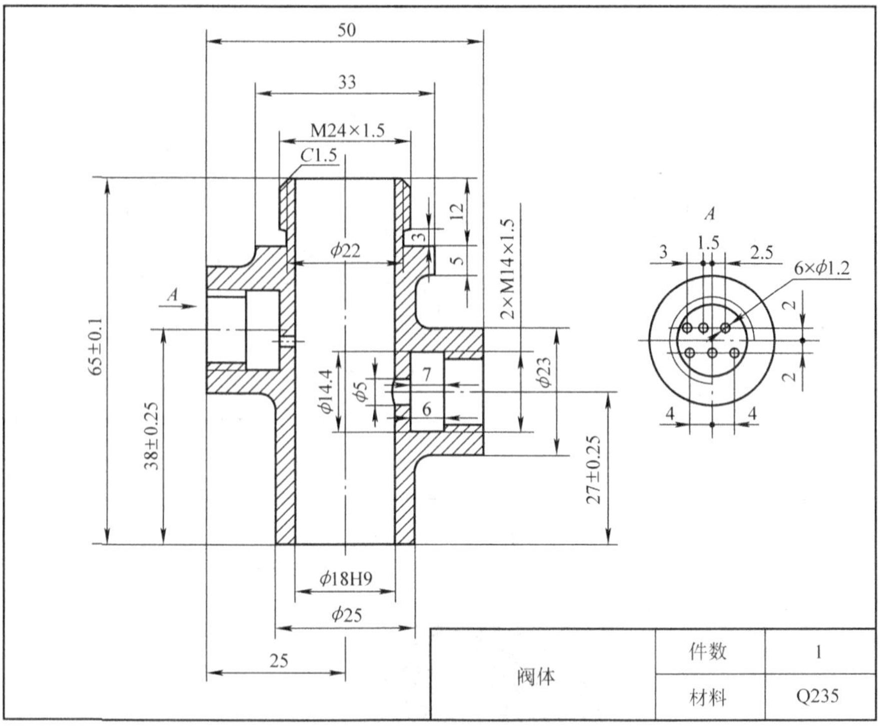

图 8-46　零件图 1

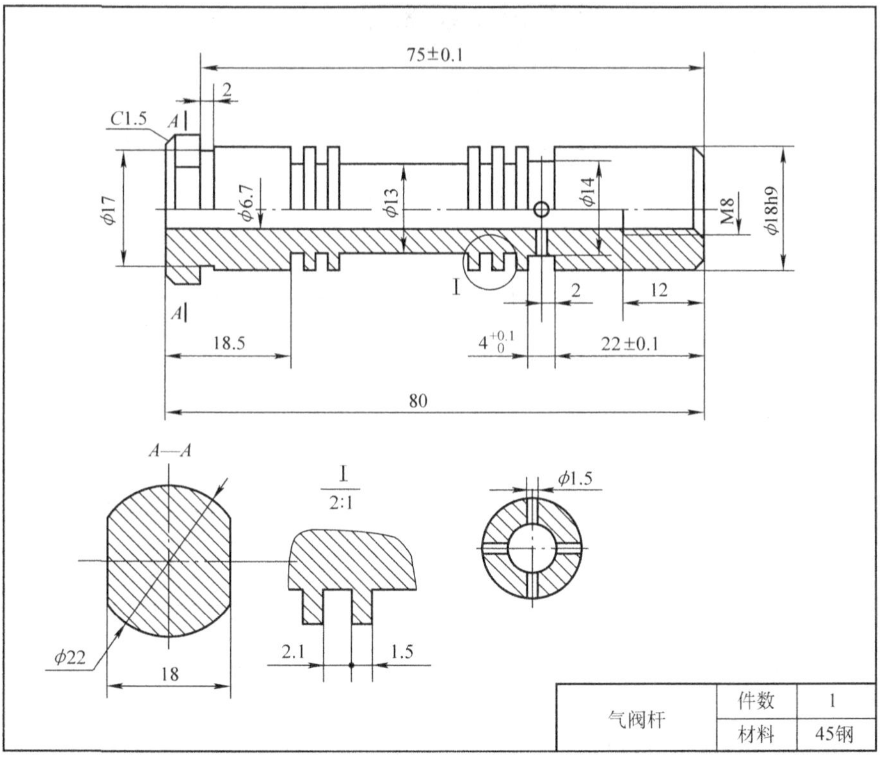

图 8-47　零件图 2

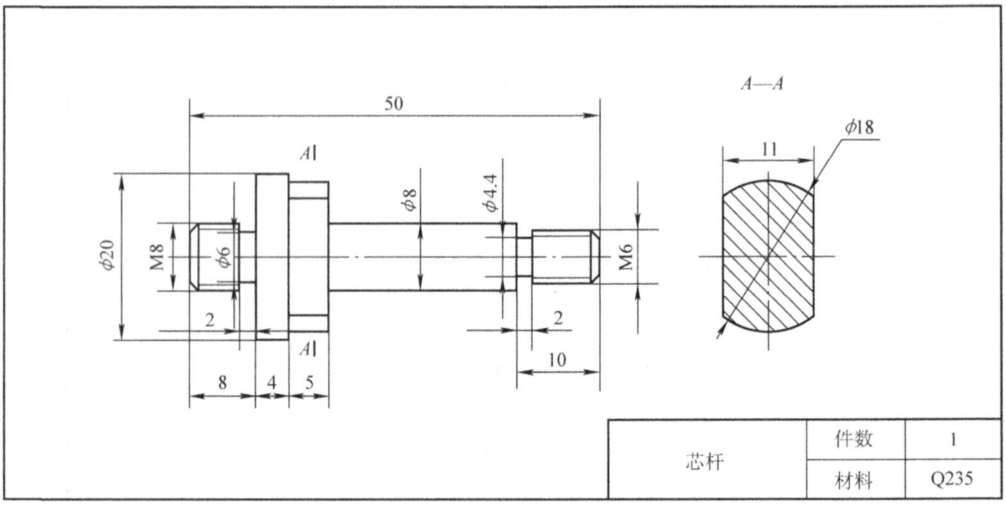

图 8-48　零件图 3

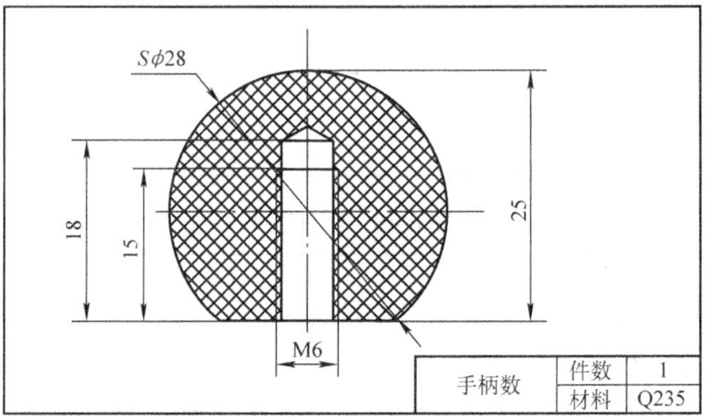

图 8-49　零件图 4

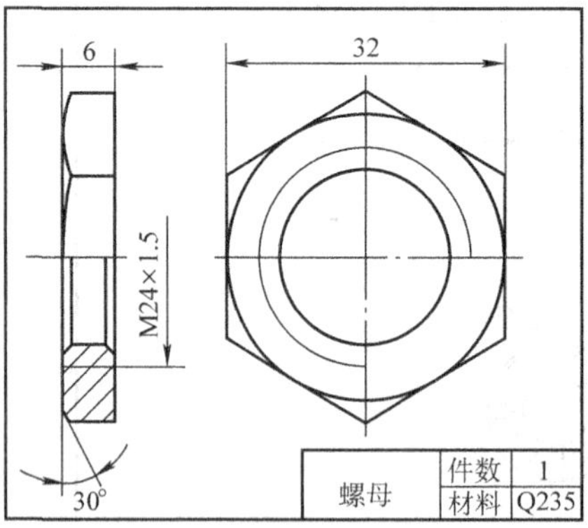

图 8-50　零件图 5

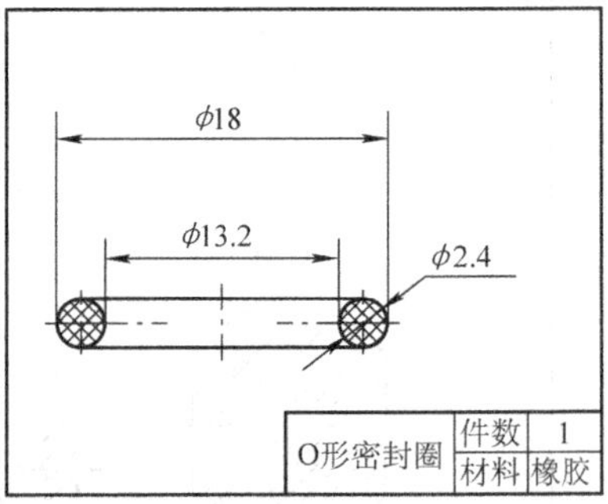

图 8-51　零件图 6

手动气阀装配图参考图 8-52。

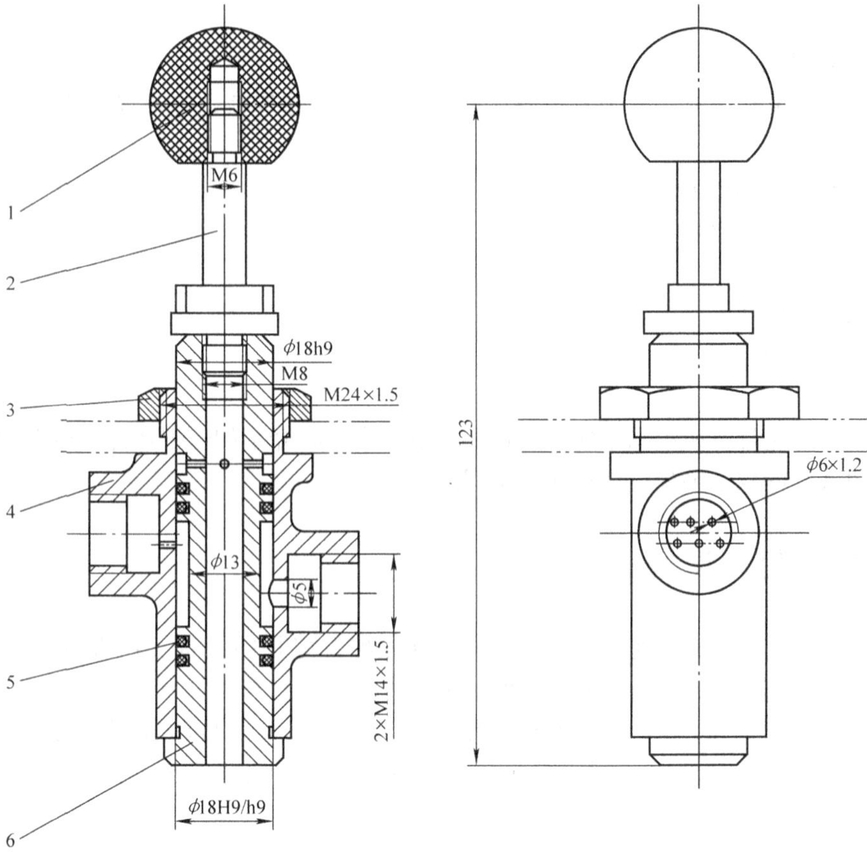

拆去手柄球1

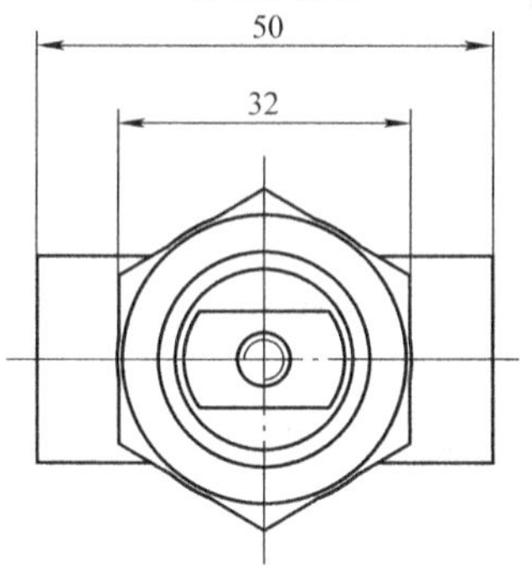

技术要求

1.手柄球表面应光滑。
2.阀体与气阀杆连接应紧密。
3.制造与验收技术条件应符合国家标准的规定。

序号	名　称	件数	材料	备注
6	气阀杆	1	45	
5	O形密封圈	4	橡胶	
4	阀　体	1	Q235	
3	螺　母	1	Q235	
2	芯　杆	1	Q235	
1	手柄球	1	酚醛树脂	

手动气阀		比例	2:1	
		件数	1	
制图		质量		共1张 第1张
描图		青岛理工大学		
审核				

图 8-52　装配图

第 9 章　打印工程图

【教学目标】

通过对本章的学习，读者应会合理地对“打印”对话框进行设置，能打印出用户需要的图形。

【教学重点与难点】

●添加打印机驱动程序

●创建打印布局

●创建打印样式

●设置打印参数

输出图形是计算机绘图中的一个重要环节。本章将介绍如何把在计算机上绘制的工程图从打印机或绘图仪上输出，即打印出工程图。

9.1　配置打印设备

在 AutoCAD 2008 中进行打印之前，必须先配置好打印设备。在进行打印配置时，可使用的打印设备有两种：一种是在 Windows 系统中的打印机；另一种是在 Autodesk 打印机管理器中的打印机。一般 Windows 系统打印机用于桌面打印较好；对大幅面打印机，AutoCAD 为其提供了许多不同于 Windows 系统打印机的专业驱动程序，使其达到最高的输出质量。

9.1.1　在 Windows 操作系统中设置打印机

设置步骤如下：

1）在“开始”菜单中，选择“控制面板”，然后双击“打印机和传真”，将弹出如图 9-1 所示的“打印机和传真”对话框。

2）在“打印机和传真”对话框中，选择“添加打印机”，将出现如图 9-2 所示的“添加打印机向导”对话框。

3）根据向导提示，单击“下一步”按钮，选择需要的打印机，安装该打印机及驱动程序。

9.1.2　在 AutoCAD 中设置绘图仪

设置步骤如下：

1）从下拉菜单中，选择命令：“工具”/“向导”/“添加绘图仪”，出现“添加绘图仪-简介”对话框，如图 9-3 所示。

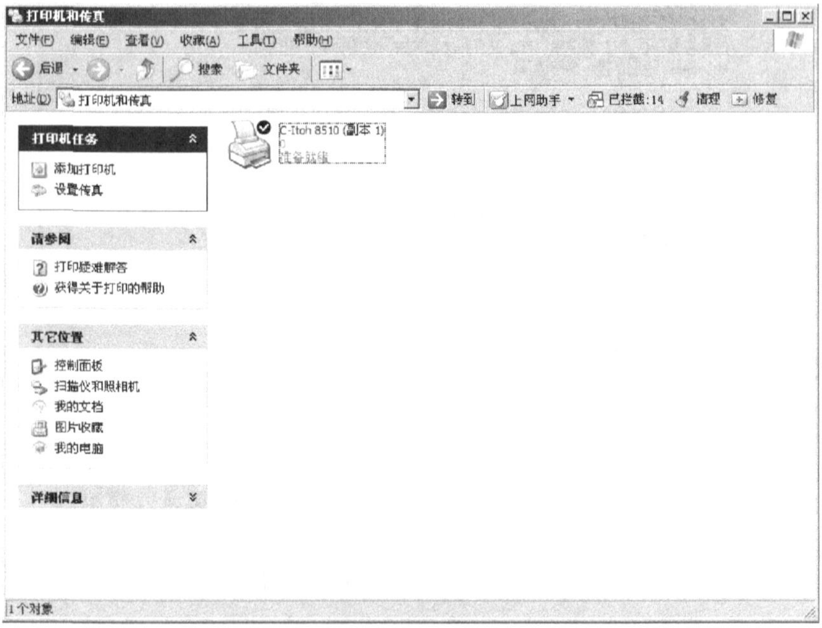

图 9-1 “打印机和传真”对话框

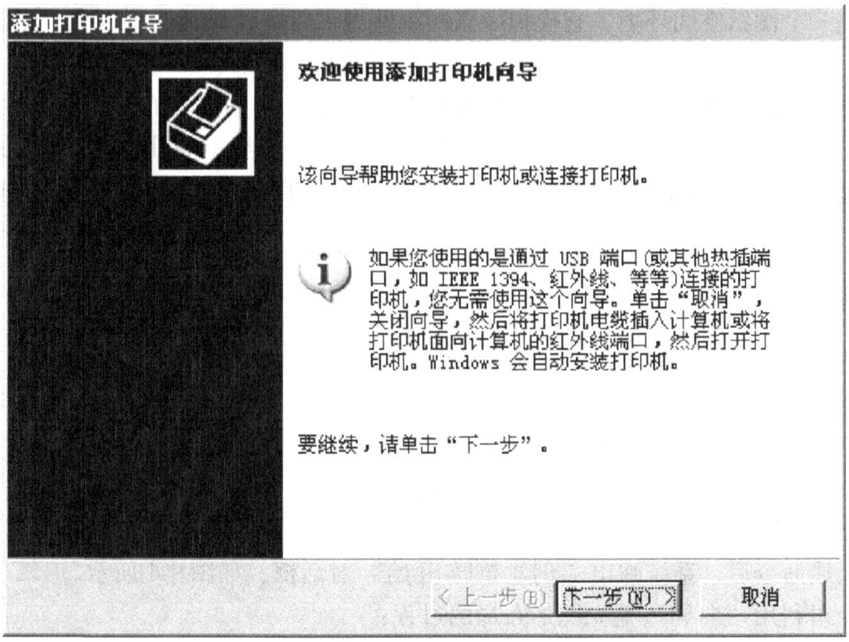

图 9-2 “添加打印机向导”对话框

2）在“添加绘图仪”对话框中，根据向导提示单击“下一步”按钮，选择需要的绘图仪，并安装该绘图仪的驱动程序。

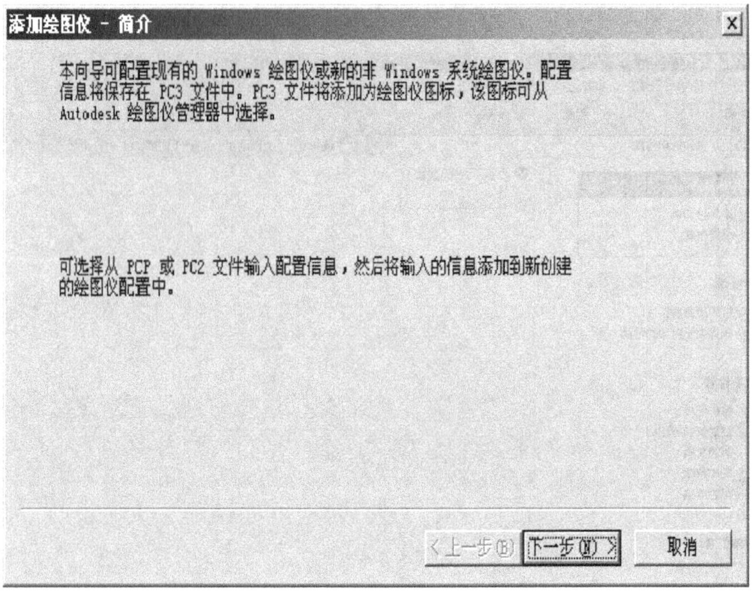

图 9-3　“添加绘图仪-简介”对话框

9.2　创建和管理图形布局

布局是一个图纸空间环境，它模拟一张图纸并提供打印预设置，可以在一张图纸中创建多个布局，每个布局都可以模拟显示图形打印在图纸上的效果。

在绘图窗口的底部有一个模型选项按钮和两个布局选项按钮（布局 1 和布局 2）。单击任一布局选项按钮，AutoCAD 自动进入图纸空间环境，图纸上将出现一个矩形轮廓（虚显），其指出了当前配置的打印设备的图纸尺寸，显示在图纸中的页边界指出了图纸的可打印区域。

9.2.1　创建图形布局

当默认状态下的两个布局不能满足需要时，可创建新的布局。

1. 执行途径

1）“工具”／“向导”／创建布局…

2）下拉菜单：“插入”／“布局”／布局向导…

2. 操作说明

执行上述命令后，系统弹出“创建布局-开始”对话框，如图 9-4 所示。

下面介绍利用“向导”建立图形布局的过程：

1）在“创建布局-开始”对话框中，输入新建图形布局的名称。

2）单击“下一步”按钮，弹出“打印机”对话框，在该对话框中，选择输出设备。

3）单击“下一步”按钮，弹出“图纸尺寸”对话框，在该对话框中，确定图纸大小和单位。

4）单击“下一步”按钮，弹出“方向”对话框，在该对话框中，确定图纸输出的方向。

5）单击“下一步”按钮，弹出“标题栏”对话框，在该对话框中，确定图框及标题栏格式。

6）单击“下一步”按钮，弹出“定义视口”对话框，在该对话框中，确定视窗的比例和视窗形式，即有4种确定视窗形式单选框。

7）单击“下一步”按钮，弹出“拾取位置”对话框，在该对话框中，可确定图形在图形布局图纸中的范围；单击“选择位置(L) <”按钮，则切换到屏幕作图状态，确定图形在布局图纸中占据的位置范围，如果要让图形充满整个图形布局，可直接单击“下一步”按钮，弹出“完成”对话框。

8）在“完成”对话框中，单击“完成”按钮，建立一个新图形布局。

9）在“完成”对话框中，单击“取消”按钮，取消全部操作。

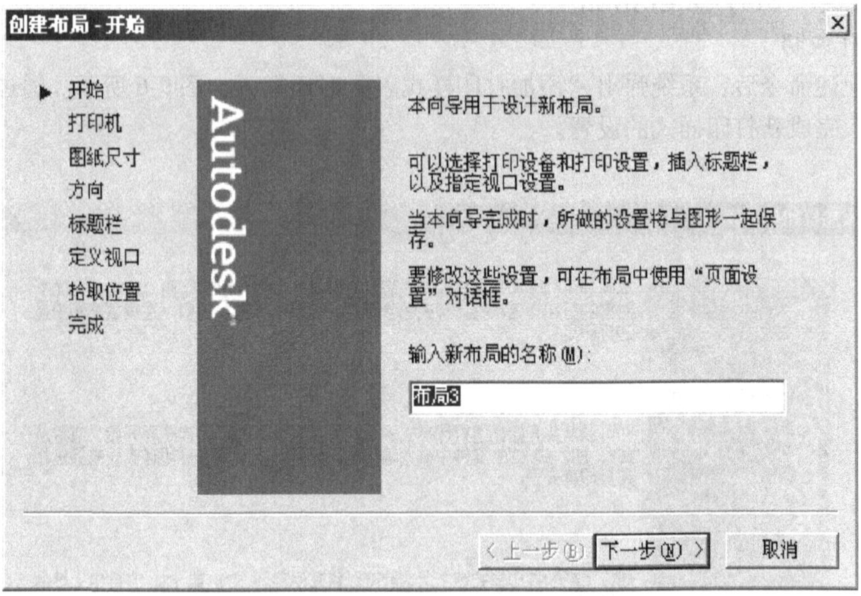

图9-4　“创建布局-开始”对话框

9.2.2　管理布局

在状态栏“布局”按钮上单击鼠标右键，此时弹出一右键快捷菜单，如图9-5所示。通过该快捷菜单中的选项，可以对图纸布局进行管理。

在默认情况下，单击某个布局按钮时，系统将自动显示“页面设置”对话框，用于设置页面布局。如果要修改页面布局时，可在图9-5所示的快捷菜单中选择“页面设置管理器”选项，通过修改布局的页面设置，将图形按不同比例打印到不同尺寸的图纸上。

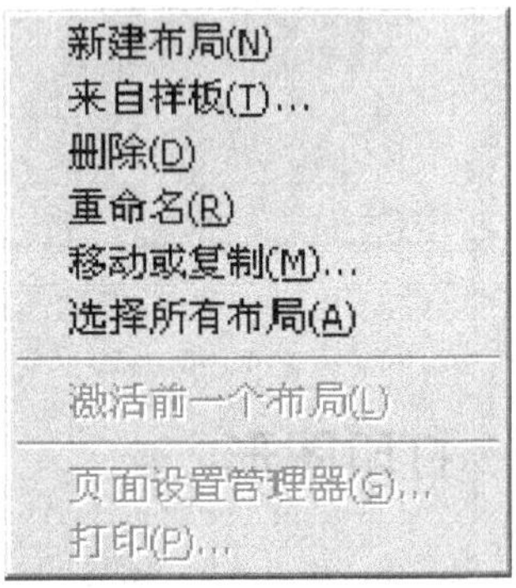

图9-5　布局管理快捷菜单

9.3 创建打印样式

打印样式设置管理，通常将某些属性（如颜色、线宽、线条尾端、接头样式、灰度等级等）设置给实体、图层、视口、布局等，这些设置给实体、图层、视口、布局等属性的集合就是打印样式。设置不同的打印样式可改变输出图形的外观。

1. 执行途径

（1）WINDOWS 系统 “开始”/“控制面板”/双击“Autodesk 打印样式管理器”图标。

（2）下拉菜单

1）“文件”/“打印样式管理器”/“添加打印样式表”

2）“工具”/“向导”/“添加打印样式表”或“添加颜色相关打印样式表”

（3）命令 STYLEMANAGER

2. 操作说明

执行上述命令后，系统弹出“添加打印样式表”对话框，如图 9-6 所示。通过对该对话框的操作，完成新打印样式的设置。

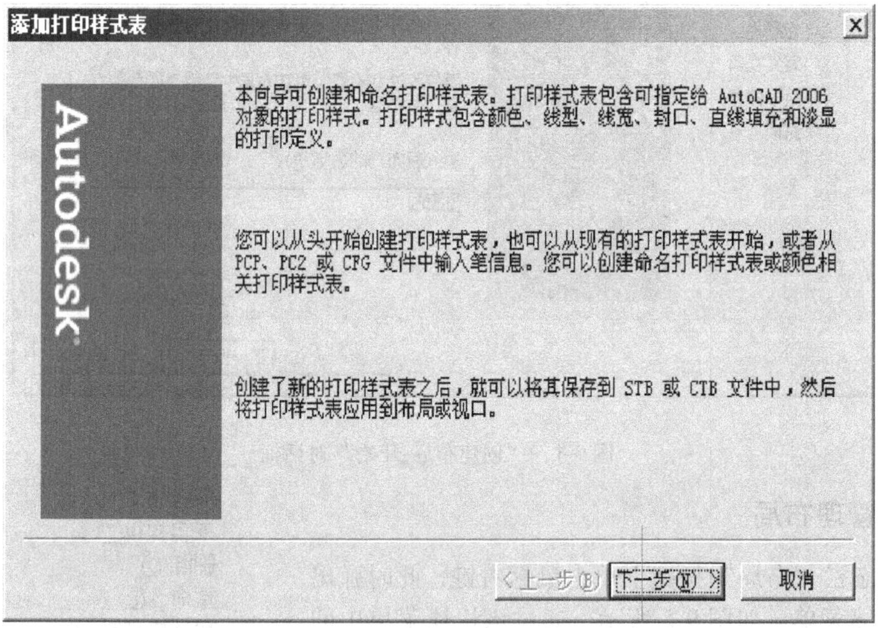

图 9-6 “添加打印样式表”对话框

9.4 打印图形

在打印图形之前还必须要设置相关的打印参数，方可打印出需要的图形。

1. 执行途径

1）下拉菜单：“文件”／“打印”

2）工具栏：“标准”／“打印”按钮

2. 操作说明

执行上述命令后，系统弹出如图 9-7 所示的“打印-模型”对话框。在该对话框中可以对打印的一些参数进行设置。

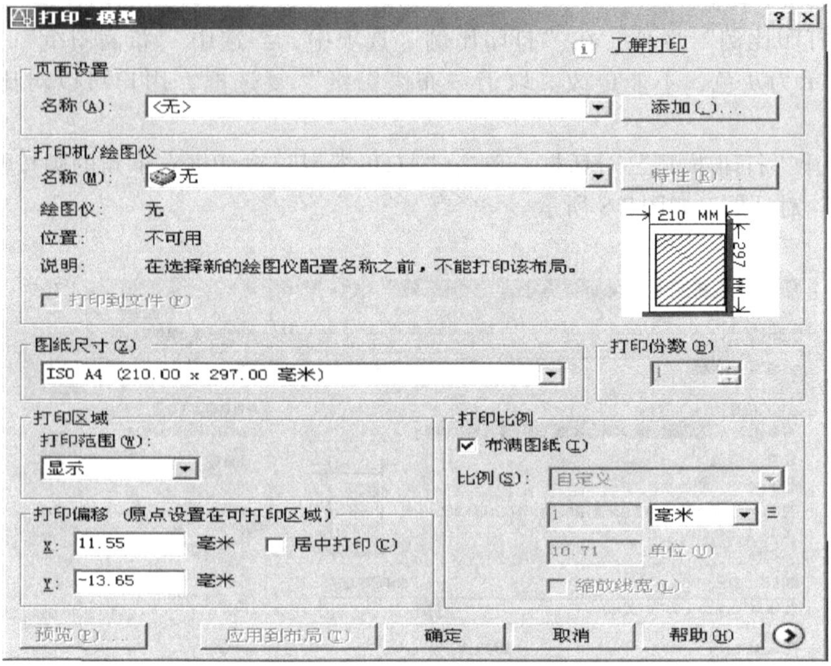

图 9-7　“打印-横型”对话框

“打印-横型”对话框简介如下：

（1）“页面设置”选项　在“页面设置”选项组中的“名称”下拉列表框中，可以选择所要应用的页面设置名称，也可以单击“添加”按钮添加其他的页面设置，如果没有进行页面设置，可以选择“无”选项。

（2）“打印机/绘图仪”选项　在“打印机/绘图仪”选项中的“名称”下拉列表框中，可以选择要使用的绘图仪。选择“打印到文件”复选框，则图形输出到文件后再打印，而不是直接从绘图仪或者打印机上打印。

（3）“图纸尺寸”选项　在“图纸尺寸”选项的下拉列表框中，可以选择合适的图纸幅面，并且在右上角可以预览图纸幅面的大小。

（4）“打印区域”选项　在“打印区域”选项中，用户可以通过 4 种方式来确定打印范围。

1）“图形界限”选项表示打印布局时，将打印指定图纸尺寸的页边距内的所有内容，其原点从布局中的（0，0）点计算得出。从“模型”空间打印时，将打印图形界限定义的整个图形区域。

2）“显示”选项表示打印选定的是“模型”空间当前视口中的视图或布局中的当前图纸空间视图。

3）“窗口”选项表示打印指定的图形的任何部分，这是直接在模型空间打印图形时最常用的方法。选择“窗口”选项后，命令行会提示用户在绘图区指定打印区域。

4）“范围”选项用于打印图形的当前空间部分（该部分包含对象），当前空间内的所有几何图形都将被打印。

（5）“打印比例”选项　在“打印比例”选项中，当选中“布满图纸”复选框后，其他选项显示为灰色，不能更改。取消“布满图纸”复选框，用户可以对比例进行设置。

（6）展开“打印-横型”对话框　单击“打印-横型”对话框右下角的圆按钮，则展开“打印-横型”对话框，如图 9-8 所示。

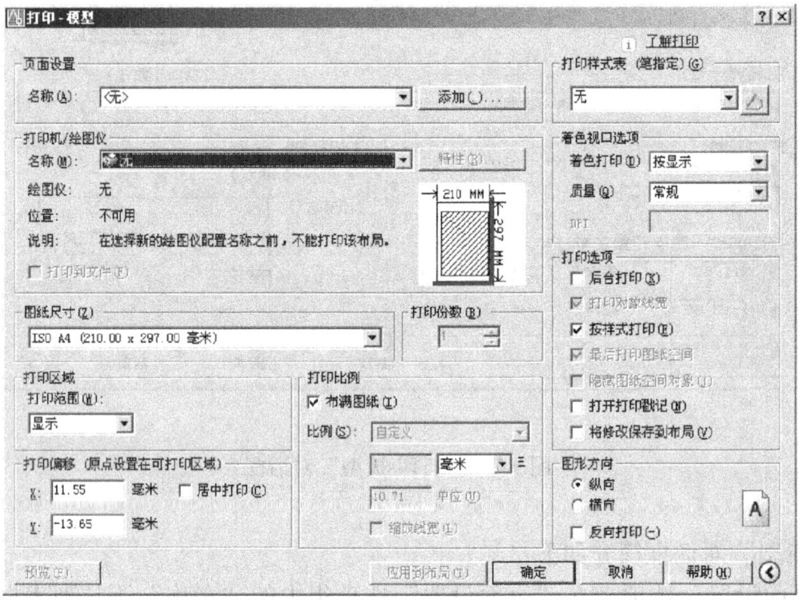

图 9-8　展开“打印-横型”对话框

（7）选择合适的打印样式表　在展开选项中，可以在“打印样式表”选项组的下拉列表框中，选择合适的打印样式表，在“图纸方向”选项中，可以选择图形打印的方向和文字的位置，如果选中“反向打印”复选框，则将打印内容反向。

（8）预览打印效果　单击“预览”按钮可以对打印图形效果进行预览，若对某些设置不满意，可以返回修改。在预览中，按“Enter”键可以退出预览，返回“打印”对话框。

（9）打印　单击“确定”按钮进行打印。

9.5 上机指导与操作练习（打印零件图）

例题：用 A4 图纸 1∶1 打印图 9-9 所示工程图。

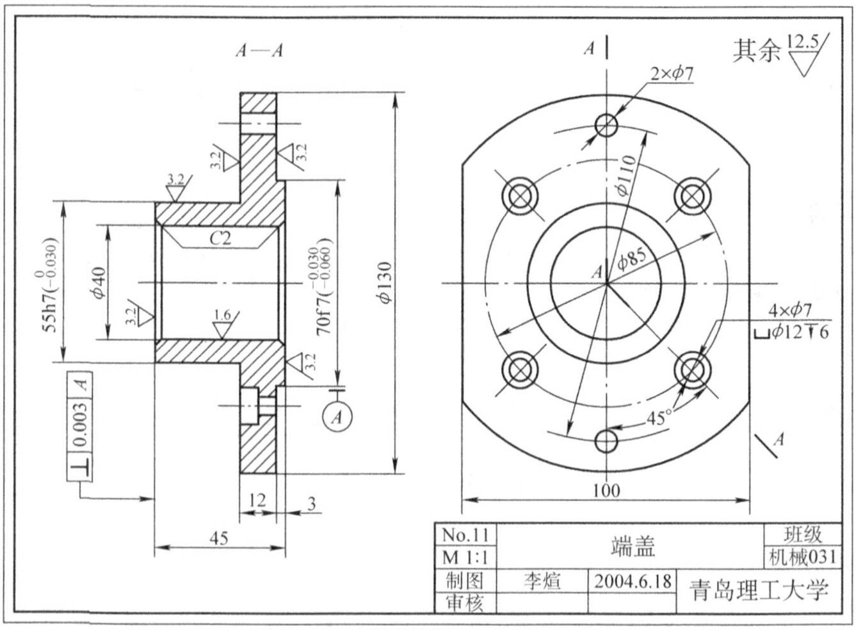

图 9-9　端盖零件图

操作步骤：

（1）连接打印机　打印机连接到电脑并安装打印机的驱动程序。

（2）设置打印参数　单击“打印”按钮，弹出“打印-横型”对话框，在该对话框中设置打印参数。

1）在“打印机”列表框里，选中已安装好的打印机。

2）在“图纸尺寸”列表框里，选中 A4 图纸。

3）在“打印区域”选项中，选中“窗口”选项，然后单击“窗口”按钮，用户可以在绘图区指定打印区域，即图 9-9 的左下角和右上角。

4）在“打印比例”选项中，选取 1∶1。

5）在“图形方向”选项中，选中横向。

其余选项为默认，如图 9-10 所示。

（3）“预览”　单击“预览”按钮，出现的打印效果如图 9-11 所示。

（4）“打印”　单击“确定”按钮，关闭对话框，系统开始打印。

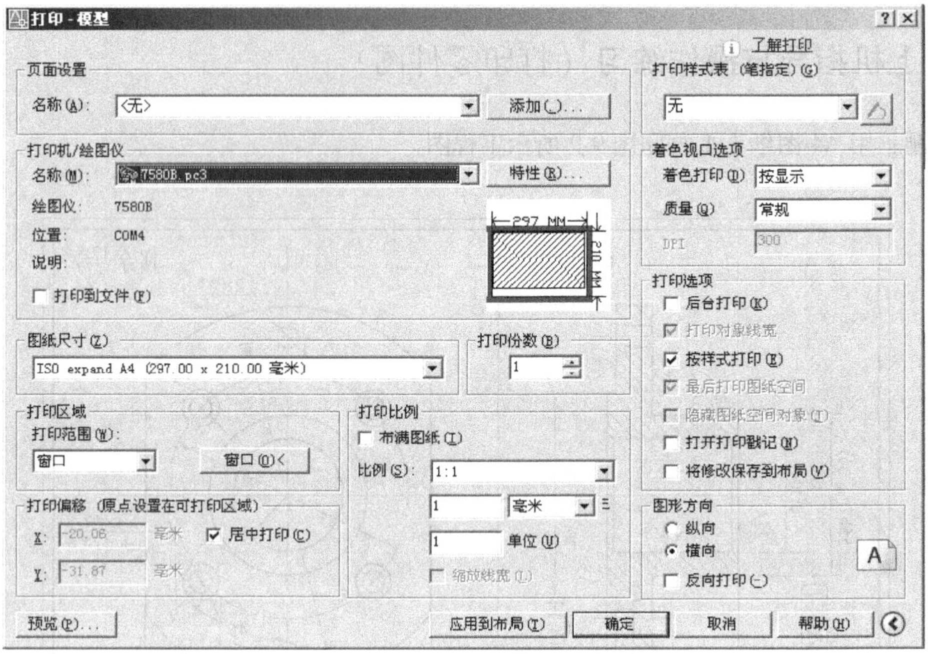

图 9-10　打印设置

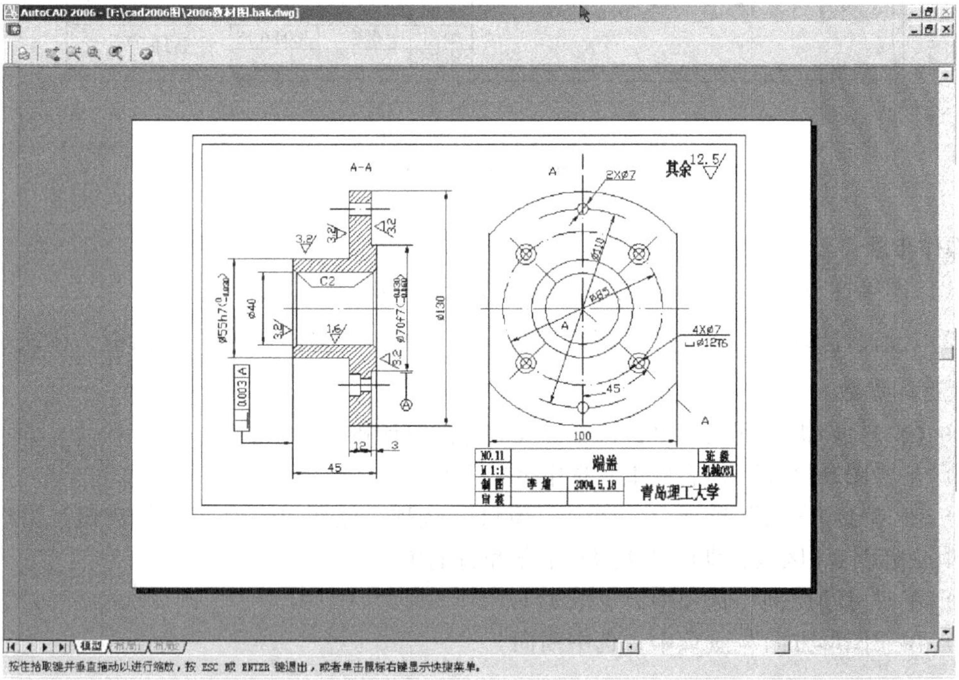

图 9-11　打印预览

第 10 章　三维实体造型

【教学目标】

通过本章的学习，要求掌握三维基本体的创建方法、拉伸实体和旋转实体的绘制方法，以及将三者结合起来绘制比较复杂的三维实体的方法。

【教学重点和难点】

●绘制三维基本实体

●绘制拉伸实体

●绘制旋转实体

三维实体具有体的特征，表示整个对象的体积。在三维模型类型中，实体的信息最完整，并且非常容易构造和编辑，形成实体后用户还可以对其进行挖孔、切槽、倒角以及布尔运算等操作。

绘制三维实体之前，首先要进入三维建模的窗口。单击“工作空间”的下拉按钮选中“三维建模”，弹出如图 10-1 所示的界面。

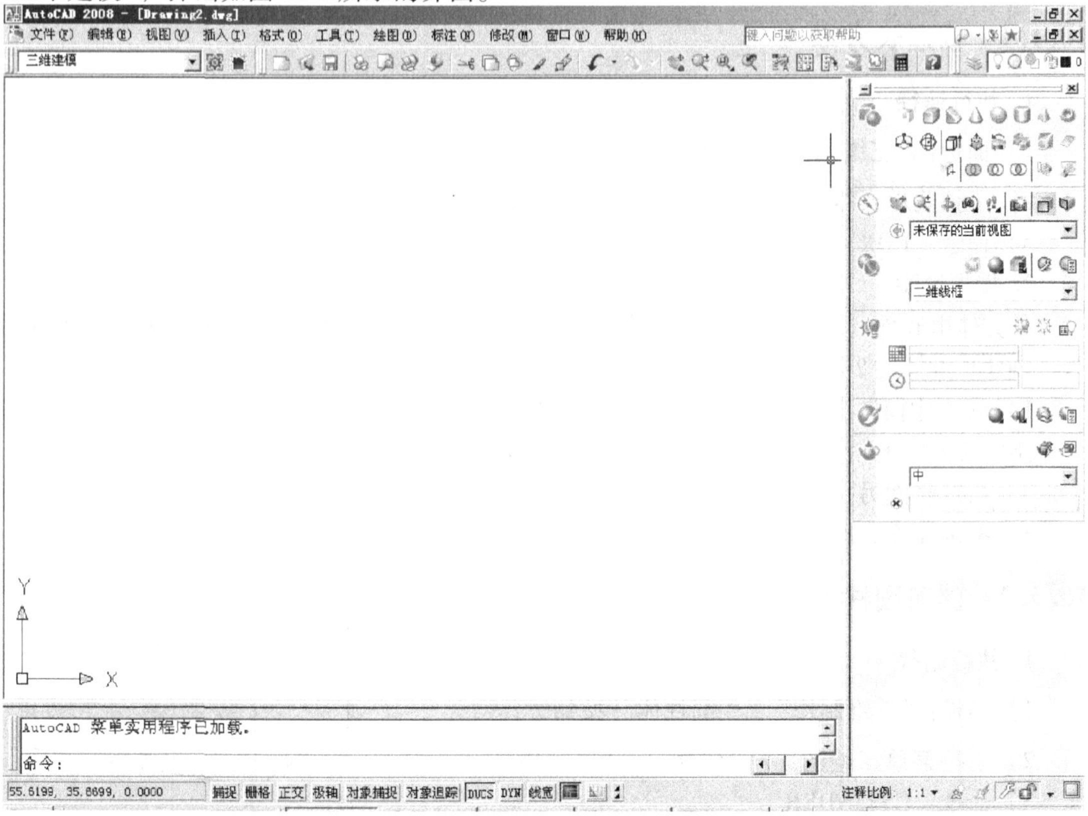

图 10-1　“三维建模”界面

三维建模工作空间的右侧面板排列了有关三维实体的操作命令，可方便用户在绘图过程中使用这些三维命令。

三维建模工作空间中的绘图区域可以显示渐变背景色、地平面或工作平面（UCS 的 *XY* 平面）以及新的矩形栅格，这将增强三维效果和三维模型的构造。

新的三维光标还提供了动态 UCS 方向的指示，用户可容易地识别 *X*、*Y*、*Z* 三个方向。

“模型”和“布局”选项卡已被状态栏上的按钮替换，这些按钮可以在绘图区域中提供更多空间，但是，如果使用选项卡，可以在“模型”或“布局”按钮上单击鼠标右键轻松切换回去。

三维实体造型的方法有以下三种：

1）利用 AutoCAD 2008 提供的基本实体（例如长方体、圆锥体、圆柱体、球体、圆环体和楔体）创建简单实体。

2）沿路径将二维对象拉伸，或者将二维对象绕轴旋转。

3）将利用前两种方法创建的实体进行布尔运算（交、并、差），生成更复杂的实体。

三维实体的显示形式有三维线框、二维线框、三维隐藏、真实和概念五种。

10.1 创建基本实体

利用三维建模工作空间提供的建模命令，可以创建简单的三维实体。

10.1.1 创建长方体

1. 执行途径

1）面板：“三维制作”/“长方体”按钮

2）下拉菜单：“绘图”/“建模”/“长方体

3）命令：BOX

2. 操作说明

长方体由底面（即两个角点）和高度定义，长方体的底面总与当前 UCS 的 *XY* 平面平行。创建长方体的步骤如下：

1）从“建模”工具栏中单击“长方体”按钮，系统提示：

指定长方体的角点或［中心点（CE）］〈0，0，0〉：

2）指定底面另一角点的位置。

3）指定高度，即可生成长方体，如图 10-2 所示。

10.1.2 创建圆柱体

1. 执行途径

1）面板：“三维制作”/“圆柱体”按钮

2）下拉菜单“绘图”/“建模”/“圆柱体”

3）命令：CYLINDER

2. 操作说明

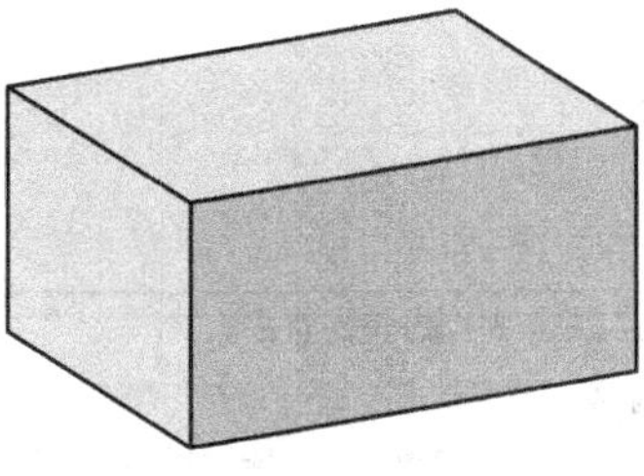

图 10-2　长方体生成

以圆或椭圆作底面创建圆柱体或椭圆柱体，圆柱的底面位于当前 UCS 的 *XY* 平面上。创建圆柱体的步骤如下：

1）从“建模”工具栏中单击“圆柱体”按钮，此时系统提示：指定圆柱体底圆的中心点或［椭圆（E）］〈0，0，0〉：

2）指定圆柱体底圆的中心点。

3）指定圆柱体底圆的半径或直径。

4）指定圆柱体的高，即可生成圆柱体，如图 10-3 所示。

5）若输入 E，则绘制椭圆柱体。

图 10-3　圆柱体生成

10.1.3　创建圆锥体

1. 执行途径

1）面板：“三维制作”／“圆锥体”按钮

2）下拉菜单：“绘图”／“建模”／“圆锥体”

3）命令：CONE

2. 操作说明

圆锥体由圆或椭圆底面以及垂足在其底面上的锥顶点定义，如图 10-4 所示。默认情况下，圆锥体的底面位于当前 UCS 的 *XY* 平面上，圆锥体的高可以是正的也可以是负的，且平行于 Z 轴。顶点决定了圆锥体的高和方向。创建圆锥体的步骤与圆柱体类似，故不赘述。

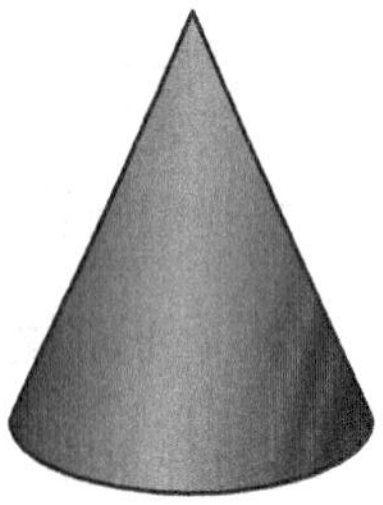

图 10-4　圆锥体生成

10.1.4　创建球体

1. 执行途径

1）面板：“三维制作”／“球体”按钮

2）下拉菜单：“绘图”／“建模”／“球体”

3）命令：SPHERE

2. 操作说明

球体由中心点和半径或直径定义，如图 10-5 所示。球体的纬线平行于 *XY* 平面，中心轴与当前 UCS 的 *Z* 轴方向一致。

创建球体的步骤如下：

1）从“建模”工具栏中单击“球体”按钮。

2）指定球的中心点。

3）指定球的半径或直径，即可生成球体。

图 10-5　球体生成

10.1.5　创建圆环体

1. 执行途径

1）面板：“三维制作”／“圆环体”按钮

2）下拉菜单：“绘图”／“建模”／“圆环体”

3）命令：TOMS

2. 操作说明

圆环体由两个半径值定义，一个是圆管的半径，另一个是从圆管体中心到圆管中心的距离即圆环体的半径。如果圆环体半径大于圆管半径，形成的圆环体中间是空的，如图 10-6a 所示；如果圆管半径大于圆环体半径，结果就像一个两极凹陷的球体，如图 10-6b 所示。

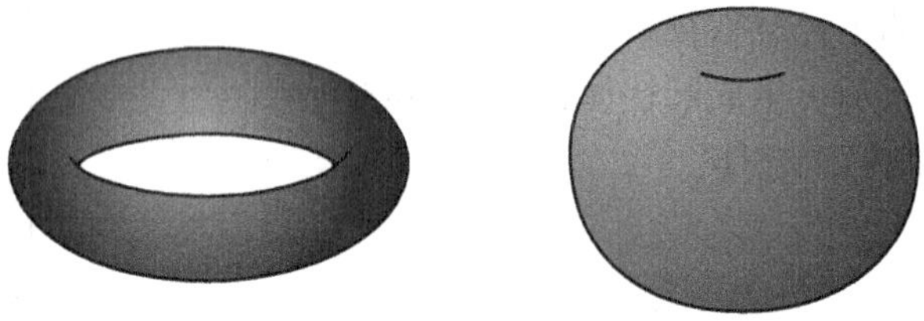

a）　　　　　　　　　　　　b）

图 10-6　圆环体生成

a）圆环体半径大于圆管半径　b）圆管半径大于圆环体半径

创建圆环体的步骤如下：

1）从“建模”工具栏中单击“圆环体”按钮。

2）指定圆环体的中心。

3）指定圆环体的半径或直径。

4）指定圆管的半径或直径，即可生成圆环体。

10.1.6　创建楔体

1. 执行途径

1）面板：“三维制作”/“楔体”按钮

2）下拉菜单：“绘图”/“建模”/“楔体”

3）命令：WEDGE

2. 操作说明

楔体形状如图 10-7 所示，楔形的底面平行于当前 UCS 的 *XY* 平面，其倾斜面正对第一个角，它的高可以是正数也可以是负数，并与 *Z* 轴平行。

创建楔体的步骤如下：

1）从“建模”工具栏中单击“楔体”按钮。

2）指定底面第一个角点的位置。

3）指定底面的相对角点的位置。

4）指定楔体的高度，即可生成楔体。

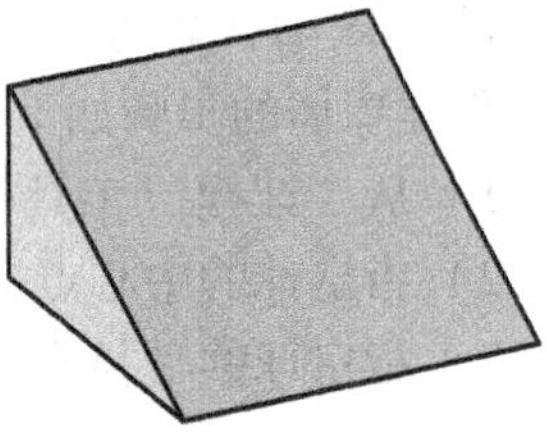

图 10-7　楔体生成

10.1.7　创建多段体

1. 执行途径

1）面板：“三维制作”/“多段体”按钮

2）下拉菜单：“绘图”／“建模”／“多段体”

3）命令：POLYSOLID

2. 操作说明

多段体形状如图 10-8 所示，多段体的底面平行于当前 UCS 的 *XY* 平面，它的高可以是正数也可以是负数，并与 *Z* 轴平行，默认情况下，多段体始终具有矩形截面轮廓。

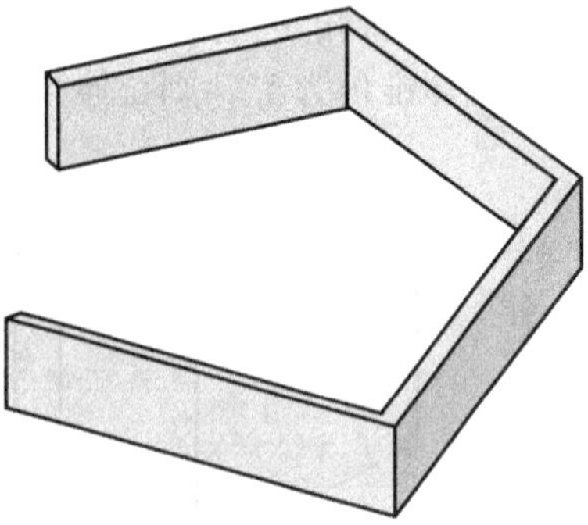

图 10-8　多段体生成

创建多段体的步骤如下：

1）从“建模”工具栏中单击“多段体”按钮。

2）指定底面第一个角点的位置。

3）指定底面的下一个角点的位置。

4）指定底面的下一个角点的位置。

5）在指定底面第一个角点的位置之前，可先设置多段体的高度和宽度。

6）也可在指定底面第一个角点的位置之前，先画出直线、二维多段线、圆弧或圆作为对象创建多段体，多段体是沿指定路径使用指定截面轮廓绘制的实体。

10.2　创建拉伸实体

创建拉伸实体就是将二维的闭合对象（如多段线、多边形、矩形、圆、椭圆、闭合的样条曲线和圆环）拉伸成三维对象。在拉伸过程中，不但可以指定拉伸的高度，还可以使实体的截面沿拉伸方向变化。另外，还可以将一些二维对象沿指定的路径拉伸，路径可以是圆、椭圆，也可以由圆弧、椭圆弧、多段线、样条曲线等组成。路径可以封闭，也可以不封闭。

如果用直线或圆弧绘制拉伸用的二维对象，则需用 PEDIT/“连接”将它们转换为单条多段线，然后再利用“拉伸”命令进行拉伸。

1. 执行途径

1）面板：“三维制作”／“拉伸”按钮

2）下拉菜单：“绘图”／“建模”／“拉伸”

3）命令：EXTRUDE

2. 操作说明

下面说明操作步骤：

1）绘制二维对象，如图 10-9 所示

2）从“绘图”工具栏中单击“面域”按钮，使所绘制的二维图形形成一整体。

3）单击“三维制作”／“拉伸”按钮。

4）选择要拉伸的对象，此时系统提示如下：

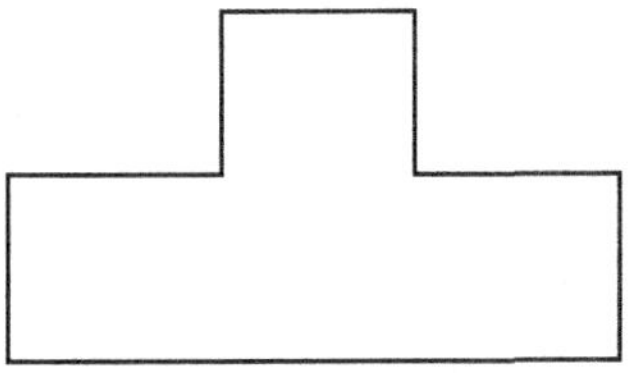

图 10-9　拉伸前几何图形

指定拉伸高度或路径［路径(P)］

5）输入拉伸高度或指定一条二维对象作为拉伸路径。

6）输入拉伸的倾斜角度（默认为0），即可生成拉伸实体，如图10-10所示。

3. 特别提示

1）拉伸锥角是指拉伸方向偏移的角度，其范围是－90°～＋90°。图10-10如果在拉伸时输入拉伸锥角为5°，则拉伸结果如图10-11所示。

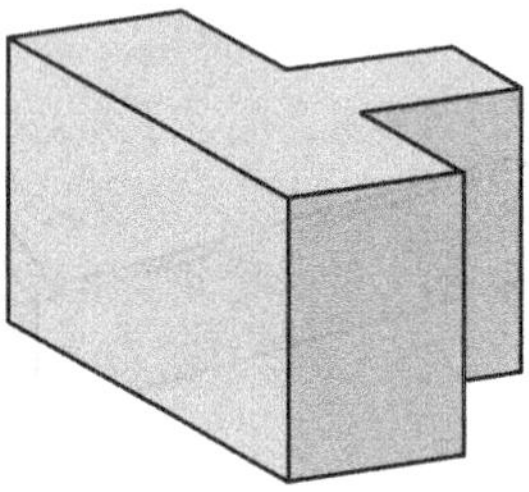

图10-10　拉伸后几何图形

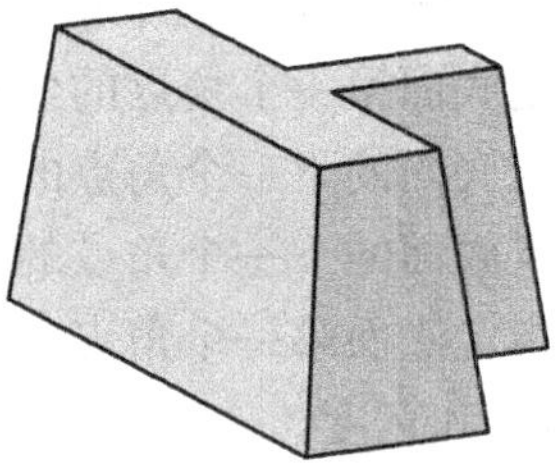

图10-11　输入拉伸锥角后的实体

2）不能拉伸相交或自交线段的多段线，多段线应包括至少3个顶点，但不能多于500个顶点。

3）如果用直线或圆弧绘制拉伸用的二维对象，应先使用“面域”命令将他们转化成一条多段线。

4）指定拉伸的路径既不能与轮廓共面，也不能为具有高曲率的区域。

10.3　创建旋转实体

创建旋转实体即是将一个二维封闭对象（例如圆、椭圆、多段线、样条曲线）绕当前UCS坐标系的X轴或Y轴并按一定的角度旋转成实体，也可以使其绕直线、多段线或两个指定的点旋转成实体。

1. 执行途径

1）面板：“三维制作”／“旋转”按钮 

2）下拉菜单：“绘图”／“建模”／“旋转”

3）命令：REVOLVE

2. 操作说明

创建旋转实体的方法和步骤：

1）从“绘图”工具栏中单击“直线”按钮，绘制二维图形，如图10-12所示。

2）从“绘图”工具栏中单击“面域”，使所绘制的二维图形形成一个整体。

3）从“绘图”工具栏中单击“直线”按钮，绘制旋转轴a、b两端点。

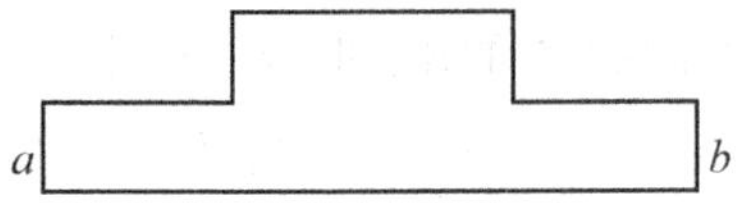

图10-12　绘制二维图形

4）单击“三维制作”／“旋转”按钮 。

5）指定要旋转的对象。

6）指定旋转轴的始点 a 和终点 b。

7）指定旋转角，即可生成旋转实体，如图10-13所示。

3. 特别提示

在执行命令过程中，当系统要求“指定要旋转的对象”时，可以选择X或Y成O选项。

1）选择X或Y选项，将是旋转对象分别绕 X 轴或 Y 轴旋转指定角度，形成旋转体。

2）选择O选项，提示“选择对象”，即以所选对象为旋转轴旋转指定角度，形成旋转体。

3）在选择旋转选择对象后，直接指定旋转轴起点和终点，也可得到旋转体。

图10-13　生成旋转实体

10.4　三维实体布尔运算

通过编辑简单的三维实体，可以创建复杂的三维实体。编辑的方法有合并、相减和相加等。

10.4.1　并集运算（相加实体）

将两个或多个实体进行合并，生成一个组合实体，即为并集运算。

1. 执行途径

1）面板：“三维制作”／“并集”按钮 

2）下拉菜单：“修改”／“实体编辑”／“并集”

3）命令：UNION

2. 操作说明

在提示选择对象后，用鼠标连续选择要相加的对象，然后回车，即生成需要的组合实体。如图10-14所示圆柱体和长方体，并集运算后即成为如图10-15所示的实体。

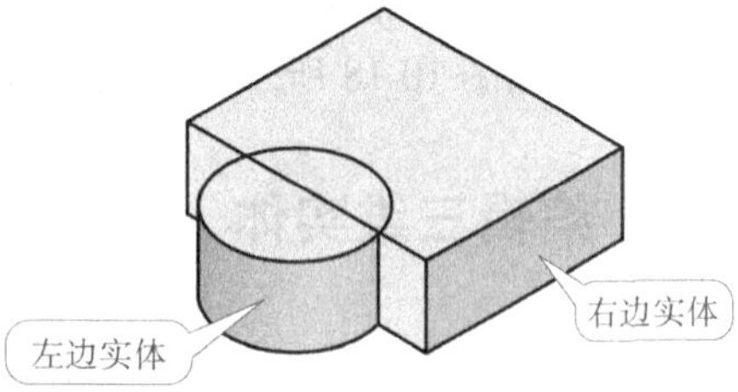

图10-14　两个实体

10.4.2　差集运算（相减实体）

从一个实体中减去另一个（或多个）实体，生成一个新的实体，即为差集运算。

1. 执行途径

1）面板：“三维制作”／“差集”按钮 

2）下拉菜单：“修改”／“实体编辑”／“差集”

3）命令：SUB-TRACT

2. 操作说明

首先选择的实体是“要从中减去的实体”，回车后，接着选择“要减去的实体”。如图10-14所示，先选择圆柱体，回车后，再选择长方体，即可得到图10-16所示的实体，若先选择长方体，回车后，再选择圆柱体即可得到图10-17所示的实体。“要从中减去的实体”可以是一个，也可以是多个，“要减去的实体”可以是一个，也可以是多个。

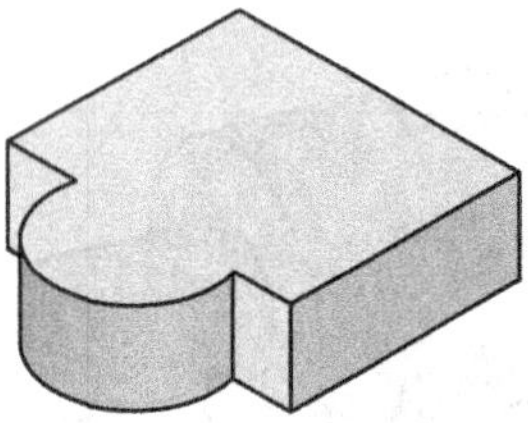

图10-15　并集运算后生成的实体

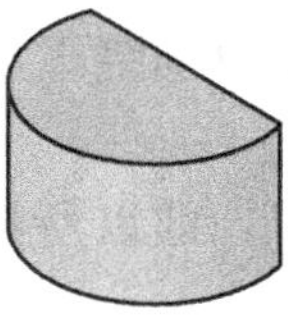

图10-16　圆柱减去长方体

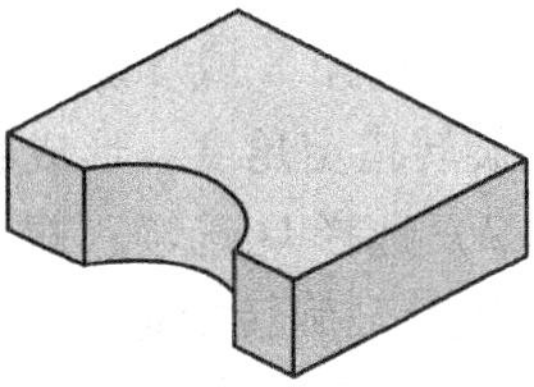

图10-17　长方体减去圆柱

10.4.3　交集运算（相交实体）

将两个或多个实体的公共部分构造成一个新的实体，即为交运集算。

1. 执行途径

1）面板：“三维制作”/“交集”按钮

2）下拉菜单：“修改”/“实体编辑”/“交集”

3）命令：INTERSECT

2. 操作说明

选择具有公共部分的实体，才可以生成组合实体，否则，实体将被删除。如图10-18所示为对图10-14进行交集运算后生成的实体。

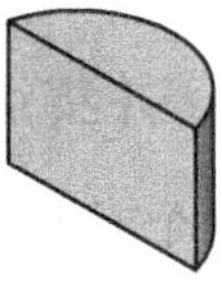

图10-18　交集运算后生成的实体

10.5　编辑三维实体

对于三维实体可以进行编辑（例如镜像、旋转、对齐、移动等）操作，也可以将实体剖切为两部分以获得实体二维截面图形。

10.5.1　创建实体的截面平面及截面

该命令可以创建截面平面及截面，还可以通过该模型内部细节，创建截面对象后，移动并操作截面对象以调整所需的截面视图。

1. 执行途径

1）面板：“三维制作”/；“截面平面”按钮

2）下拉菜单：“绘图”/“建模”/“截面平面”

3）命令：SECTIONPLANE

2. 操作说明

输入命令后，命令行提示：选择面或任意点以定位截面线或[绘制截面(D)/正交(O)]：可以使用多个选项创建截面平面。

1）可以选择现有的平面作为截面平面，或确定任意点定位截面平面。

2）“正交”选项是一种快速创建截面对象的方式，因为仅需要指定相对于 UCS 的正交方向。

3）也可以绘制定位截平面的截面。

3. 特别提示

1）透明平面称为截面平面指示器，将自动打开活动截面。活动截面可从视觉上区分截面平面指示器两侧的三维对象。

2）活动截面的中间线称为截面线，单击截面线出现如图 10-19 所示的夹持点。

3）单击基准夹点可以移动截面平面指示器，随着截面平面指示器位置的改变，可以实时查看实体的内部，如图 10-20 所示 。

4）可以单击截面线的线段端点夹点，截面平面以基准夹点为基点将截面平面指示器旋转任意角度，以查看实体内部的不同视图。

5）单击截面线出现夹点，单击右健，出现“截面”快捷菜单如图 10-21 所示，选择“生成二维或三维界面”，即可生成所需的截面。

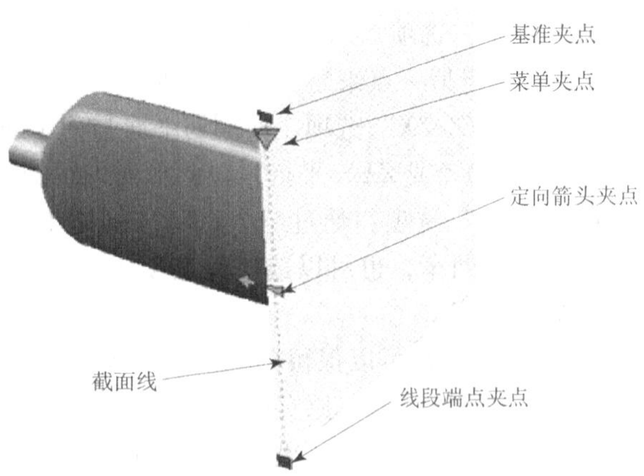

图 10-19　截面平面指示器

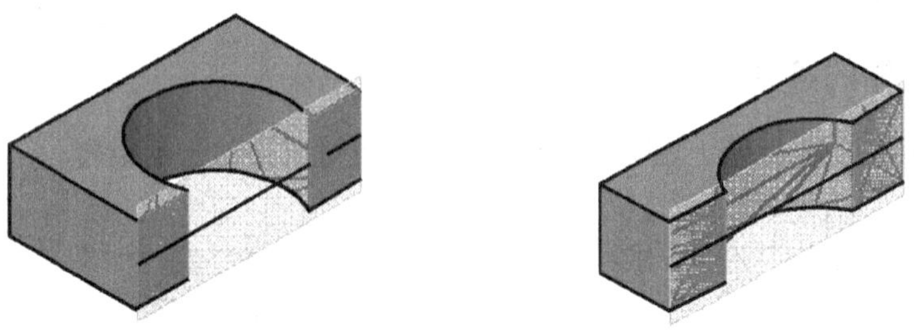

图 10-20　任意移动实体截面平面

10.5.2　实体的剖切

该命令可根据指定的剖切平面对三维实体进行剖切。

1. 执行途径

1）面板："三维制作"／"剖切"按钮

2）下拉菜单："修改"／"三维操作"／"剖切"

3）命令：SLICE

2. 操作说明

输入命令后，命令行提示选择对象，然后要求：指定切面上的第一个点，依照[对象(O)/Z轴(Z)/视图(V)/XY平面(XY)/YZ平面(YZ)/ZX平面(ZX)/三点(3)]<三点>：

各选项的含义如下：

1）"对象（O）"选项：使用选定平面对象的平面作为剖切平面将实体剖开，该对象可以是圆、椭圆、圆弧、二维样条曲线或二维多段线线段。

2）"Z轴"选项：通过在平面上指定一点和在平面的Z轴（法线）上指定另一点来定义剖切平面。

3）"XY/YZ/ZX"选项：使剖切平面与一个通过指定点的标准平面（*XY*、*YZ*或*ZX*）平行，以此平面进行剖切。

4）"三点"选项：通过三个点定义剖切平面，如果在选择完对象后直接回车，也可以选择此选项。

3. 特别提示

1）实体剖切后可以保留剖切实体的所有部分，或者保留指定的部分，剖切实体保留原实体的图层和颜色特性。

2）操作时，在"在要保留的一侧指定点或[保留两侧(B)]："提示下，直接定义一点，从而确定图形将保留剖切实体的哪一侧，该点不能位于剪切平面上。若输入"B"，则剖切实体的两侧均保留，如图10-22所示。

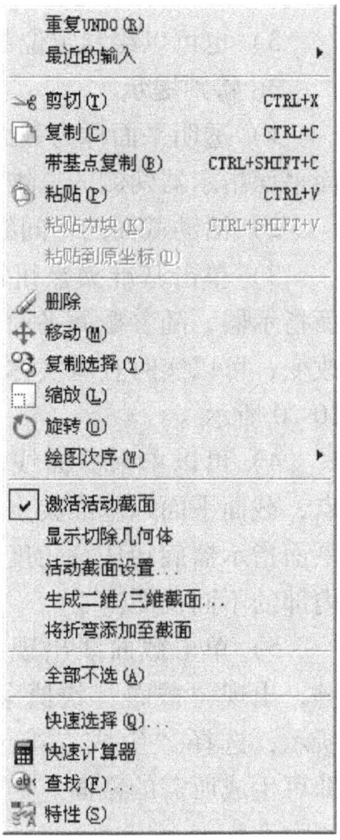

图10-21 "截面"快捷菜单

10.5.3 三维实体的移动

在三维视图中显示移动夹点工具，并沿指定方向将对象移动指定距离。

1. 执行途径

1）面板："三维制作"／"三维移动"按钮

2）下拉菜单："修改"／"三维操作"／"三维移动"

3）命令：3DMOVE

2. 操作说明

输入命令后，命令行提示：

选择对象：选取要移动的立体。

选择对象：回车。

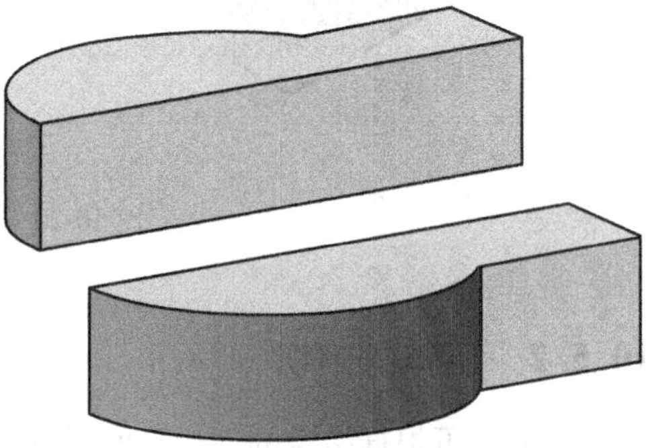

图10-22 实体剖切

指定基点或［位移(D)］<位移>：指定基点或输入 d

指定第二个点或 <使用第一个点作为位移>：指定点或按“ENTER”键。

指定的两个点定义了一个矢量，表明选定对象将被移动的距离和方向。

3. 特别提示

选择对象完成时，将显示附着在光标上的移动夹点工具，如图 10-23 所示，用户可以自由移动对象和子对象的选择集或将移动约束到轴或面上

(1) 将移动约束到轴上

1) 将光标悬停在夹点工具上的轴句柄上，直到矢量显示为与该轴对齐，然后单击轴句柄，可以使用移动夹点工具将移动约束到轴上，如图 10-24 所示。

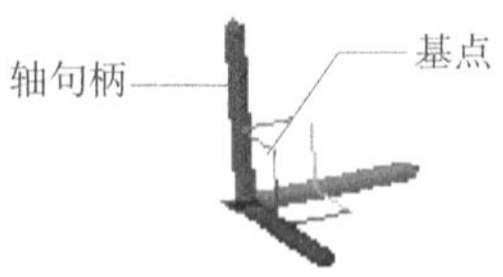

图 10-23 移动夹点工具

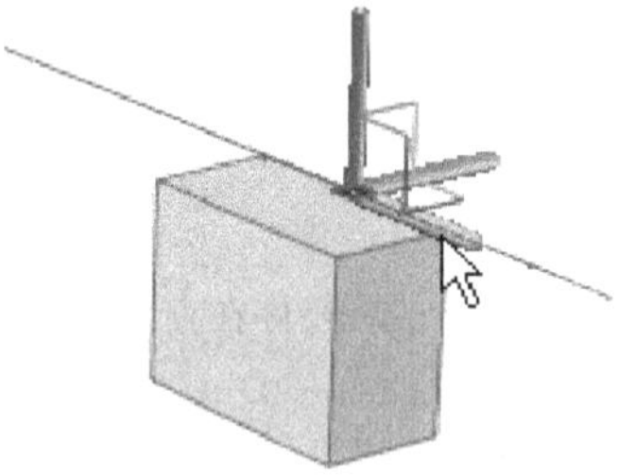

图 10-24 矢量显示为与轴对齐

2) 当用户拖动光标时，选定的对象和子对象将仅沿指定的轴移动，可以单击或输入值以指定距基点的移动距离，如图 10-25 所示 .

(2) 将移动约束到平面上 用户还可以使用移动夹点工具将移动约束到平面上。

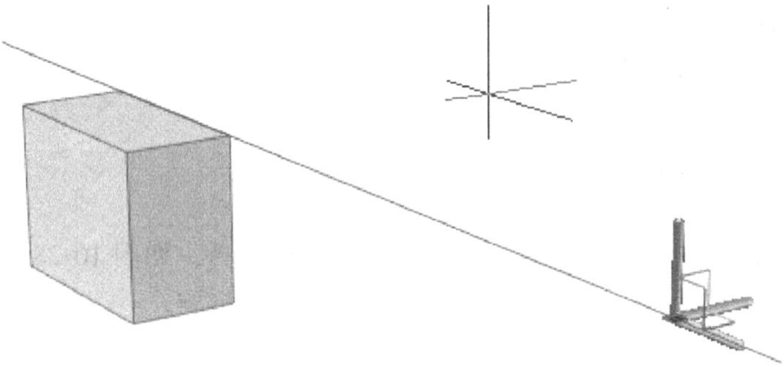

图 10-25 移动约束到轴上

1) 将光标悬停在两条远离轴句柄（用于确定平面）的直线汇合处的点上，直到直线变为黄色，然后单击该点，如图 10-26 所示。

2) 当用户拖动光标时，选定对象和子对象将仅沿指定的平面移动，可以单击或输入值以指定距基点的移动距离，如图 10-27 所示。

10. 5. 4 三维实体的旋转

在三维视图中显示旋转夹点工具，并沿指定方向将对象旋转指定距离。

1. 执行途径

1）面板："三维制作" / "三维旋转"

2）下拉菜单："修改" / "三维操作" / "三维旋转"

3）命令：3DROTATE

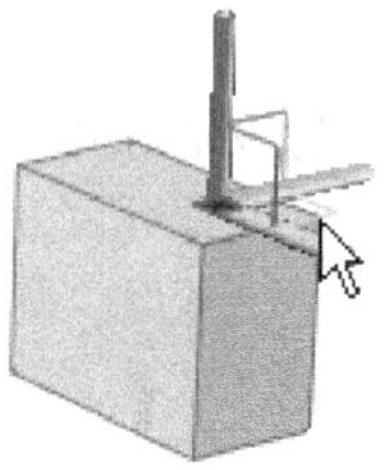

图 10-26　光标悬停在直线汇合处

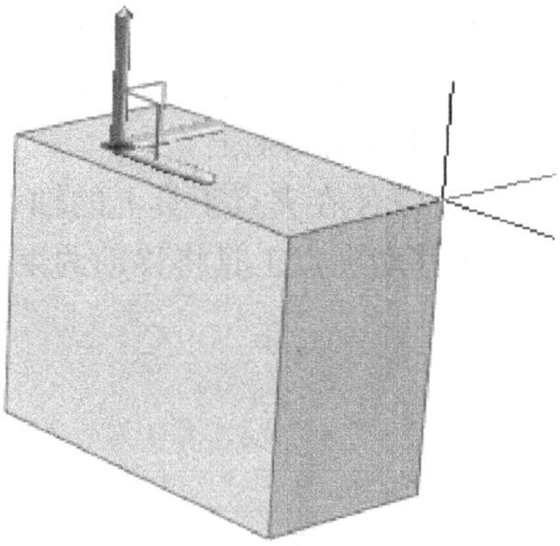

图 10-27　移动约束到平面上

2. 操作说明

输入命令后，命令行提示：

选择对象：选择要旋转的立体。

选择对象：回车。

指定基点：指定点。

拾取旋转轴：单击轴句柄以选择旋转轴。

输入旋转值或指定角起点和角终点。

指定角的起点或键入角度：指定点。

指定角的端点：指定点或按"ENTER" 键。

指定的两个点表明选定对象将被移动的距离和方向。

3. 特别提示

选择对象完成时，将显示附着在光标上的旋转夹点工具，如图 10-28 所示，用户可以通过将对象拖动到夹点工具之外来自由旋转对象，或指定要将旋转约束到的轴。

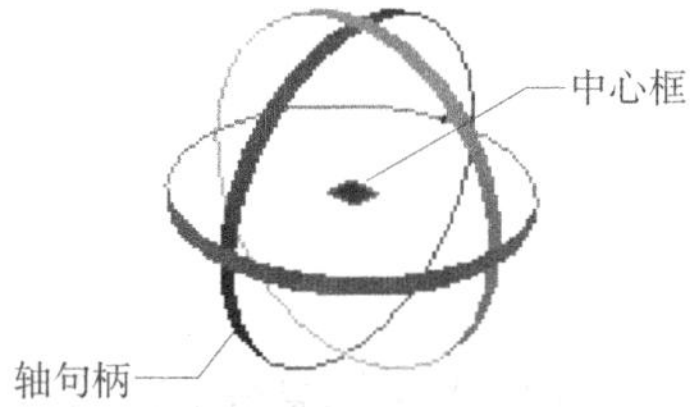

图 10-28　旋转夹点工具

用户可以使用旋转夹点工具将旋转约束到轴上。

1）将光标悬停在夹点工具上的轴控制柄上，直到光标变为黄色，并且黄色矢量显示为与该轴对齐，然后单击轴线，如图 10-29 所示 。

2）当用户拖动光标时，选定对象和子对象将围绕基点沿指定的轴旋转，可以单击或输入值以指定旋转的角度，如图 10-30 所示。

10. 5. 5　夹持点

可以通过选择对象并操作夹点来更改对象的形状。在不执行任何命令的情况下，鼠标单击三维实体，实体子对象显示亮点，如图 10-31 所示。子对象包括：顶点、面、边以及组成复合实体的各个原始实体。使用光标选择一组要操作的子对象，从包含子对象的实体中独立地移动、旋转和缩放选定的一组子对象，并可以以无限种方式操作实体。

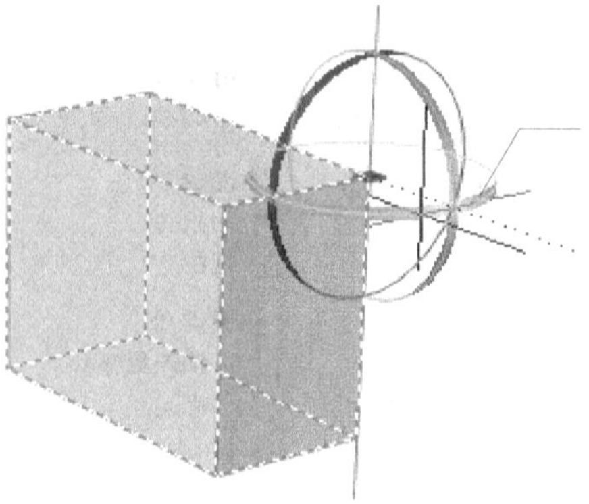

图 10-29　黄色矢量显示为与该轴对齐

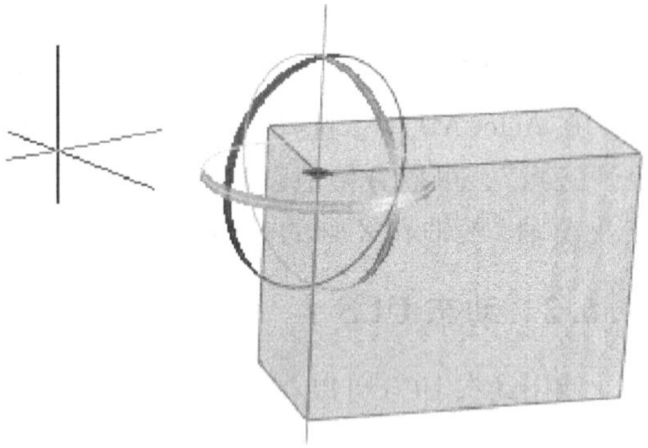

图 10-30　基点沿指定的轴旋转

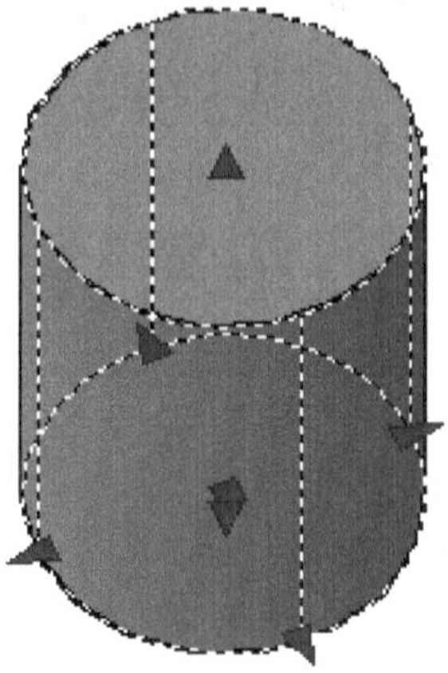

图 10-31　选中实体子对象显示亮点

10.6　用户坐标系（UCS）在三维绘图中的应用

用户坐标系（UCS）是三维绘图时使用很频繁的一个功能，用户可以在需要时调整坐标系的原点位置、*X* 轴、*Y* 轴和 *Z* 轴的方向。在使用 AutoCAD 2008 绘制三维图形时，使用动态 UCS 坐标系，可以更方便、快捷地进行三维造型。

10.6.1　新建和修改用户坐标系

在中文版 AutoCAD 2008 中，使用“工具”菜单中的“新建 UCS”等命令，可以移动或旋转用户坐标系。

1. 移动 UCS

在 AutoCAD 中，选择“工具”/“新建 UCS”命令，利用其子命令“原点”可以方便地移动 UCS 原点，如图 10-32 所示。

2. 旋转 UCS

在 AutoCAD 中，选择“工具”/“新建 UCS”命令，利用其子命令“X”、“Y”、“Z”可以方便地使 UCS 绕“*X*”轴、“*Y*”轴和“*Z*”轴旋转。

3. 创建 UCS

在 AutoCAD 中，选择“工具”/“新建 UCS”命令，利用其子命令“三点”，可以方便地创建新的 UCS 的坐标系，确定新坐标系的原点及 *X* 轴，*Y* 轴和 *Z* 轴的方向。

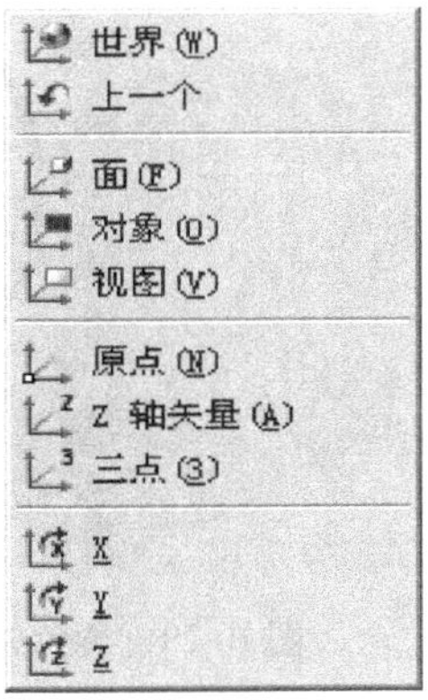

图 10-32 “新建 UCS”的子命令

10.6.2 动态 UCS

使用动态 UCS 可以在三维实体的平整面上创建对象，而无需手动更改 UCS 方向，还可以使用动态 UCS 以及 UCS 命令在三维中指定新的 UCS，同时可以大大降低错误几率。

1. 动态 UCS 激活

通过单击状态栏上的“DUCS”按钮，打开动态 UCS。

动态 UCS 激活后，指定的点和绘图工具（例如极轴追踪和栅格）都将与动态 UCS 建立的临时 UCS 相关联。

2. 动态 UCS 的应用

在执行命令的过程中，当将光标移动到面的上方时，动态 UCS 会临时将 UCS 的 *XY* 平面与三维实体的平整面对齐。

例如，绘制如图 10-33 所示的图形。

操作步骤如下：

1）先单击面板上的“长方体”按钮，绘制长方体。

2）而后单击面板上的“圆柱体”按钮，将光标移到三维实体前面的平整面上。UCS 将临时切换为面的方向。然后指定圆柱体底面的中心点、半径和高度，即生成图 10-33 所示立体。

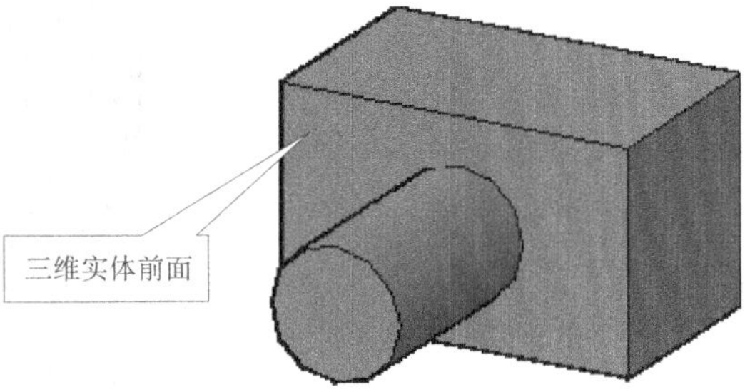

图 10-33 利用动态 UCS 绘图

10.6.3 利用辅助线绘制三维立体

在绘制三维图形时，用户可以添加辅助线确定要绘制对象的位置和方向，以便绘制复杂的立体。下面通过图 10-34 所示的实例来说明如何利用 UCS 进行三维图形绘制。

操作步骤如下：

（1）设置多视口

1）执行“视图”/“视口”/“新建视口”，弹出一个“视口”对话框。

2）选择“标准视口”列表中的“三个：右”。

3）在“设置”下拉列表框中选择“三维”；在“预览”区中激活右视口；在“修改视图”下拉列表框中将其设置为“西南等轴测”。三个视口分别显示为主视、俯视和西南等轴测，如图 10-35 所示。

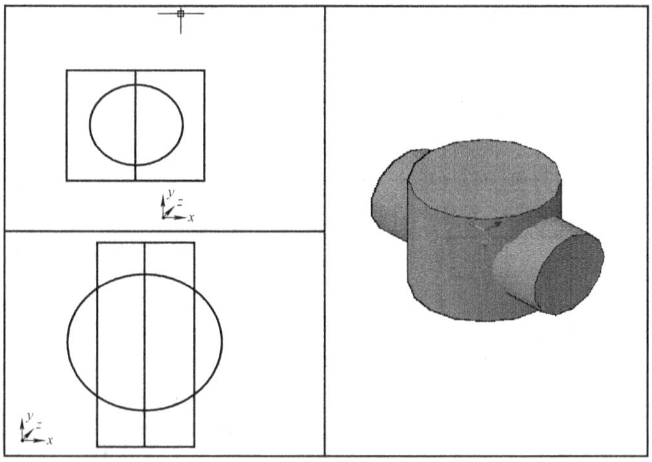

图 10-34　三维实体

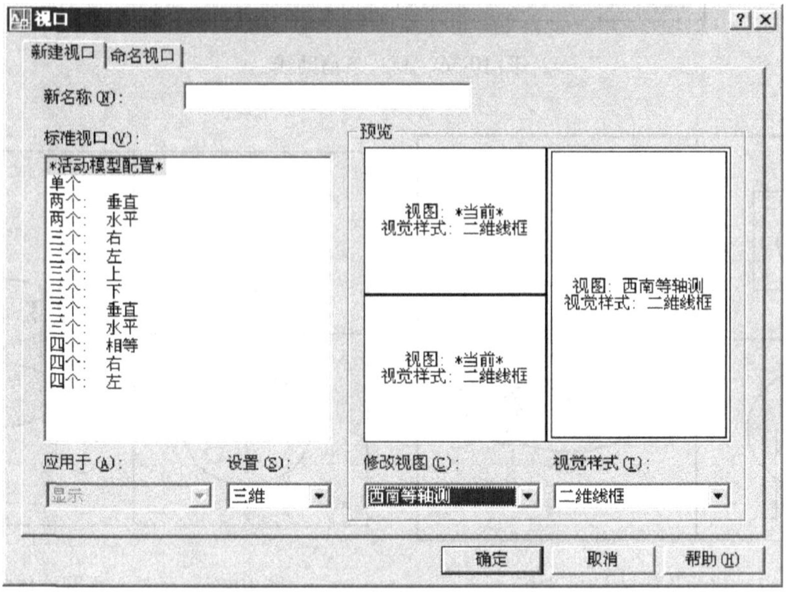

图 10-35　“视口”对话框

4）单击“确定”按钮。

（2）添加辅助线

1）执行“绘图”/“实体”/“圆柱体”命令，激活右视口，在该视口中确定圆柱体底圆半径和高。

2）执行“绘图”/“直线”命令，利用“对象捕捉”捕捉圆柱体上底和下底的圆心点，画一条直线，如图 10-36 所示。

3）利用“对象捕捉”设置中点，执行“工具”/“新建 UCS”/“原点”，将 UCS 图标移到圆柱体的中心点；再执行“工具”/“新建 UCS”/“X”，使“UCS”绕 X 轴旋转 90″，如图 10-37 所示；执行“绘图”/“建模”/“圆柱体”命令，用户可以非常容易地确定圆柱体的位置。

4）再单击水平圆柱体的后底圆，拖动鼠标使圆柱体延长到需要的位置，如图 10-38 所示。

5）激活右视口，执行“视觉样式”／“概念”命令，对三维实体消隐，得到图 10-34 所示的结果。

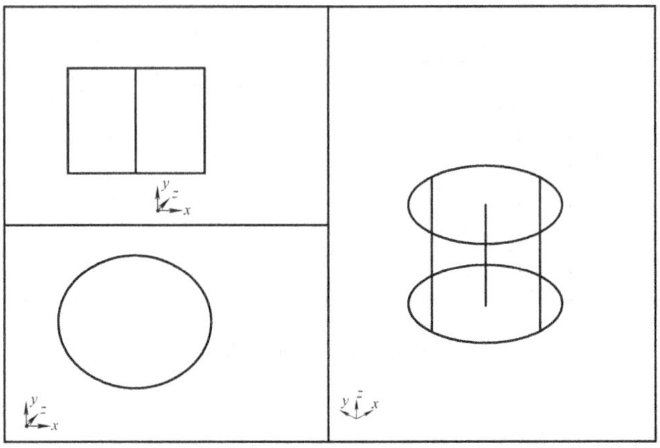

图 10-36　画一条辅助线

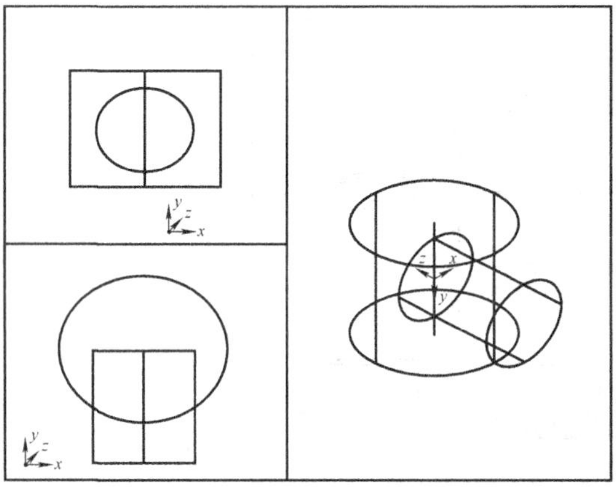

图 10-37　移动并旋转 UCS 坐标

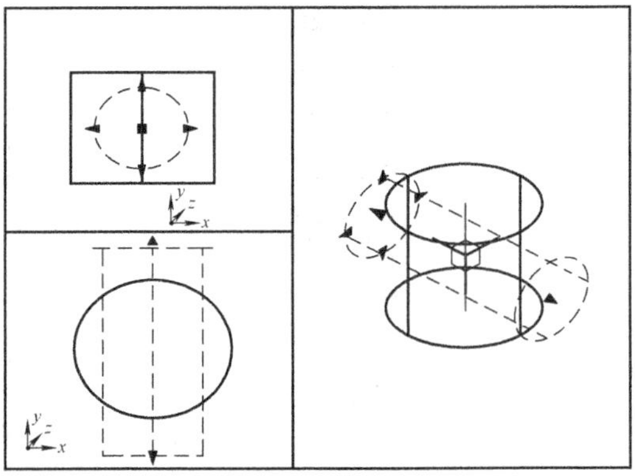

图 10-38　延长水平圆柱体的长度

10.7　三维观察

三维导航工具允许用户从不同的角度、高度和距离查看图形中的对象。使用图 10-39 所示的三维工具，在三维视图中进行动态观察、回旋、调整距离、缩放和平移。

1. 受约束的动态观察

执行此命令可以沿 XY 平面或 Z 轴约束三维进行动态观察。

执行途径：

1）工具栏：“三维导航”／“受约束的动态观察”按钮

2）下拉菜单：“视图”／“动态观察”／“受约束的动态观察”

3）命令：3DORBIT

2. 自由动态观察

不参照平面，在任意方向上进行动态观察。沿 XY 平面和 Z 轴进行动态观察时，视点不受约束。

执行途径：

1）工具栏：“三维导航”／“自由的动态观察”按钮

2）下拉菜单：“视图”／“动态观察”／“自由的动态观察”

3）命令：3DFORBIT

3. 连续动态观察

在要使连续动态观察移动的方向上单击并拖动，然后释放鼠标按钮，轨道沿该方向继续移动，可以对三维实体连续地进行动态观察。

执行途径：

1）工具栏：“三维导航”／“连续的动态观察”按钮

2）下拉菜单：“视图”／“动态观察”／“连续的动态观察”

3）命令：3DCORBIT

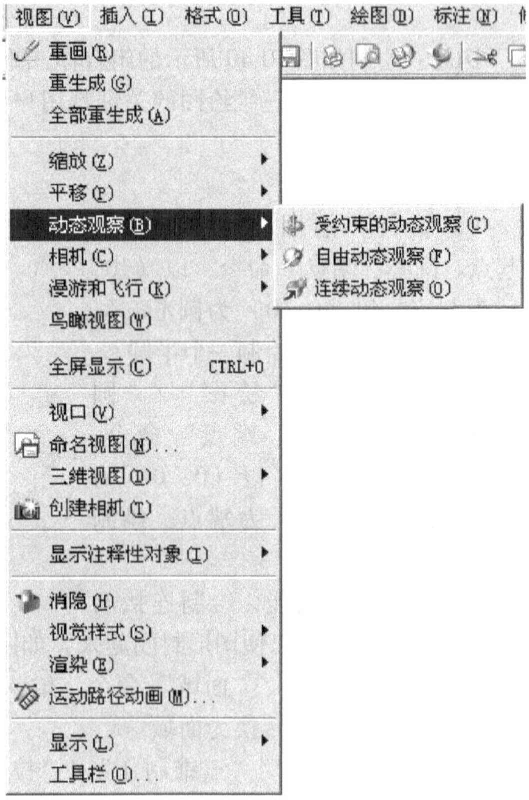

图 10-39 “动态观察”命令

4. 调整距离

垂直移动光标时，将更改对象的距离。可以使对象显示的较大或较小，并可以调整距离。

执行途径：

1）工具栏：“三维导航”／“调整距离”按钮

2）下拉菜单：“视图”／“相机”／“调整距离”

3）命令：3DDISTANCE

5. 回旋

在拖动方向上模拟平移相机，查看的目标将更改，可以沿 *XY* 平面或 *Z* 轴回旋视图。

执行途径：

1）工具栏：“三维导航”／“回旋”按钮

2）下拉菜单：“视图”／“相机”／“回旋”

3）命令：3DSWIVEL

10.8 上机指导（绘制组合体）

例题：绘制如图 10-40 所示的组合体三维图形。

在 AutoCAD 中，三维绘图的关键是用户要树立良好的空间概念和正确理解并能灵活运用坐标系。

操作步骤：

1）执行“绘图”/“圆弧”/“起点、圆心、端点”命令，以（10，0）为起点，以（0，0）为圆心，以（-10，0）为端点，绘制一个半圆。

2）再次执行“绘图”/“圆弧”/“起点、圆心、端点”命令，以（10，0）为起点，以（0，0）为圆心，以（-10，0）为端点，绘制一个半圆。

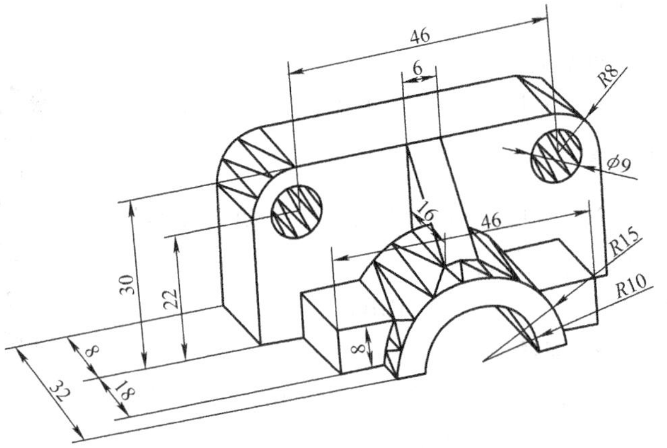

图 10-40　组合体

3）利用捕捉功能，绘制连接两个圆弧端点的连线，以使图形封闭起来，如图 10-41 所示。

4）执行“绘图”/“面域”命令，输入“ALL”并按“ENTER”键，即选中全部对象，将上述封闭区域转换为面域。

5）执行“面板”/“三维制作”/“拉伸”命令，单击选中面域并按“ENTER”键，结束选择，输入 -32 作为拉伸高度（*Z* 轴的反向），按两次“ENTER”键，结束拉伸命令。为了观察所制作的半圆柱，可以执行“面板”/“三维导航”/“三维动态观察器”命令，配合使用实时缩放工具，如图 10-42 所示。

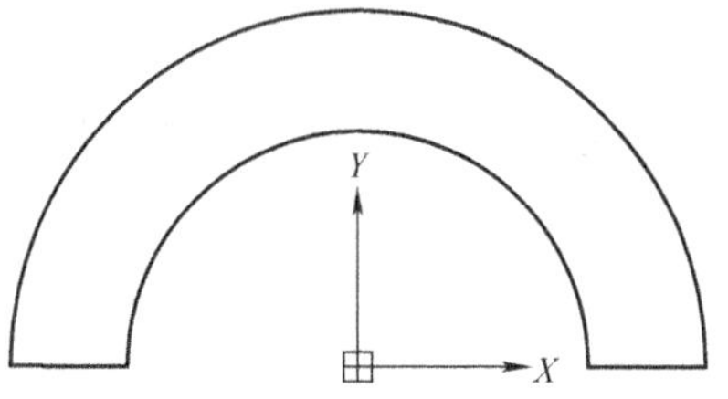

图 10-41　绘制两个半圆并封闭其端点

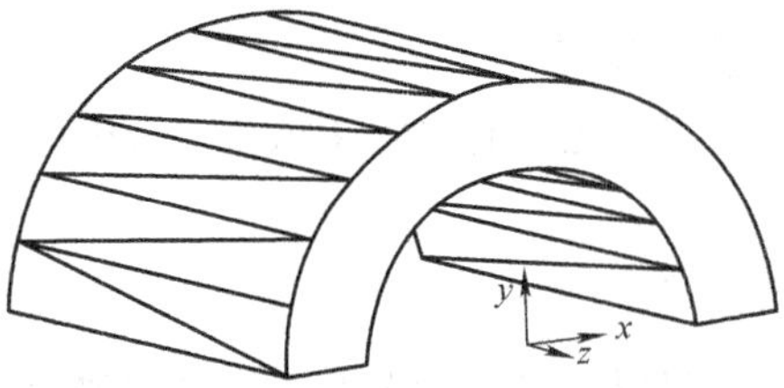

图 10-42　调整视图

6）为了绘制下面的小方块，应首先移动坐标平面，为此，可执行“工具”/“新建 UCS”/“原点”命令，输入（0，0，-6）作为新坐标系原点。

7）执行“面板”/“三维制作”/“多段线”命令，输入（-10，0）作为多段线的起点，然后依次输入坐标点（-23，0）、（@0，8）、（-10，8）指定多段线的 4 个顶点，然后输入 C 封闭多段线，如图 10-43 所示。

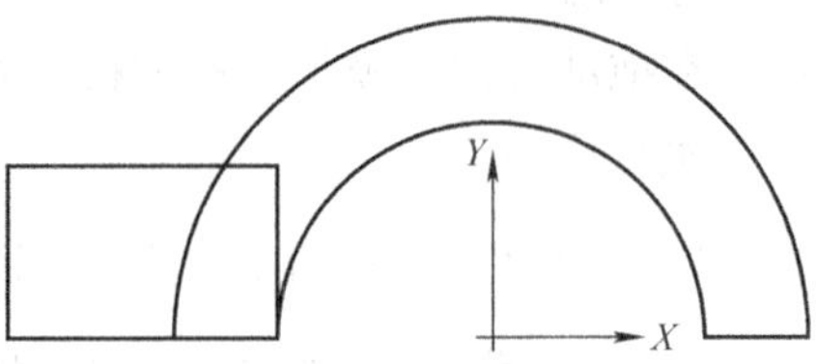

图 10-43　绘制多段线

8）执行“面板”/“三维制作”/“拉伸”命令，选择多段线，将其拉伸 -18。

9）再次单击“绘图”/“多段线”命令，输入（10，0）作为多段线的起点，然后依次输入坐标点（23，0）、(@0，8)、(10，8）指定多段线的4个顶点，然后输入C封闭多段线。

10）再次执行“面板”/“三维制作”/“拉伸”命令，选择多段线，将其拉伸 -18，结果如图10-44所示，绘制另一封闭多段线并拉伸。

11）执行“面板”/“三维制作”/“并集”命令，分别选中前面制作的三个实体，对其进行求和操作，将其合并为一个实体，结果如图10-45所示。

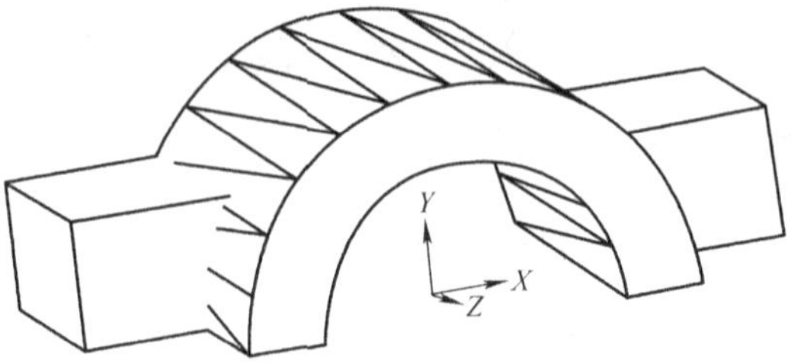

图10-44　绘制另一封闭多段线并拉伸

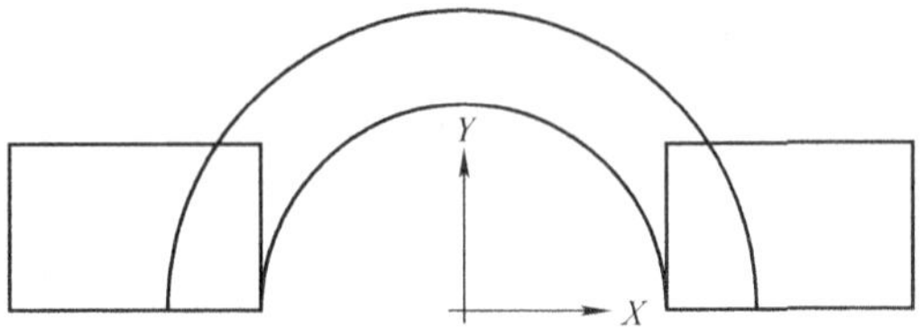

图10-45　合并实体

12）再次执行“工具”/“新建UCS”/“原点”命令，输入（0，0，-18）作为新坐标系的原点。

13）执行“绘图”/“多段线”命令，输入（-10，0）作为多段线的起点，然后依次输入（-31，0)、(-31，22)；输入A，输入CE，设置圆弧的圆心为（-23，22)，输入A，设置圆弧的包含角为 -90°；输入L，回到画直线状态，然后输入（23，30)；输入A，输入CE，设置圆弧的圆心为（23，22)，输入A，设置圆弧的包含角为 -90°；输入L，回到画直线状，然后输入（31，0）与（10，0)；输入A，输入CE，设置圆弧的圆心为（0，0)，然后输入（-10，0)，作为圆弧的终点。按“ENTER”键，结束绘制多段线。分别以（-23，22）和（23，22）为圆心，绘制两个直径为9mm的圆，如图10-46所示。

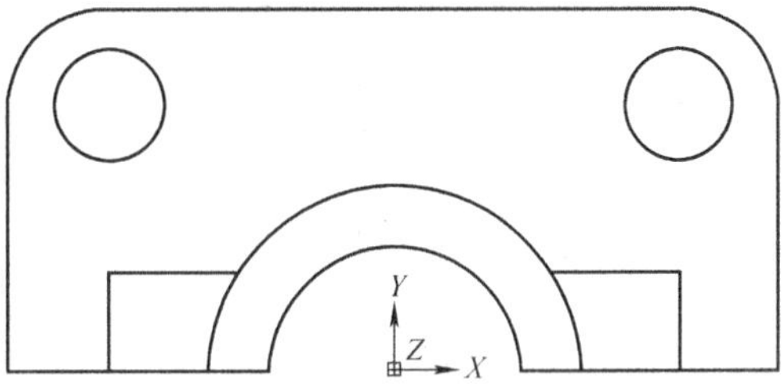

图10-46　绘制多段线

14）执行“面板”/“三维制作”/“拉伸”命令，选择前面绘制的多段线和两个圆，将其拉伸 -8，结果如图10-47所示。执行实体运算后消隐的效果图，如图10-48所示。

15）执行“面板”/“三维制作”/“差集”命令，将前面创建的由多段线拉伸得到的实体减去由两个圆拉伸得到的实体。

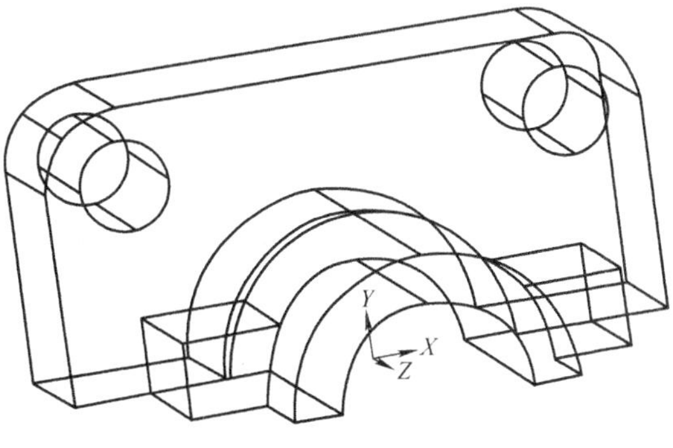

图10-47　拉伸多段线和两个圆

16）执行“面板”/“三维制作”/“差集”命令，将上一步得到的新实体与前面制作的实体相加，效果如图 10-48 所示。

17）执行“工具”/“新建 UCS”/“Y”命令，按“ENTER”键，将坐标系绕 *Y* 轴旋转 90°。

18）执行“视图”/“三维视图”/“平面视图”/“当前 UCS”命令，生成相对于当前 UCS 的平面视图，适当缩小视图显示后，其画面如图 10-49 所示。

19）执行“工具”/“新建 UCS”/“原点”命令，输入（0，0，－3），平移 UCS。

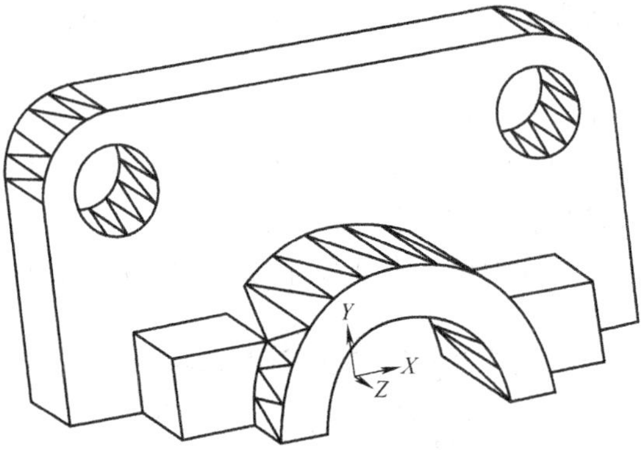

图 10-48　执行实体运算后消隐的效果

20）选择“面板”/“三维制作”/“截面平面”菜单，选择实体并按“ENTER”键。

21）分别输入（0，0，0）、（1，0，0）与（0，1，0），创建截面如图 10-50 所示。为更好观察图形，可将实体暂时移开，为此选中实体，执行移动命令，选择已固定点（如右下角）作为基点，移至@40，0，0 位置，效果如图 10-51 所示。

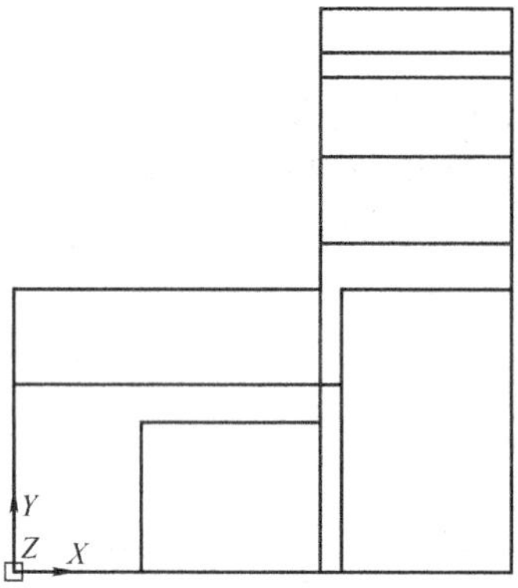

图 10-49　生成相对于当前 UCS 的平面视图

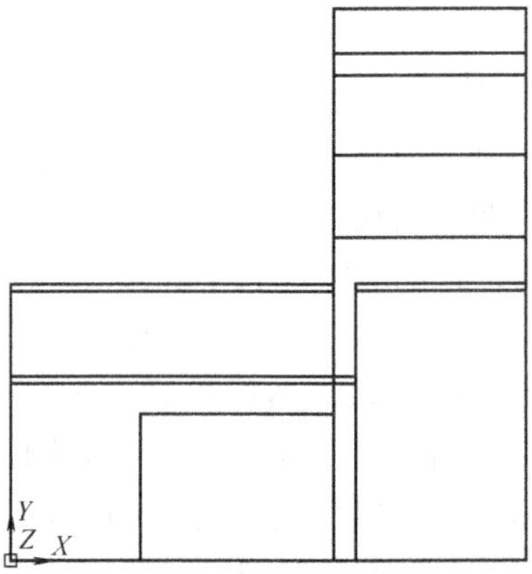

图 10-50　创建截面图

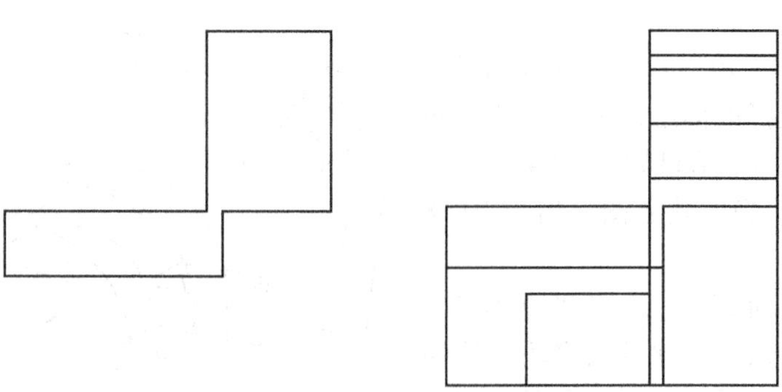

图 10-51　移动实体

22）执行“绘图”／“多段线”命令，参照图 10-52 所示，分别单击捕捉 *A*、*B* 两点，然后输入@16 <180，输入 C 封闭多段线。

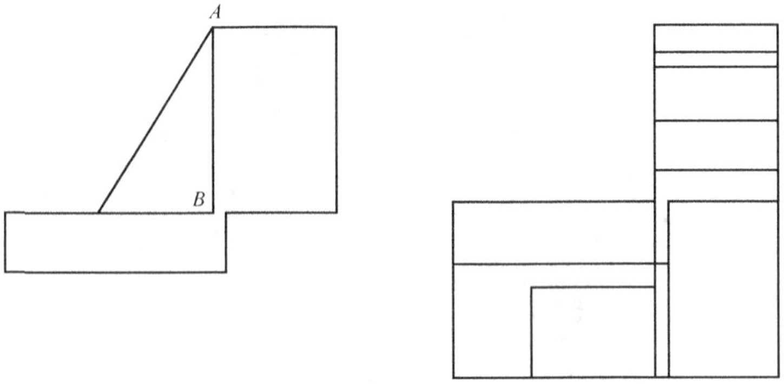

图 10-52　绘制封闭多段线

23）截面的任务已经完成，可以将其删除。

24）单击选中实体，执行“修改”／“移动”命令，单击选中实体的右下角点作为基点，移至@ −40，0，0 位置，此时画面显示如图 10-53 所示。

25）执行“面板”／“三维制作”／“拉伸”命令，将前面制作的多段线拉伸 6。

26）执行“面板”／“三维制作”／“并集”命令，将上一步得到的新实体与前面制作的实体相加，此时画面显示如图 10-54 所示。

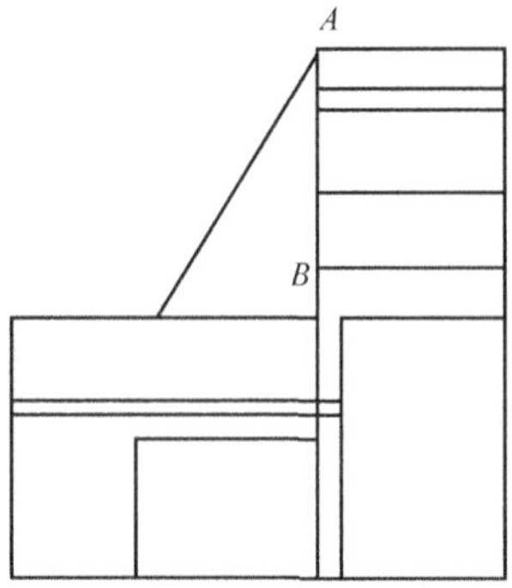

图 10-53　删除截面并移回实体

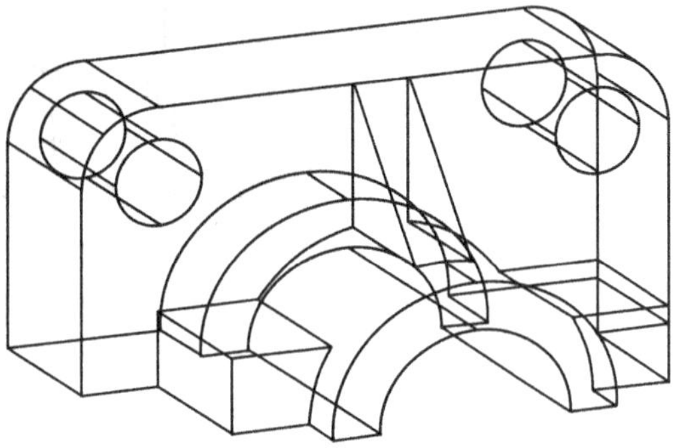

图 10-54　组合体

10.9　操作练习

绘制如图 10-55 和图 10-56 所示组合体的三维图形。

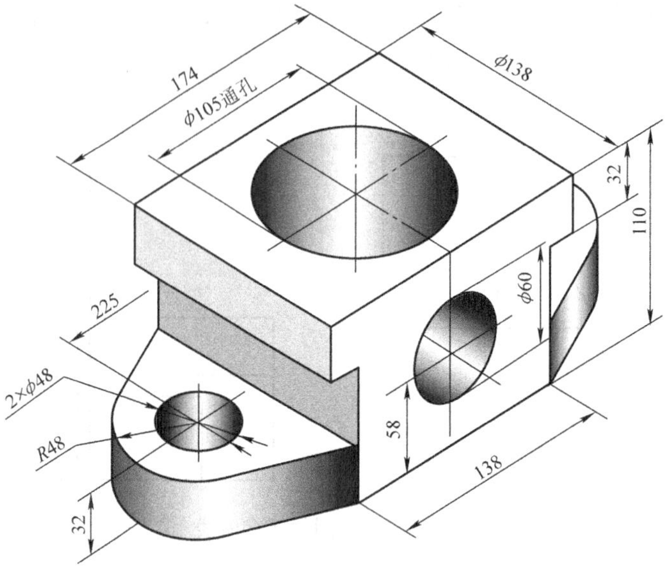
174
ϕ105通孔
ϕ138
32
110
ϕ60
225
2×ϕ48
R48
58
138
32

图　10-55

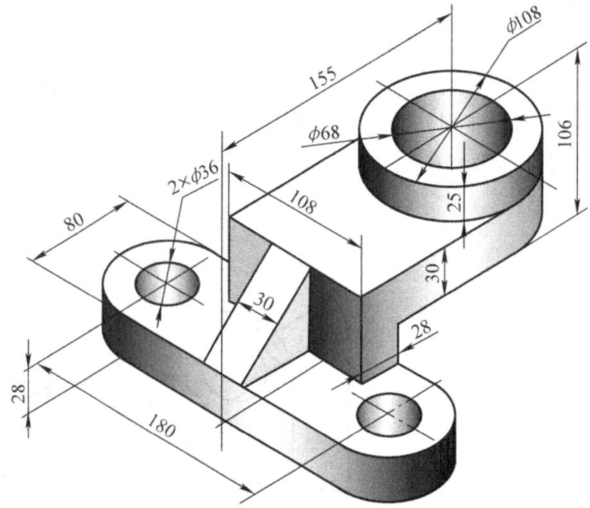
ϕ108
155
ϕ68
106
2×ϕ36
108
80
25
30
30
28
28
180

图　10-56

参考文献

[1] 杨月英，张琳．AutoCAD 2006 绘制机械图［M］．北京：中国建材工业出版社，2006.

[2] 杨月英，於辉．AutoCAD 2006 绘制建筑图［M］．北京：中国建材工业出版社，2006.

[3] 刘魁敏，康志远．计算机绘图 AutoCAD 2005 中文版［M］．北京：机械工业出版社，2005.

[4] 胡述印，许小荣，郜珍．AutoCAD 2005 中文版实训教程［M］．北京：电子工业出版社，2005.